成功

Eureka Math®

四年级
单元5–7

Great Minds PBC is the creator of Eureka Math®,
Wit & Wisdom®, Alexandria Plan™, and PhD Science™.

Published by Great Minds PBC. greatminds.org

ISBN 978-1-64929-278-0

1 2 3 4 5 6 7 8 9 10 CCD 25 24 23 22 21 20

Printed in the USA

学习•练习•成功

Eureka Math® 的学生教材 *A Story of Units*®（幼儿园到 5 年级）可以在学习、练习、成功三合一课程中取得。本系列支持差异学习和辅导，同时保持学生教材条理清晰且易于使用。教育人员会发现学习、练习 和成功系列还具备连贯性的因此更有效的干预-响应（Response to Intervention / RTI）资源，并提供额外练习和暑假学习资源。

学习

Eureka Math 学习可作为学生的课堂伙伴，帮助其展示自己的想法、分享他们知道的内容、看着他们每天累积知识。学习通过容易存放和浏览的书册集合了每日的课堂作业—应用题、课堂反馈条、习题集和模版。

练习

每堂 *Eureka Math* 课程从一系列充满活力、欢乐的熟练度活动开始进行，包括 *Eureka Math* 练习的内容。精通数学的学生可以更深入地掌握更多教材。通过练习，学生将掌握新习得的技能，并加强以前的学习，为下一堂课做准备。

学习和练习一起提供学生用于核心数学教学所需的所有印刷教材。

成功

Eureka Math 成功让学生可以独立学习并精通内容。每一课的额外习题集都与课堂的教学一致，因此非常适合当作家庭作业或额外练习。每个习题集都伴随一个家庭作业助手，它是一组说明如何解决类似问题的练习例题。

老师和导师可以使用前一年级的成功课本作为课程一致性的工具，以填补基础知识的落差。随着熟悉的模型加强与当前年级内容的联系，学生将蓬勃发展，并更快地进步。

学生、家庭和教育人员：

谢谢您加入 *Eureka Math®* 社区，我们在此赞扬数学的乐趣、美好和震撼。

没有什么比得过成功的满意—学生的能力变得越强，他们的动力和参与度就越大。*Eureka Math*成功课本为学生提供所需的指导和额外的练习，帮助他们巩固基础知识并掌握新教材。

成功课本的内容是什么？

*Eureka Math*成功课本提供与*A Story of Units®*（单位的故事）并进的支持练习集。每个成功课程都从一个叫做家庭作业助手的例题集开始进行，说明建立课程理解所用的建构与推理能力。接下来，学生将通过一系列精心排序的习题进行支架性练习，从建立信心开始逐步进展到复杂的问题。

应该如何使用成功课本？

成功课本的精选集可作为差异化的教学、练习、作业或干预性学习。将*Affirm®*与 *Eureka Math*的数字评估系统搭配使用，成功课程可以让教育人员进行有目标性的练习并评估学生的进步。成功课程可完美搭配单位的故事里使用的数学模型和语言，确保学生感受到与日常教学的连结性与相关性，不论他们是在学习基础技能还是在当前的主题上进行额外的练习。

在哪里可以了解更多 Eureka Math的资源？

Great Minds ®团队致力于通过不断增加的资源库，为学生、家庭和教育工作者提供支持，网址为：eureka-math.org。该网站还在尤里卡数学社区提供了一些令人振奋的成功案例。通过成为尤里卡数学优胜者与其他用户分享您的见解和成就。

祝福您一整年都充满着美好的 Eureka 时刻！

Jill Diniz

吉尔·迪尼兹（Jill Diniz）
数学总监
Great Minds

内容

单元5：分数等价，排序和运算

主题E：将分数等值扩展到大于1的分数

主题F：通过分解对分数进行加法和减法

主题G：分数的乘法加法运算

主题H：探索分数模式

模块6：小数部分

话题A：十分之一的探索

单元7：探索乘法运算

主题C：以混合数表示的度量的调查

主题D：年度回顾

四年级

模组5

1. 画一个数字键，并写下数字句子以匹配每个磁带图。

a.

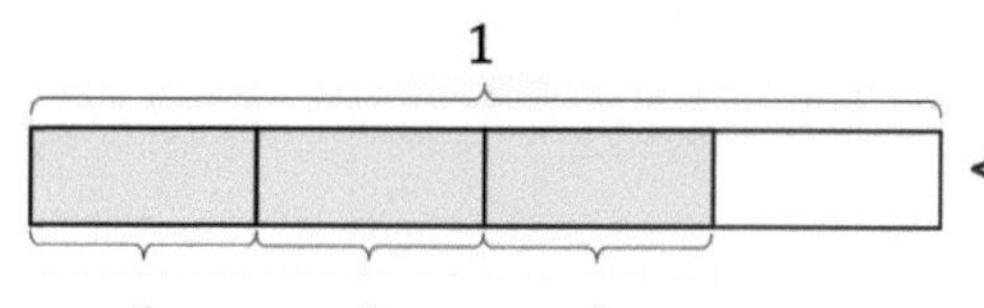

矩形代表 1，并且被等分为 4 个相同的单位。每一个单位等于 1 个四分之一。

$\frac{3}{4} = \frac{1}{4} + \frac{1}{4} + \frac{1}{4}$

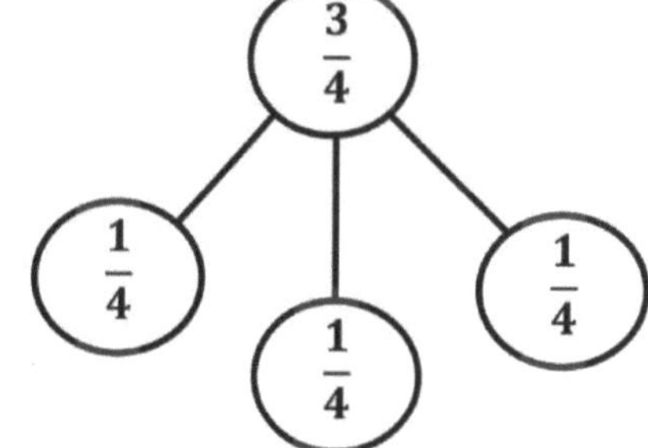

我可以把任何分数分解为单位分数。3 个四分之一被分解为 3 个单位，每个单位是 1 个四分之一。

b.

我可以把一个大于 1 的分数重新命名为一个整数和一个分数，例如把 $\frac{10}{8}$ 重新命名为 $1\frac{2}{8}$。

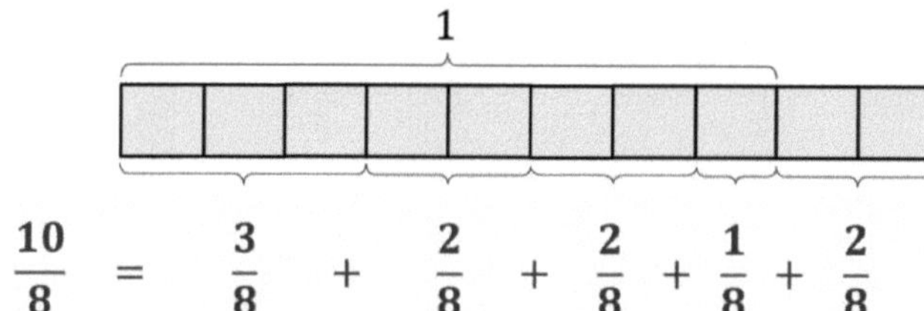

$\frac{10}{8} = \frac{3}{8} + \frac{2}{8} + \frac{2}{8} + \frac{1}{8} + \frac{2}{8}$

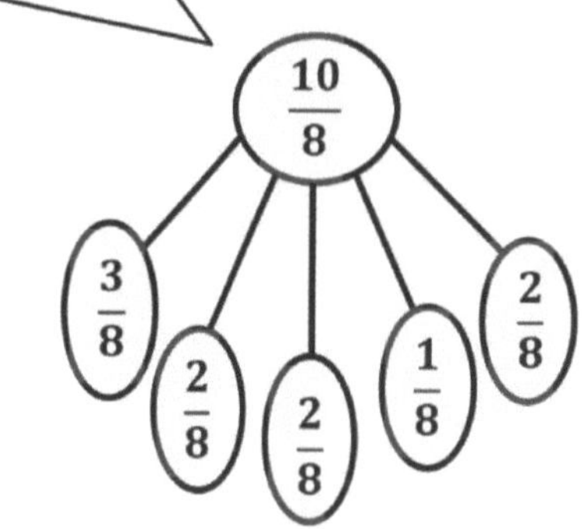

我知道分数单位是八分之一。我数了 8 个相同单位，被概括为 1 个整体。

2. 绘制并标记带状图以匹配每个数字语句。

a. $\frac{11}{6} = \frac{3}{6} + \frac{2}{6} + \frac{2}{6} + \frac{4}{6}$

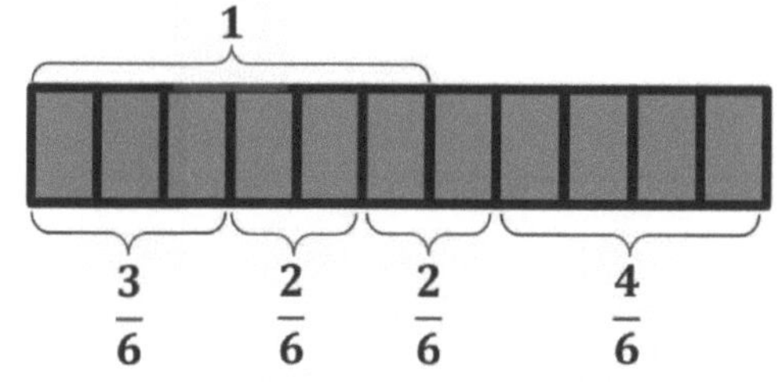

b. $1\frac{2}{12} = \frac{7}{12} + \frac{4}{12} + \frac{3}{12}$

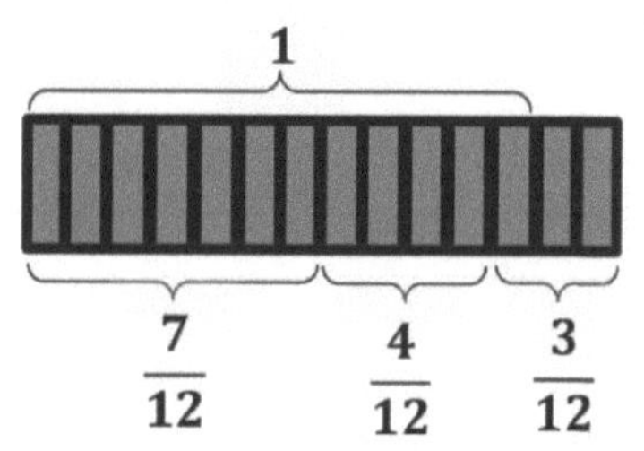

我知道单位是十二分之一。我把我的带形图等分为 12 个相同的单位来代表整体。我多画 2 个十二分之一。

姓名 ______________________ 日期 ______________

1. 画一个数字键，并写下数字句子以匹配每个磁带图。已为你完成第一道题。

a.

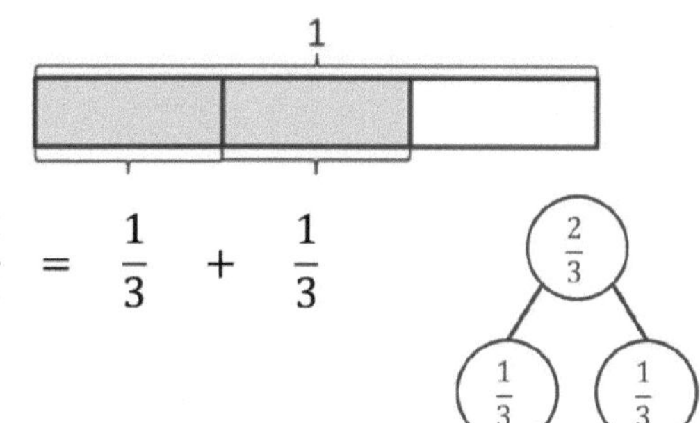

b.

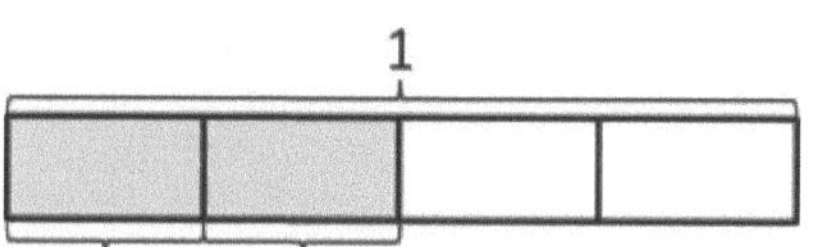

c.

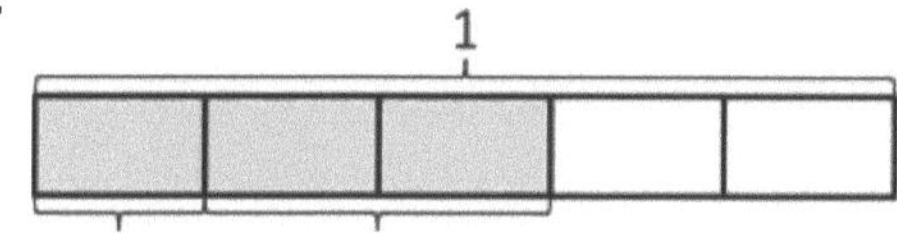

d.

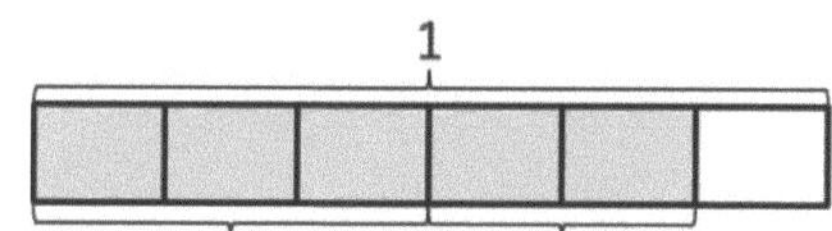

e.

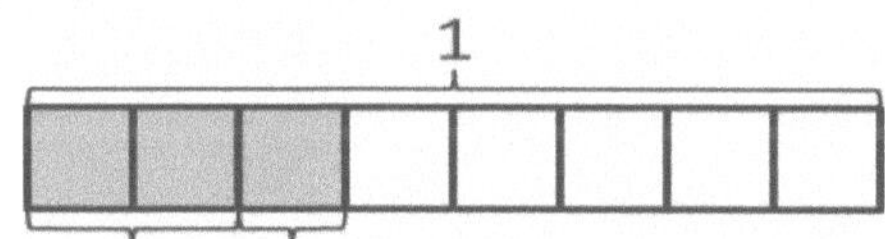

f.

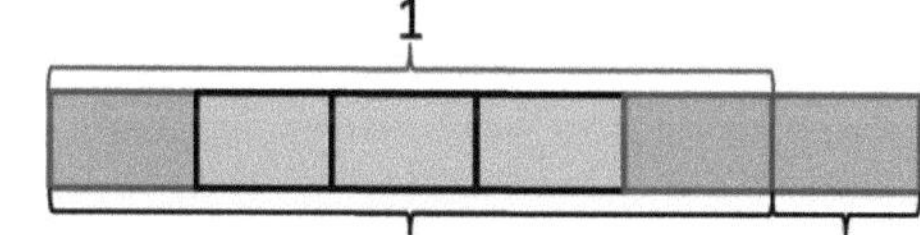

g.

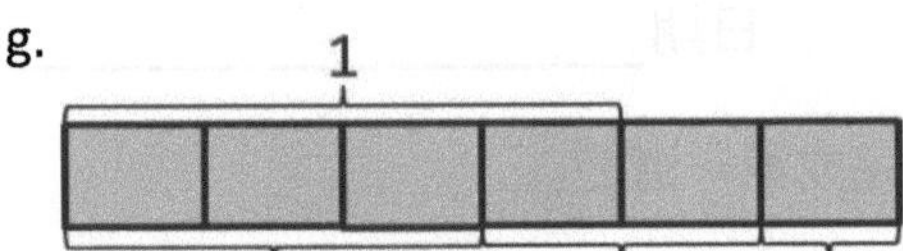

h.

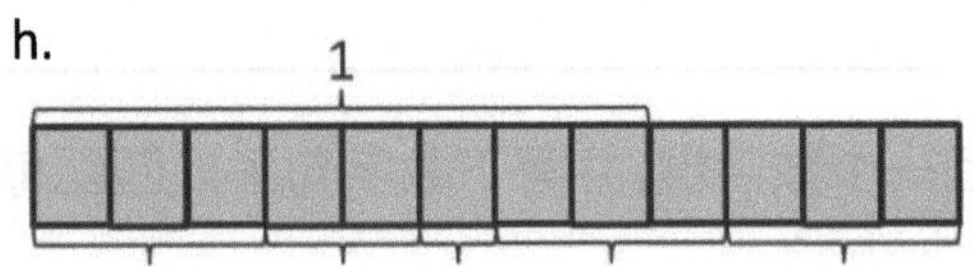

2. 绘制并标记带状图以匹配每个数字语句。

a. $\frac{5}{8} = \frac{2}{8} + \frac{2}{8} + \frac{1}{8}$

b. $\frac{12}{8} = \frac{6}{8} + \frac{2}{8} + \frac{4}{8}$

c. $\frac{11}{10} = \frac{5}{10} + \frac{5}{10} + \frac{1}{10}$

d. $\frac{13}{12} = \frac{7}{12} + \frac{1}{12} + \frac{5}{12}$

e. $1\frac{1}{4} = 1 + \frac{1}{4}$

f. $1\frac{2}{7} = 1 + \frac{2}{7}$

步骤1：绘制和绘制给定分数的带状图。

步骤2：将分解记录为单位分数的总和。

步骤3：以其他两种方式记录级分的分解。

1. $\frac{4}{8}$

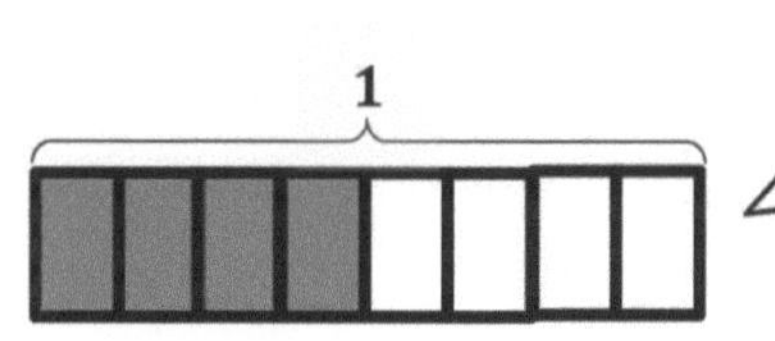

分数的底部数字决定分数大小。我画一个整体并分解为 8 等分。

$$\frac{4}{8}=\frac{1}{8}+\frac{1}{8}+\frac{1}{8}+\frac{1}{8}$$

$\frac{1}{8}$是一个单位分数，因为它代表 1 个特定的分数大小，也就是八分之一。

学生答案范例：

$\frac{4}{8}=\frac{2}{8}+\frac{1}{8}+\frac{1}{8}$　　$\frac{4}{8}=\frac{3}{8}+\frac{1}{8}$

加分数就像加整数。正如 3 个一加 1 个一等于 4 个一，3 个八分之一加 1 个八分之一等于 4 个八分之一。

步骤1：绘制和绘制给定分数的带状图。

步骤2：使用数字句子，以三种不同方式记录分数的分解。

2. $\frac{8}{5}$　这个分数大于 1。

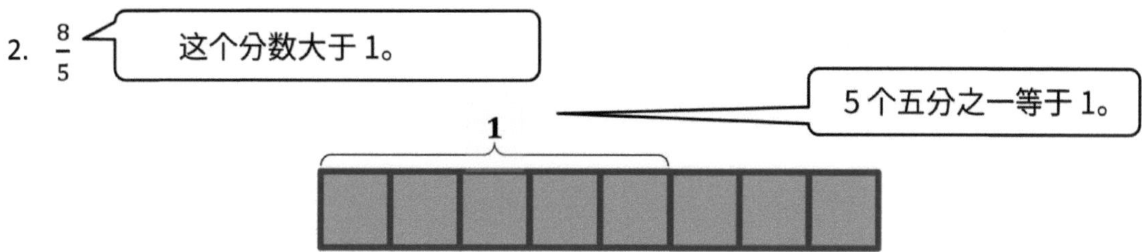

学生答案范例：

$\frac{8}{5}=1+\frac{3}{5}$　　$\frac{8}{5}=\frac{4}{5}+\frac{4}{5}$　　$\frac{8}{5}=\frac{2}{5}+\frac{2}{5}+\frac{3}{5}+\frac{1}{5}$

姓名 ________________________ 日期 ____________

1. 步骤1：绘制和绘制给定分数的带状图。
   步骤2：将分解记录为单位分数的总和。
   步骤3：以其他两种方式记录级分的分解。
   （第一个已经为您完成。）

   a. $\frac{5}{6}$

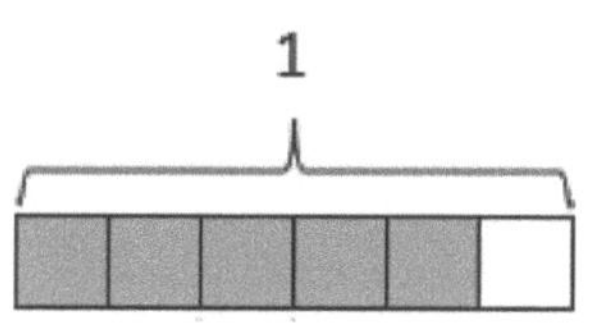

$\frac{5}{6} = \frac{1}{6} + \frac{1}{6} + \frac{1}{6} + \frac{1}{6} + \frac{1}{6}$　　$\frac{5}{6} = \frac{2}{6} + \frac{2}{6} + \frac{1}{6}$　　$\frac{5}{6} = \frac{1}{6} + \frac{4}{6}$

   b. $\frac{6}{8}$

   c. $\frac{7}{10}$

2. 步骤1：绘制和绘制给定分数的带状图。
步骤2：使用数字句子，以三种不同方式记录分数的分解。

a. $\frac{10}{12}$

b. $\frac{5}{4}$

c. $\frac{6}{5}$

d. $1\frac{1}{4}$

1. 将由带状图建模的每个分数分解为单位分数的总和。写出等效的乘法语句。

a.

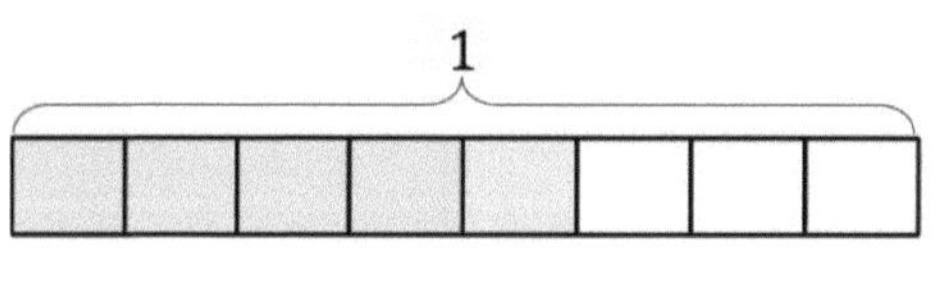

$\frac{2}{4}=\frac{1}{4}+\frac{1}{4}$ $\frac{2}{4}=2\times\frac{1}{4}$

有 2 个涂黑了的 $\frac{1}{4}$，所以我写 $2\times\frac{1}{4}$。

我可以乘四分之一，就像我可以乘任何其他单位。1 根香蕉乘 2 等于 2 根香蕉，而 1 个十乘 2 等于 2 个十，所以 1 个四分之一乘 2 是 2 个四分之一。

b.

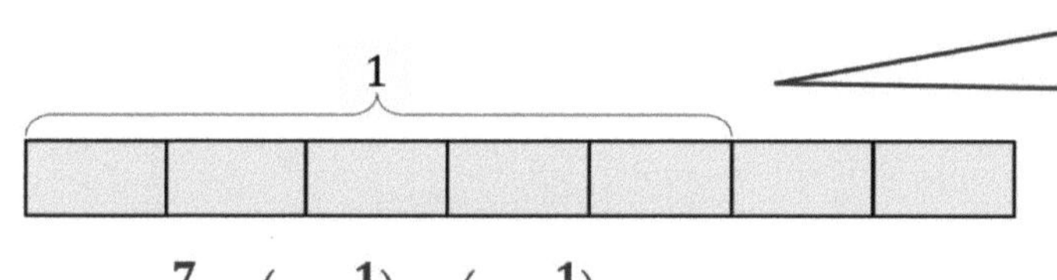

$\frac{5}{8}=\frac{1}{8}+\frac{1}{8}+\frac{1}{8}+\frac{1}{8}+\frac{1}{8}$ $\frac{5}{8}=5\times\frac{1}{8}$

我可以加 1 个八分之一 5 次。哇！要写很多东西！或者我可以用乘法来显示 5 个 $\frac{1}{8}$。

2. 胶带图建模的分数大于1。将大于1的分数写为两个的和产品。

括号代表整体。这个带形图是大于 1 的分数的模型。

$\frac{7}{5}=\left(5\times\frac{1}{5}\right)+\left(2\times\frac{1}{5}\right)$

我在带形图里看到 $\frac{7}{5}$ 和 $1\frac{2}{5}$ 是相同的。我可以用分布特性来表达整数部分和分数部分作为 2 个不同的乘数表达式。

3. 绘制胶带图进行建模 $\frac{9}{8}$ 。记录分解 $\frac{9}{8}$ 成单位分数作为乘法句子。

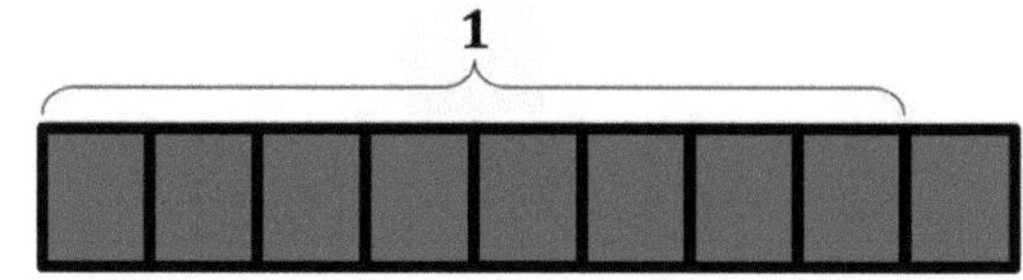

$\frac{9}{8}=9\times\frac{1}{8}$

姓名 ______________________________ 日期 ______________

1. 将由带状图建模的每个分数分解为单位分数的总和。写出等效的乘法语句。第一个已经为您完成。

a. 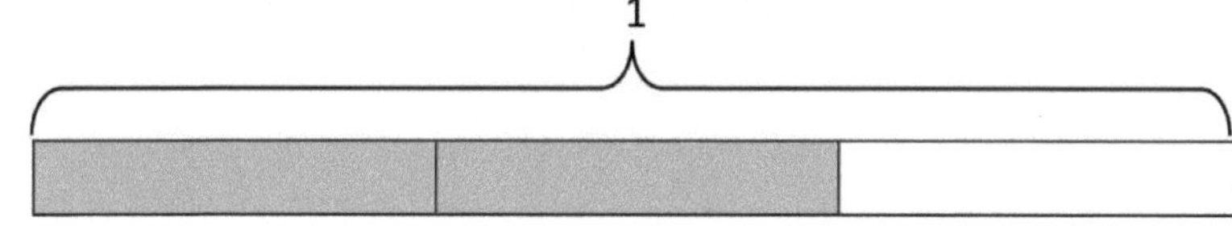

$\frac{2}{3} = \frac{1}{3} + \frac{1}{3}$ $\frac{2}{3} = 2 \times \frac{1}{3}$

b. 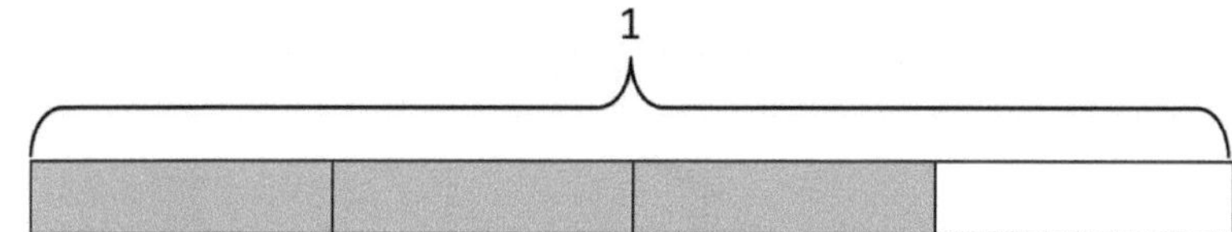

c. 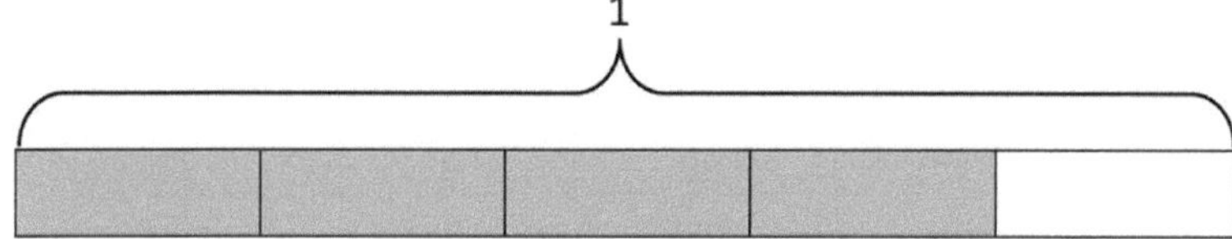

d. 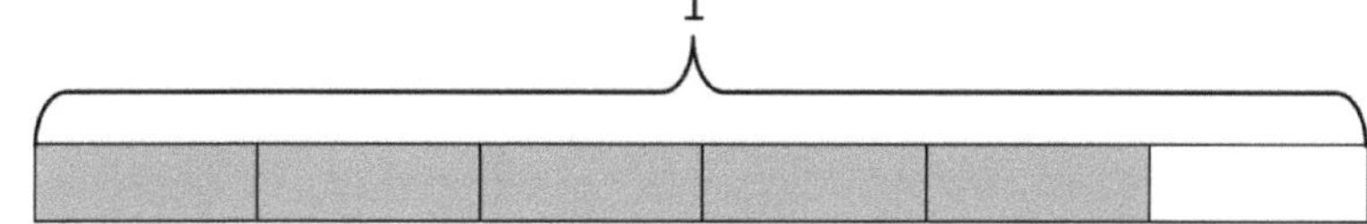

2. 将以下大于1的分数写为两个乘积之和。

a.

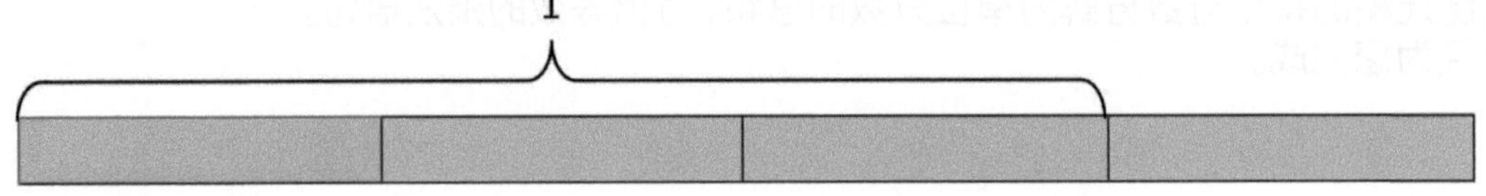

b.

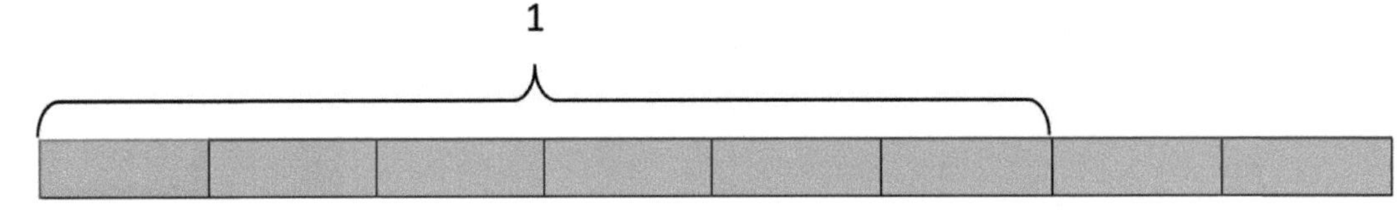

3. 绘制一个带状图，并将给定分数的分解记录为一个分数作为乘法句子。

a. $\frac{3}{5}$

b. $\frac{3}{8}$

c. $\frac{5}{9}$

d. $\frac{8}{5}$

e. $\frac{12}{4}$

1. 每个带状图的总长度为1。将阴影单位分数分解为至少以两种不同的方式缩小单位分数。

a.

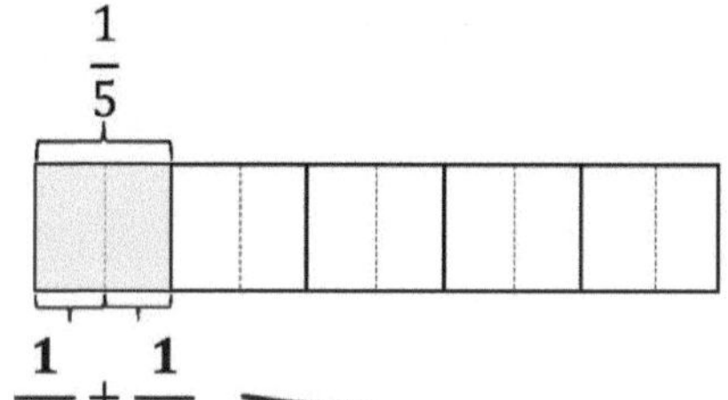

$\frac{1}{5} = \frac{1}{10} + \frac{1}{10}$

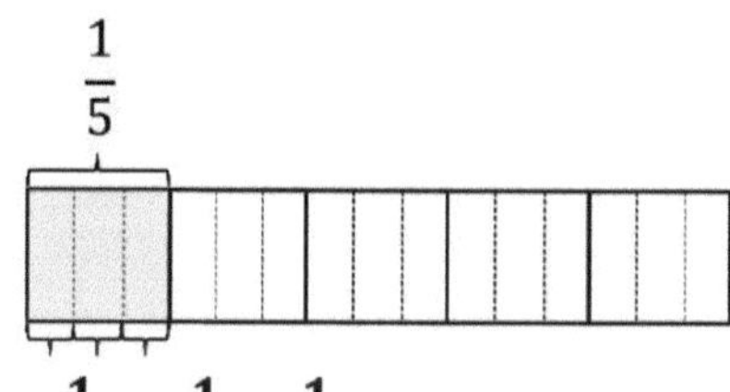

$\frac{1}{15} + \frac{1}{15} + \frac{1}{15} = \frac{1}{5}$

当每个五分之一被分解为 2 个相等部分后，新单位是十分之一。

b.

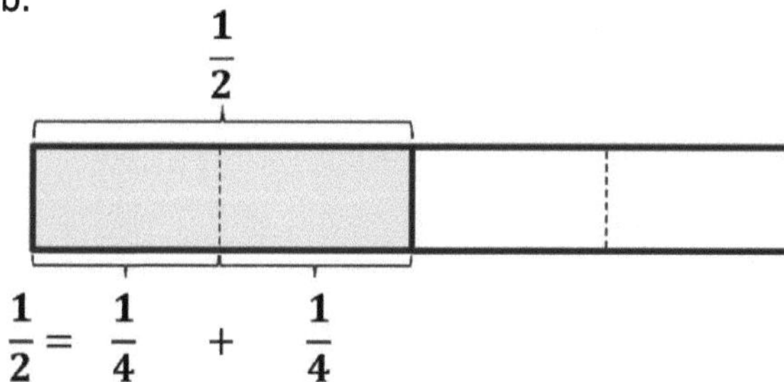

$\frac{1}{2} = \frac{1}{4} + \frac{1}{4}$

$\frac{1}{2} = \frac{1}{6} + \frac{1}{6} + \frac{1}{6}$

2. 绘制胶带图以证明 $\frac{2}{3} = \frac{4}{6}$ 。

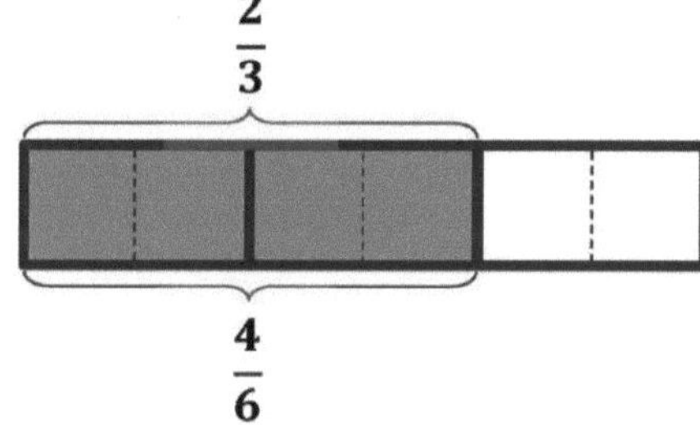

我知道 $\frac{2}{3}$ 和 $\frac{4}{6}$ 是相等的，因为它们占用了相等的空间。

3. 显示 $\frac{1}{2}$ 相当于 $\frac{4}{8}$ 使用磁带图和数字句子。

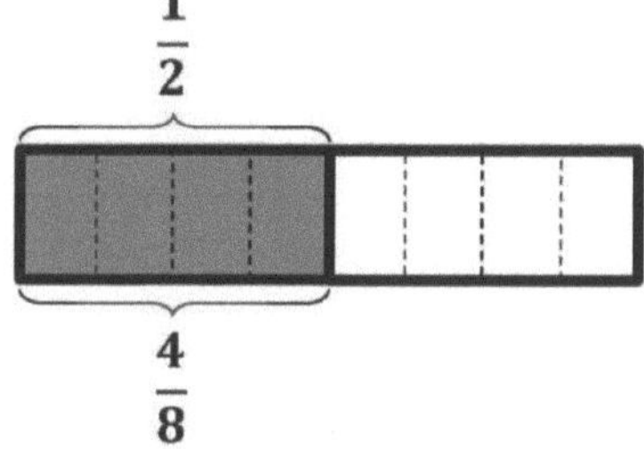

$\frac{1}{2} = 4 \times \frac{1}{8}$

我把每一本内的单位数字变成四倍，然后我可以记录为一个乘法算式。

姓名 ____________________ 日期 ____________

1. 每个带状图的总长度为1。将阴影单位分数分解为至少以两种不同的方式缩小单位分数。
   第一个已经为您完成。

a.

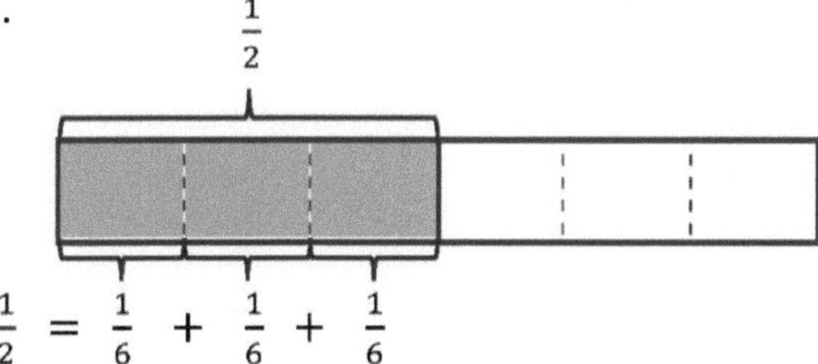

$\frac{1}{2}$

$\frac{1}{2} = \frac{1}{10} + \frac{1}{10} + \frac{1}{10} + \frac{1}{10} + \frac{1}{10}$

b.

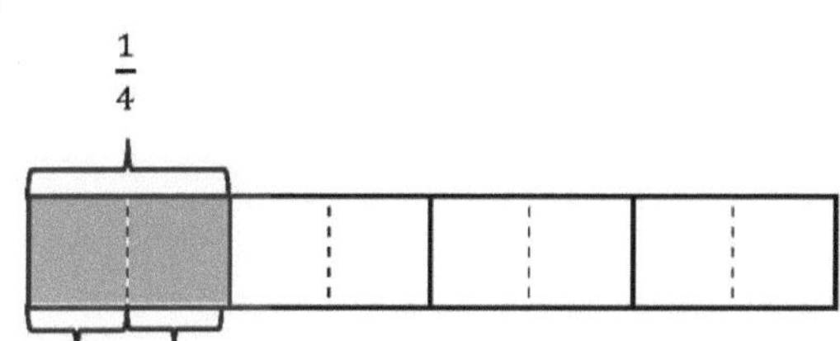

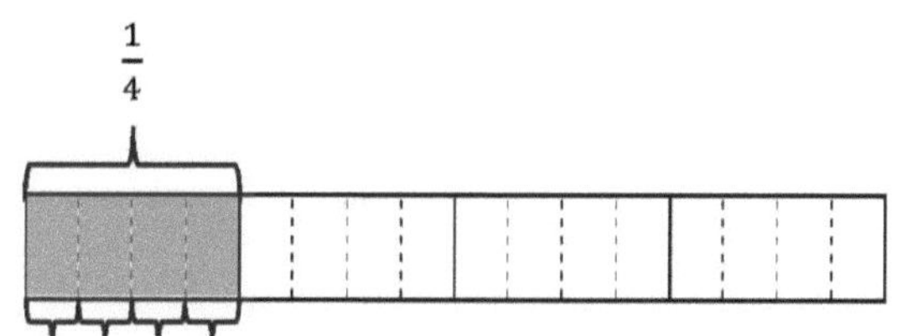

2. 每个带状图的总长度为1。将阴影部分分解为至少以两种不同的方式缩小单位分数。

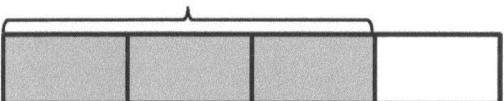

a.

b.

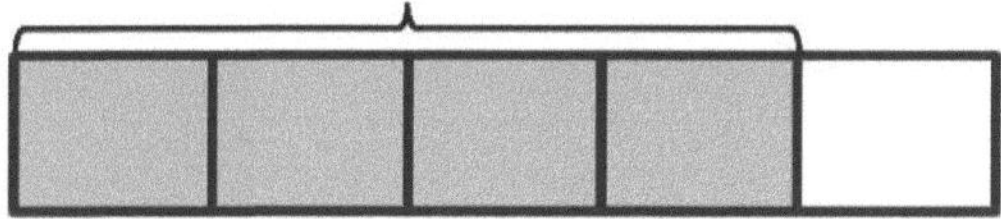

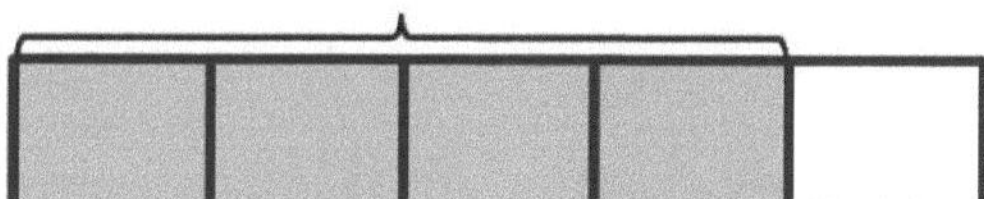

c.

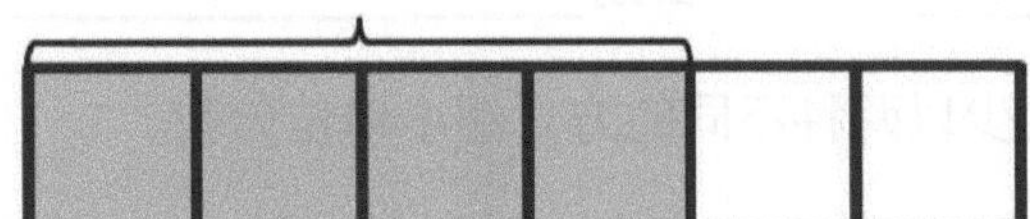

3. 绘制胶带图以证明以下陈述。第一个已经为您完成。

a. $\frac{2}{5}=\frac{4}{10}$

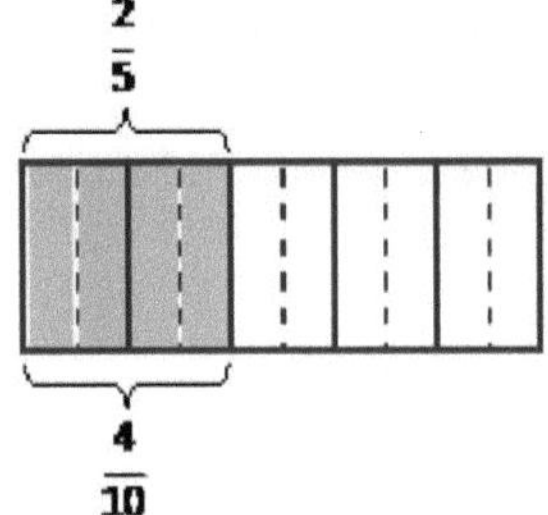

b. $\frac{3}{6}=\frac{6}{12}$

c. $\frac{2}{6}=\frac{6}{18}$

d. $\frac{3}{4}=\frac{12}{16}$

4. 显示 $\frac{1}{2}$ 等于t ∅ $\frac{6}{12}$ 使用磁带图和数字句子。

5. 显示 $\frac{2}{3}$ 相当于 $\frac{8}{12}$ 使用磁带图和数字句子。

6. 显示 $\frac{4}{5}$ 相当于 $\frac{12}{15}$ 使用磁带图和数字句子。

1. 画一条水平线将矩形分解成 2 行。使用该模型将阴影区域命名为单位分数之和和乘法语句。

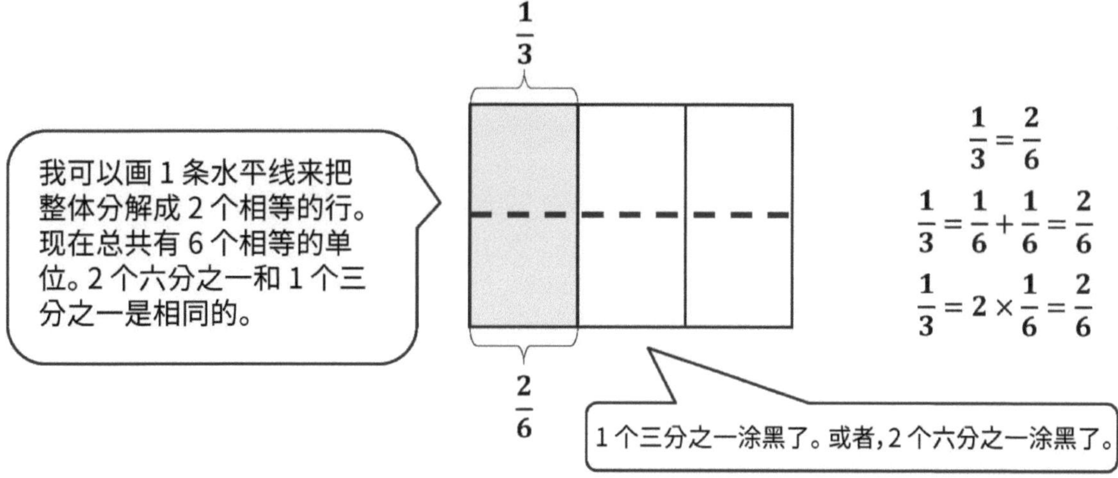

$\frac{1}{3}$
我可以画 1 条水平线来把整体分解成 2 个相等的行。现在总共有 6 个相等的单位。2 个六分之一和 1 个三分之一是相同的。
$\frac{2}{6}$
1 个三分之一涂黑了。或者，2 个六分之一涂黑了。
$\frac{1}{3} = \frac{2}{6}$
$\frac{1}{3} = \frac{1}{6} + \frac{1}{6} = \frac{2}{6}$
$\frac{1}{3} = 2 \times \frac{1}{6} = \frac{2}{6}$

2. 绘制区域模型以显示由以下数字句子表示的分解。将分解表示为单位分数之和和一个乘法语句。

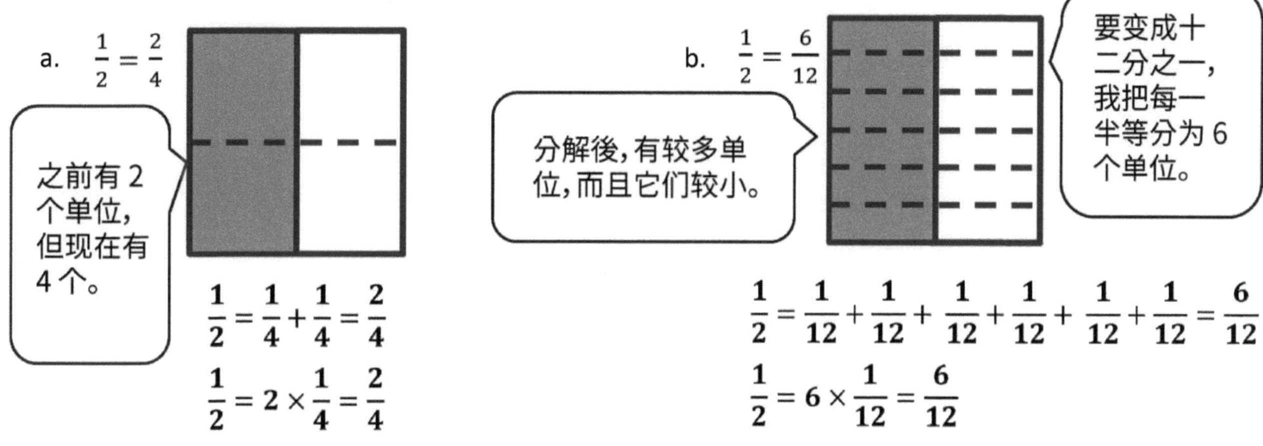

a. $\frac{1}{2} = \frac{2}{4}$
之前有 2 个单位，但现在有 4 个。
$\frac{1}{2} = \frac{1}{4} + \frac{1}{4} = \frac{2}{4}$
$\frac{1}{2} = 2 \times \frac{1}{4} = \frac{2}{4}$
b. $\frac{1}{2} = \frac{6}{12}$
分解後，有较多单位，而且它们较小。
要变成十二分之一，我把每一半等分为 6 个单位。
$\frac{1}{2} = \frac{1}{12} + \frac{1}{12} + \frac{1}{12} + \frac{1}{12} + \frac{1}{12} + \frac{1}{12} = \frac{6}{12}$
$\frac{1}{2} = 6 \times \frac{1}{12} = \frac{6}{12}$

3. 解释为什么 $\frac{1}{12} + \frac{1}{12} + \frac{1}{12} + \frac{1}{12} + \frac{1}{12} + \frac{1}{12}$ 是相同的 $\frac{1}{2}$ 。

学生回应样本：

我在区域模型中看到了 6 第十二位占据与 1 半 。6 第十二和 1 一半面积完全相同 。

姓名 ______________________ 日期 __________

1. 画出水平线以将每个矩形分解为所示的行数。使用该模型将阴影面积作为单位分数的总和和乘法语句给出。

a. 3排

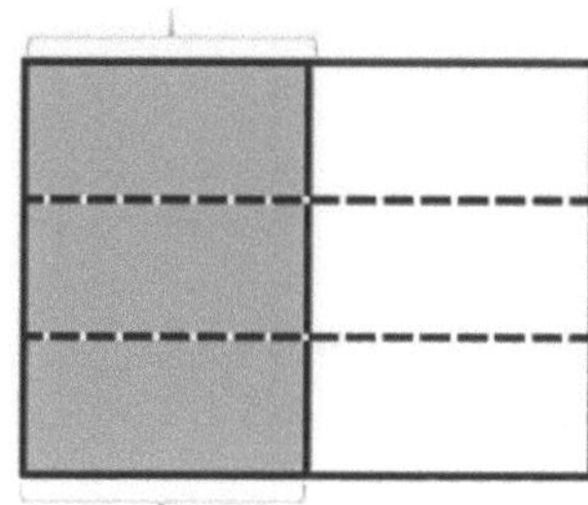

$\frac{1}{2} = \frac{3}{}$

$\frac{1}{2} = \frac{1}{6} + — + — = \frac{3}{6}$

$\frac{1}{2} = 3 \times — = \frac{3}{6}$

b. 2排

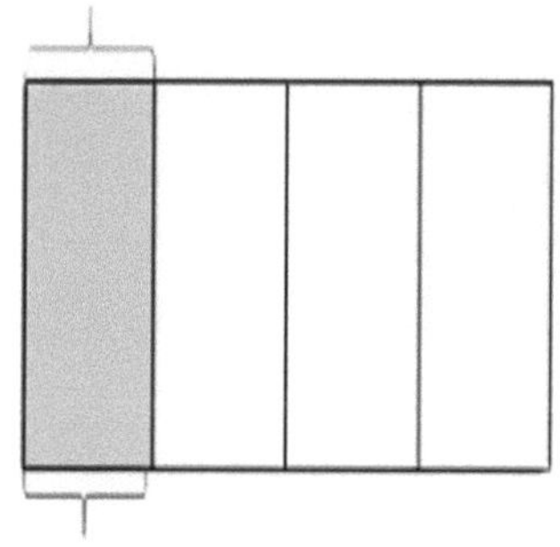

c. 4排

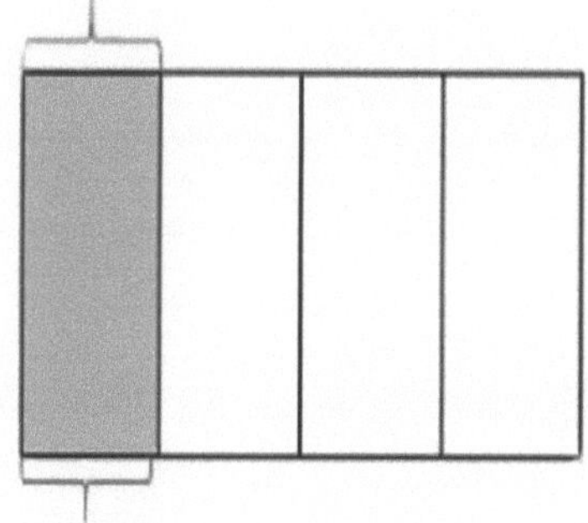

2. 绘制区域模型以显示由以下数字句子表示的分解。将分解表示为单位分数之和和一个乘法语句。

a. $\frac{1}{3} = \frac{2}{6}$

b. $\frac{1}{3} = \frac{3}{9}$

c. $\frac{1}{3} = \frac{4}{12}$

d. $\frac{1}{3} = \frac{5}{15}$

e. $\frac{1}{5} = \frac{2}{10}$

f. $\frac{1}{5} = \frac{3}{15}$

3. 解释为什么 $\frac{1}{12} + \frac{1}{12} + \frac{1}{12} + \frac{1}{12}$ 是相同的 $\frac{1}{3}$ 。

1. 矩形代表1。画一条水平线将矩形分解成第十二 。使用该模型将阴影区域命名为总和和单位分数的乘积。使用括号显示数字句子之间的关系。

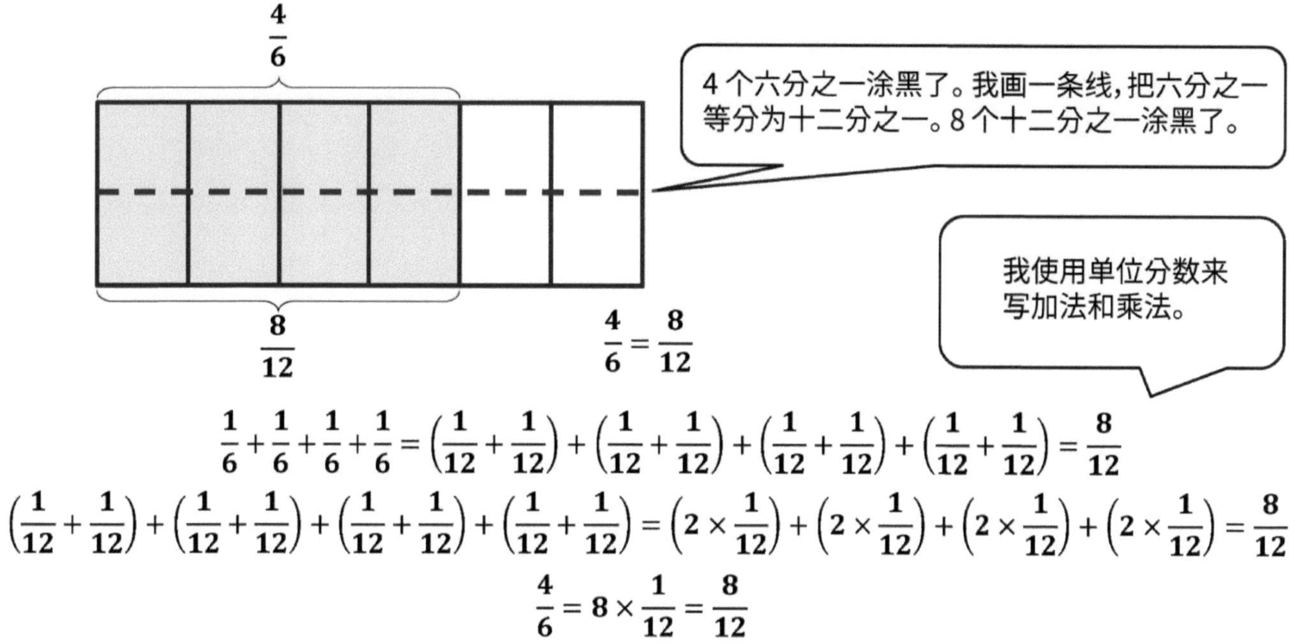

$$\frac{1}{6}+\frac{1}{6}+\frac{1}{6}+\frac{1}{6}=\left(\frac{1}{12}+\frac{1}{12}\right)+\left(\frac{1}{12}+\frac{1}{12}\right)+\left(\frac{1}{12}+\frac{1}{12}\right)+\left(\frac{1}{12}+\frac{1}{12}\right)=\frac{8}{12}$$

$$\left(\frac{1}{12}+\frac{1}{12}\right)+\left(\frac{1}{12}+\frac{1}{12}\right)+\left(\frac{1}{12}+\frac{1}{12}\right)+\left(\frac{1}{12}+\frac{1}{12}\right)=\left(2\times\frac{1}{12}\right)+\left(2\times\frac{1}{12}\right)+\left(2\times\frac{1}{12}\right)+\left(2\times\frac{1}{12}\right)=\frac{8}{12}$$

$$\frac{4}{6}=8\times\frac{1}{12}=\frac{8}{12}$$

2. 绘制区域模型以显示由表示的分解 $\frac{2}{3}=\frac{6}{9}$ 。表达 $\frac{2}{3}=\frac{6}{9}$ 作为单位分数的总和。使用括号显示数字句子之间的关系。

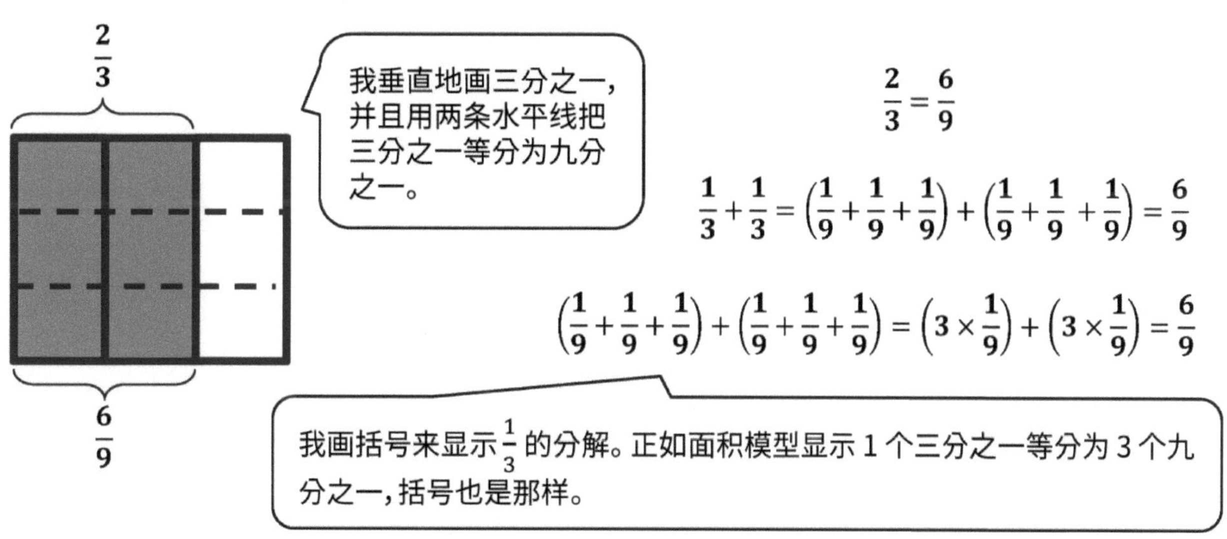

$$\frac{2}{3}=\frac{6}{9}$$

$$\frac{1}{3}+\frac{1}{3}=\left(\frac{1}{9}+\frac{1}{9}+\frac{1}{9}\right)+\left(\frac{1}{9}+\frac{1}{9}+\frac{1}{9}\right)=\frac{6}{9}$$

$$\left(\frac{1}{9}+\frac{1}{9}+\frac{1}{9}\right)+\left(\frac{1}{9}+\frac{1}{9}+\frac{1}{9}\right)=\left(3\times\frac{1}{9}\right)+\left(3\times\frac{1}{9}\right)=\frac{6}{9}$$

姓名 ________________________　日期 ________________

1. 每个矩形代表1。画出水平线以将每个矩形分解为小数单位，如图所示。使用模型给出阴影区域的总和和单位分数的乘积。使用括号显示数字句子之间的关系。第一个已经为您完成了一部分。

a. 十分位

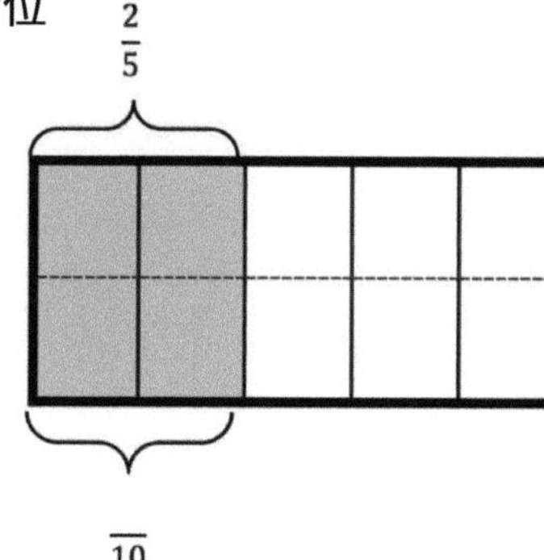

$$\frac{2}{5} = \frac{4}{}$$

$$\frac{}{5} + \frac{}{5} = \left(\frac{1}{10} + \frac{1}{10}\right) + \left(\frac{1}{10} + \frac{1}{10}\right) = \frac{4}{}$$

$$\left(\frac{1}{10} + \frac{1}{10}\right) + \left(\frac{1}{10} + \frac{1}{10}\right) = \left(2 \times \frac{}{}\right) + \left(2 \times \frac{}{}\right) = \frac{4}{}$$

$$\frac{2}{5} = 4 \times \frac{}{} = \frac{4}{}$$

b. 八分之一

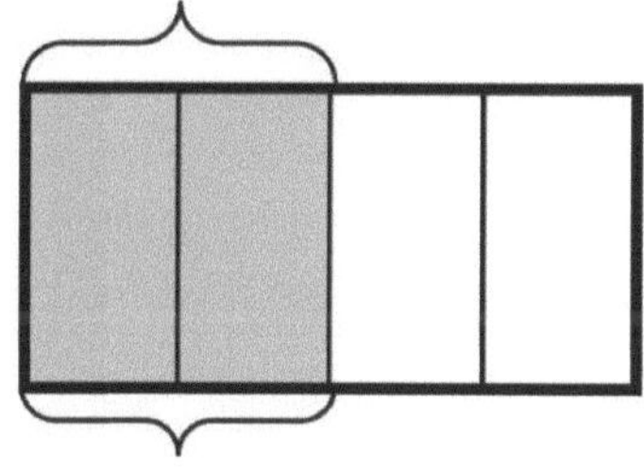

c. 十五分之一

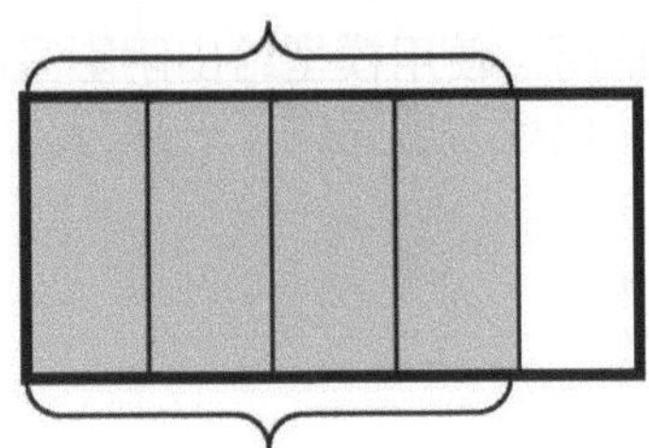

2. 绘制区域模型以显示由以下数字句子表示的分解。表达每个都是单位分数的总和。使用括号显示数字句子之间的关系。

a. $\frac{2}{3}=\frac{4}{6}$

b. $\frac{4}{5}=\frac{8}{10}$

3. 步骤1：绘制分数为三分之四，四分之一或五分之一的面积模型。

   步骤2：以多个小数单位着色。

   步骤3：再次对区域模型进行分区以找到等效分数。

   第4步： 将等效分数写为数字句子。(如果您在本作业中已经写过这样的数字句子，请重新开始。)

每个矩形代表 1个 。

1. 阴影的单位分数已分解为较小的单位。用a表示等效分数数句使用乘法。

a.

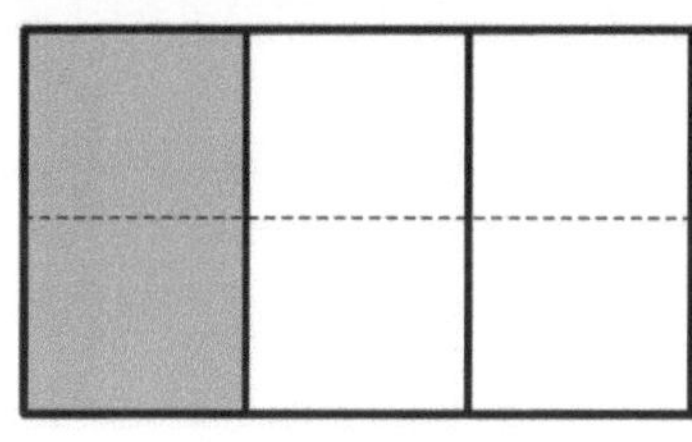

$$\frac{1}{3}=\frac{1\times 2}{3\times 2}=\frac{2}{6}$$

分子是 1。分母是 3。

b.

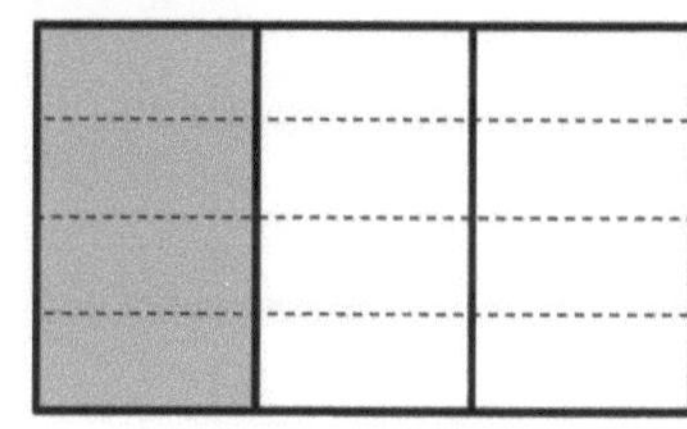

$$\frac{1}{3}=\frac{1\times 4}{3\times 4}=\frac{4}{12}$$

我可以把分子(选择的分数单位数字)和分母(分数单位)乘以 4 来变成一个当量分数。

2. 使用面积模型将阴影部分分解为较小的单位。使用乘法表示数字句子中的等价分数。

面积模型显示 $\frac{1}{6}$ 等于 $\frac{3}{18}$。

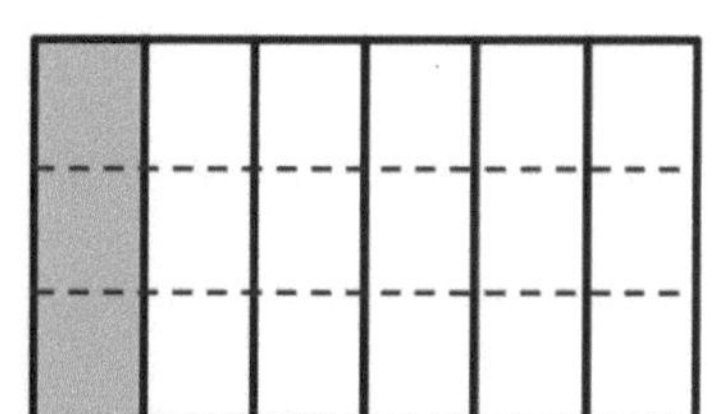

随着我相乘,单位变得越来越小。

$$\frac{1}{6}=\frac{1\times 3}{6\times 3}=\frac{3}{18}$$

3. 绘制三个不同的区域模型来表示 1个一半通过阴影。
将阴影部分分解为 (a) 四分之一, (b) 六分之一和 (c) 八分之八。
使用乘法来显示每个分数如何等于 1个半。

a.

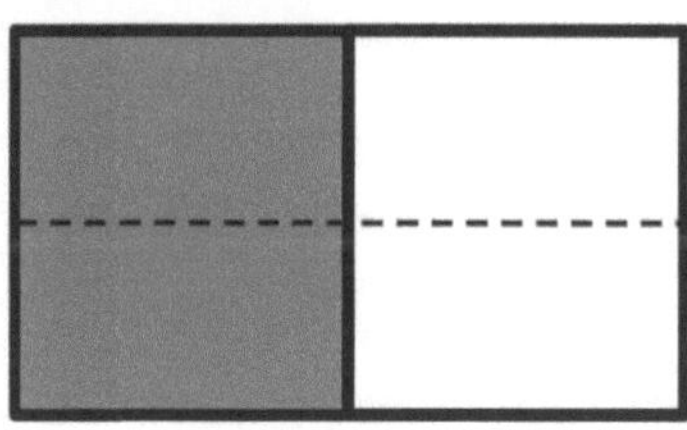

$$\frac{1}{2}=\frac{1\times 2}{2\times 2}=\frac{2}{4}$$

单位数字变成了双倍。

b.

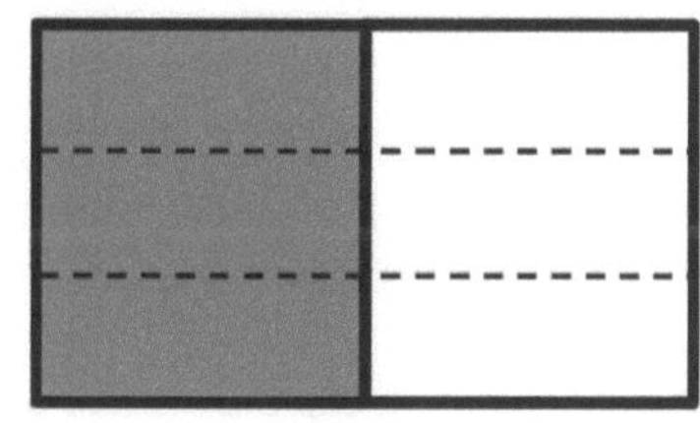

$$\frac{1}{2}=\frac{1\times 3}{2\times 3}=\frac{3}{6}$$

单位数字变成了三倍。

c.

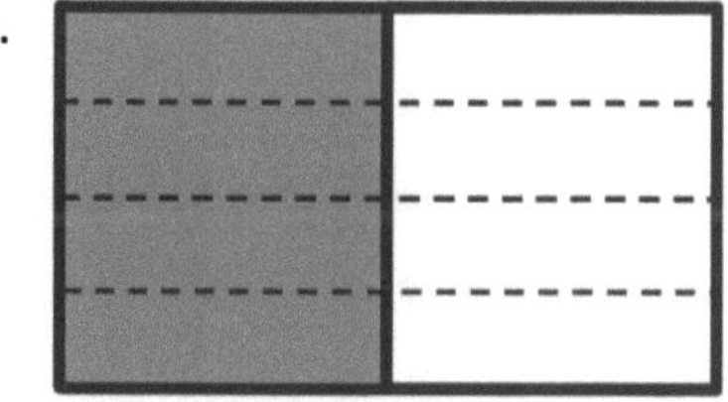

$$\frac{1}{2}=\frac{1\times 4}{2\times 4}=\frac{4}{8}$$

单位数字变成了四倍。

姓名 ______________________________ 日期 ______________

每个矩形代表1。

1. 阴影的单位分数已分解为较小的单位。用a表示等效分数数句使用乘法。第一个已经为您完成。

a.

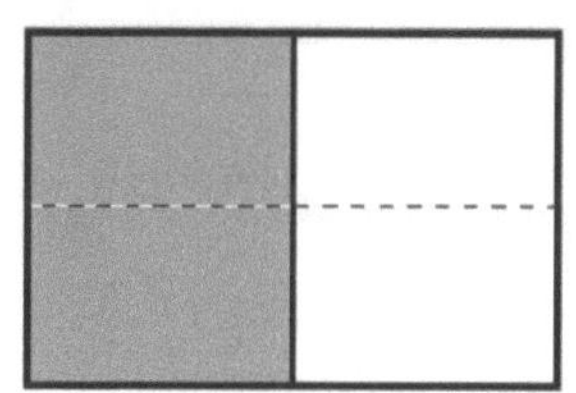

$$\frac{1}{2} = \frac{1 \times 2}{2 \times 2} = \frac{2}{4}$$

b.

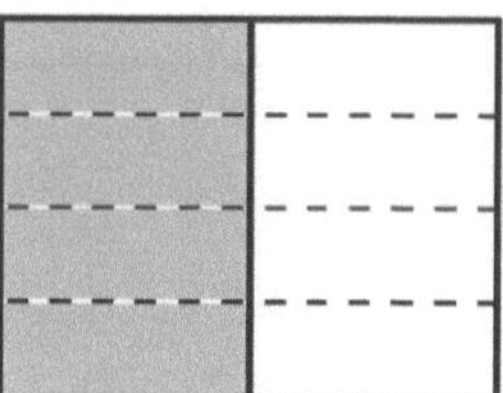

c.

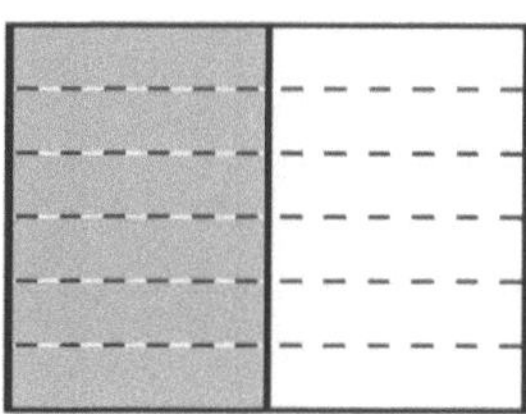

d.

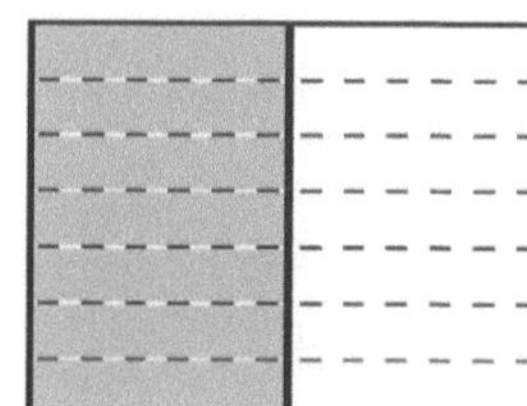

2. 使用面积模型将阴影部分分解为较小的单位。使用乘法表示数字句子中的等价分数。

a.

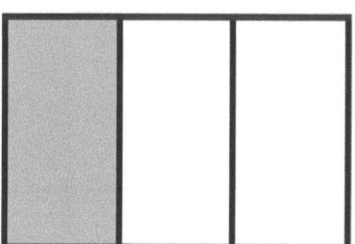

b.

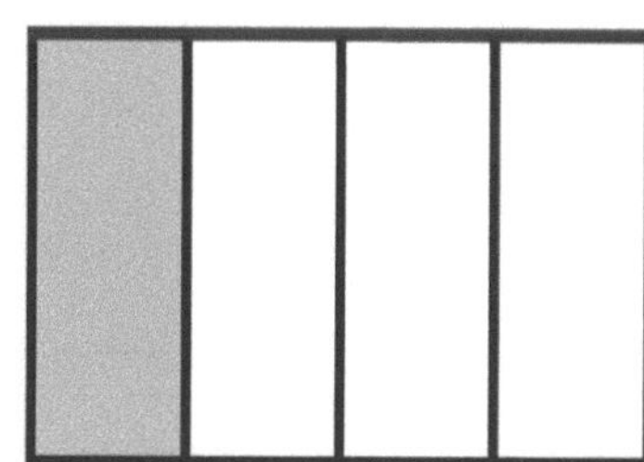

c. 

d. 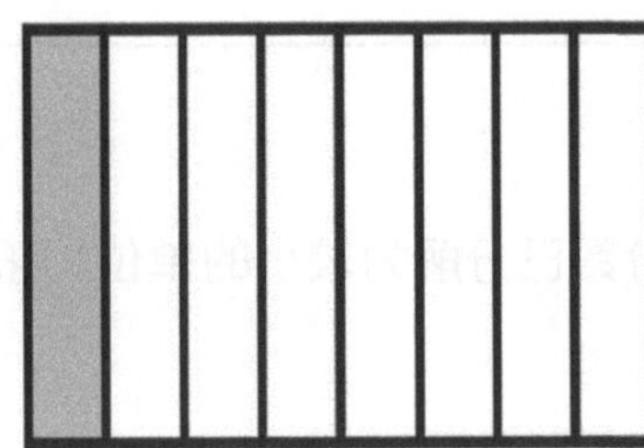

3. 绘制三个不同的区域模型以阴影表示四分之一。
将阴影部分分解为(a)八分之一，(b)十二分之一和(c)十六分之一。
使用乘法来显示每个分数如何等于四分之一。

a.

b.

c.

每个矩形代表 1个 。

1. 阴影部分已分解为较小的单位。用数句使用乘法。

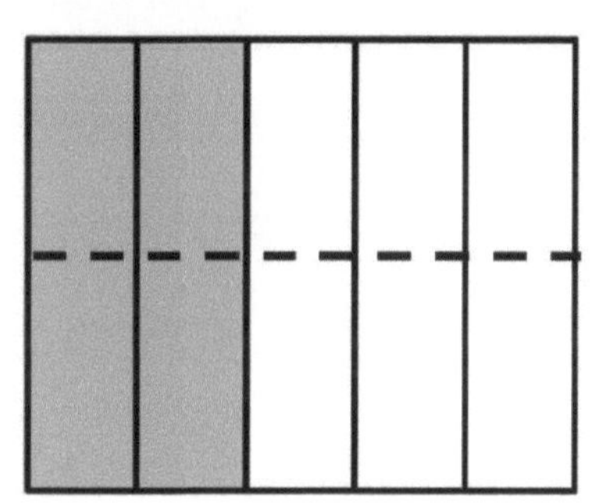

$$\frac{2}{5} = \frac{2 \times 2}{5 \times 2} = \frac{4}{10}$$

面积模型内的单位数字变成了双倍。之前有 5 个单位,而现在有 10 个单位。

2. 将两个阴影部分分解为十六分之一。使用乘法表示数字句子中的等价分数。

a.

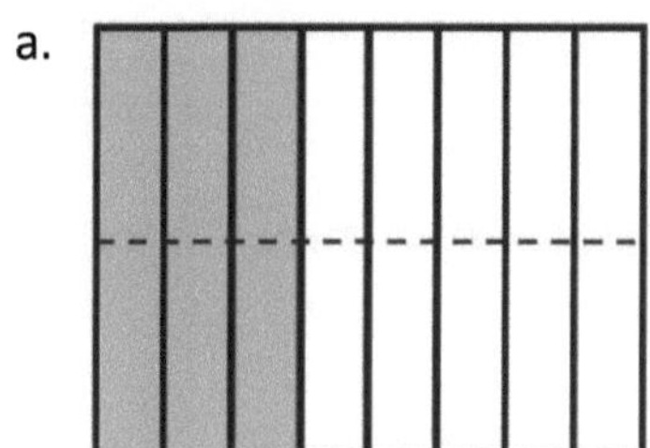

$$\frac{3}{8} = \frac{3 \times 2}{8 \times 2} = \frac{6}{16}$$

我画 1 条线,把每个单位等分为 2。

b.

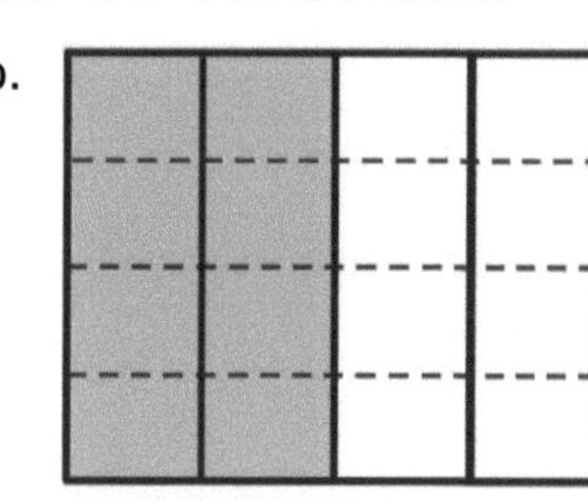

$$\frac{2}{4} = \frac{2 \times 4}{4 \times 4} = \frac{8}{16}$$

我画 3 条线,把每个单位等分为 4。

3. 使用乘法为分数创建等效分数 $\frac{8}{6}$ 。

$$\frac{8}{6} = \frac{8 \times 2}{6 \times 2} = \frac{16}{12}$$

要造一个当量分数,我可以选择任何等于 1 的分数。我可以选择 $\frac{3}{3}$、$\frac{4}{4}$、$\frac{5}{5}$ 等。

4. 确定以下内容是否为真数字句子。如果错误,则通过更改数字语句的右侧来更正它。

$$\frac{5}{4} = \frac{15}{16}$$

那是错的!分子被乘以 3。分母被乘以 4。三个四分之一不是一个等于 1 的分数。

学生答案范例:

不对!

$$\frac{5}{4} = \frac{5 \times 3}{4 \times 3} = \frac{15}{12}$$

姓名 ______________________ 日期 ______________

每个矩形代表1。

1. 阴影部分已分解为较小的单元。用a表示等效分数数句使用乘法。第一个已经为您完成。

a.

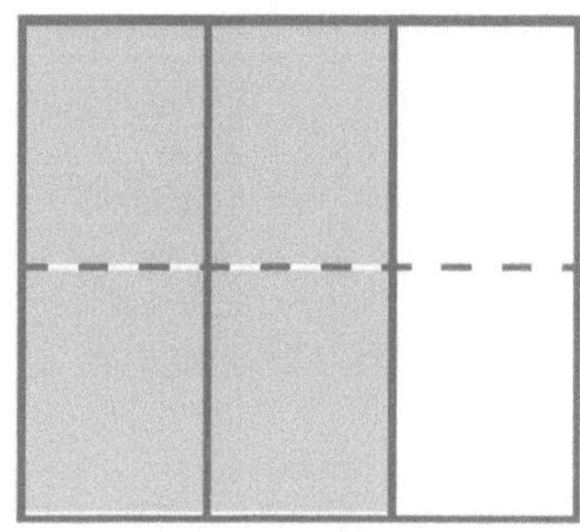

$$\frac{2}{3} = \frac{2 \times 2}{3 \times 2} = \frac{4}{6}$$

b.

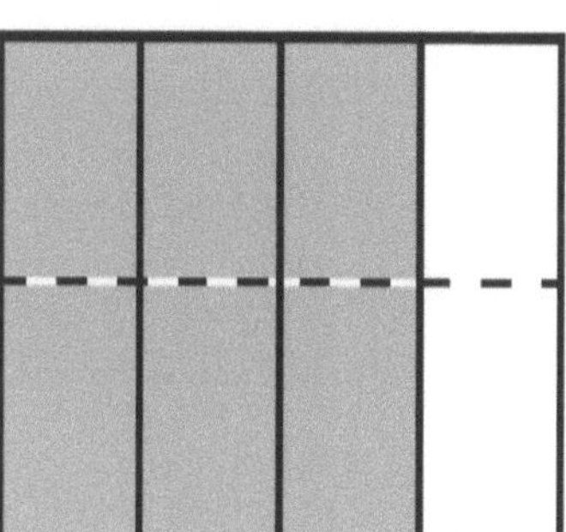

c.

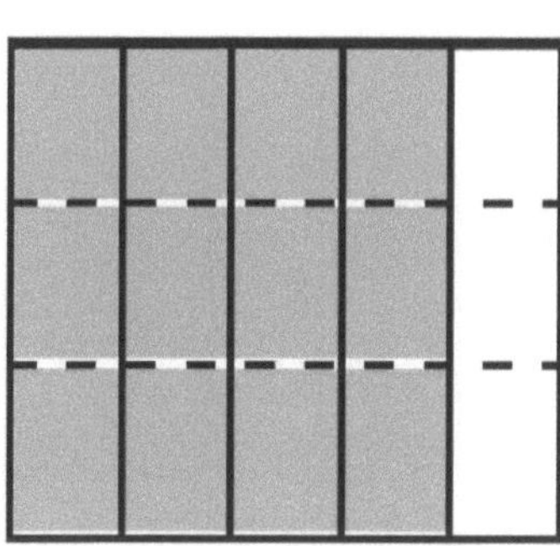

d.

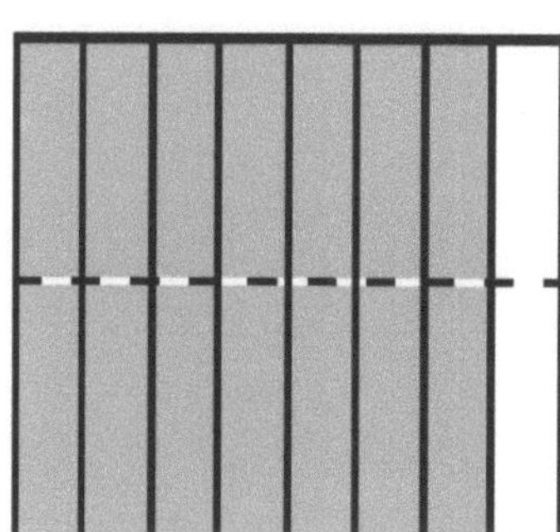

2. 将两个阴影部分分解为十二分之一。使用乘法表示数字句子中的等价分数。

a.

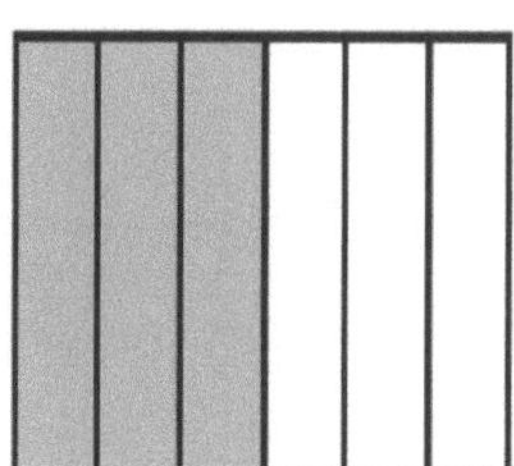

b.

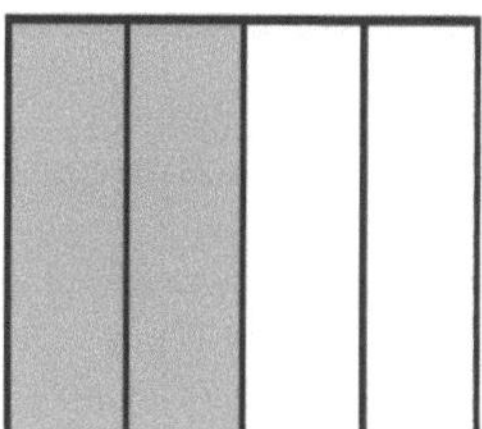

3. 绘制区域模型以证明以下数字句子是正确的。

a. $\frac{1}{3}=\frac{2}{6}$

b. $\frac{2}{5}=\frac{4}{10}$

c. $\frac{5}{7}=\frac{10}{14}$

d. $\frac{3}{6}=\frac{9}{18}$

4. 使用乘法为下面的每个分数创建一个等效分数。

a. $\frac{2}{3}$

b. $\frac{5}{6}$

c. $\frac{6}{5}$

d. $\frac{10}{8}$

5. 确定以下哪些是真数字句子。通过更改数字句子的右侧来纠正那些错误的内容。

a. $\frac{2}{3}=\frac{4}{9}$

b. $\frac{5}{6}=\frac{10}{12}$

c. $\frac{3}{5}=\frac{6}{15}$

d. $\frac{7}{4}=\frac{21}{12}$

每个矩形代表1。

1. 将阴影部分组成更大的分数单位。使用除法表示数字句子中的等价分数。

a.

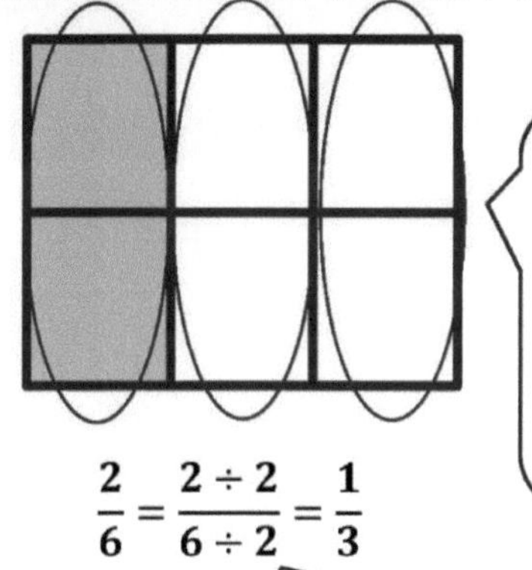

2 个单位涂黑了。我分成每组 2 个。六分之一被分解为三分之一。

$$\frac{2}{6} = \frac{2 \div 2}{6 \div 2} = \frac{1}{3}$$

我把分子和分母除以 2。

b.

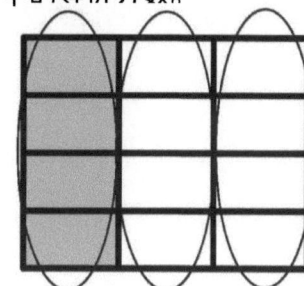

$$\frac{4}{12} = \frac{4 \div 4}{12 \div 4} = \frac{1}{3}$$

当我分解三分之一时，单位数字减少了。我组成一个较大的单位。

2.

a. 在第一个模型中，显示十分之二。在第二个区域模型中，显示15分之三。说明如何将两个分数组成或重命名为相同的单位分数。

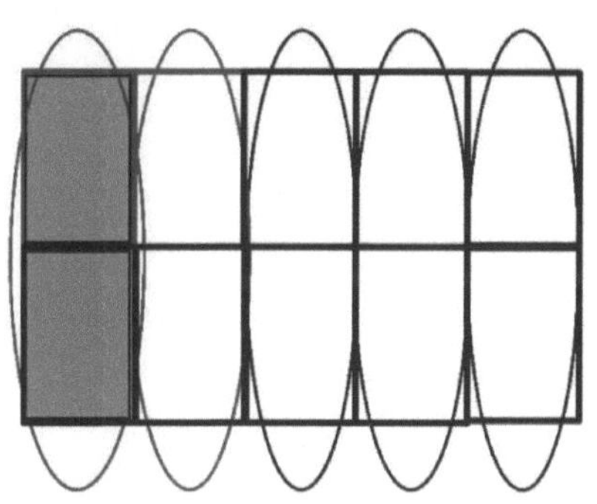

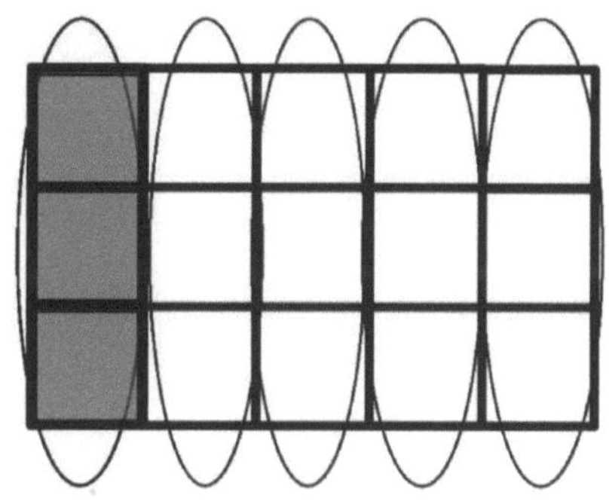

当我分解三分之一时，单位数字减少了。我组成一个较大的单位。

2 个十分之一 = 1 个五分之一

3 个十五分之一 = 1 个五分之一

b. 使用除法表示数字句子中的等价分数。

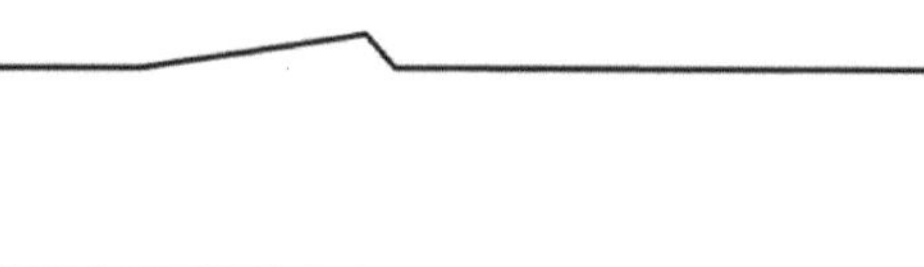

姓名 ____________________ 日期 ____________

每个矩形代表1。

1. 将阴影的分数组成更大的分数单位。使用除法表示数字句子中的等价分数。第一个已经为您完成。

a.

$\frac{2}{4} = \frac{2 \div 2}{4 \div 2} = \frac{1}{2}$

b.

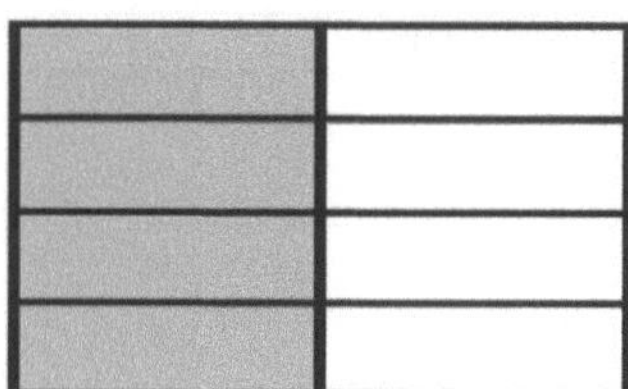

c.

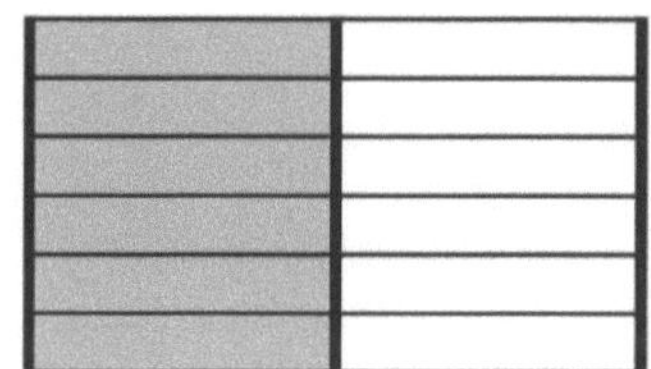

d.

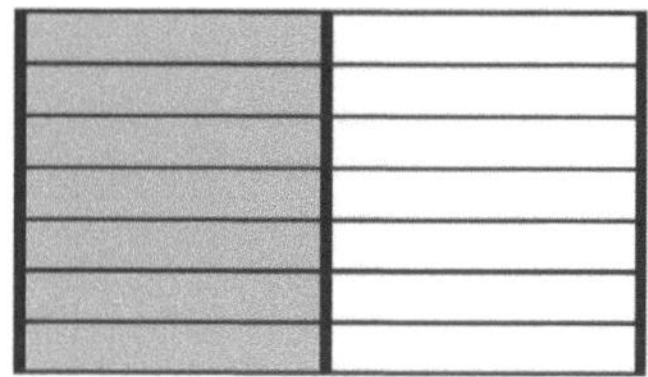

2. 将阴影的分数组成更大的分数单位。使用除法表示数字句子中的等价分数。

a.

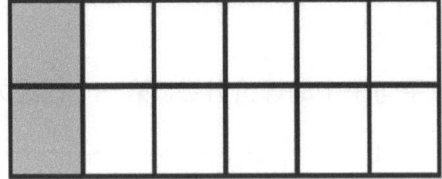

b.

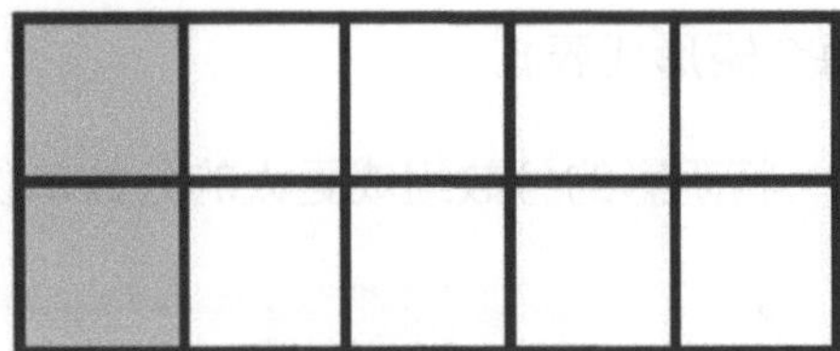

c.

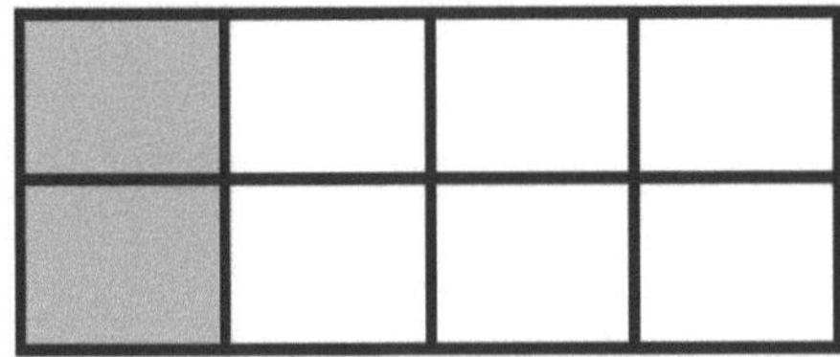

d.

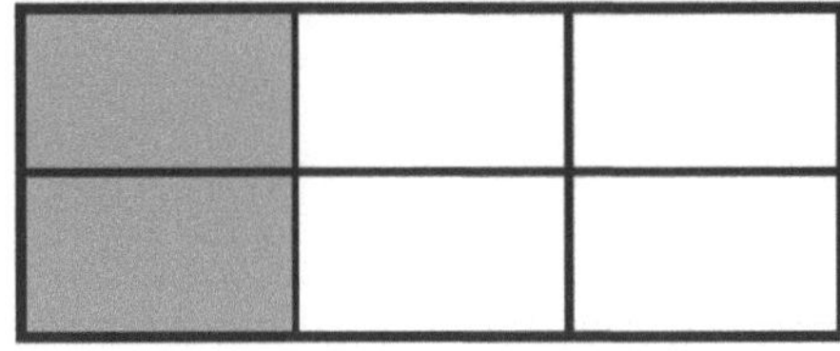

e. 组成分数时，分数单位的大小发生了什么？

f. 组成分数时，整体的总数发生了什么？

3. a. 在第一个区域模型中，显示4个八分之八。在第二个区域模型中，显示6个十二分之一。说明如何将两个分数组成或重命名为相同的单位分数。

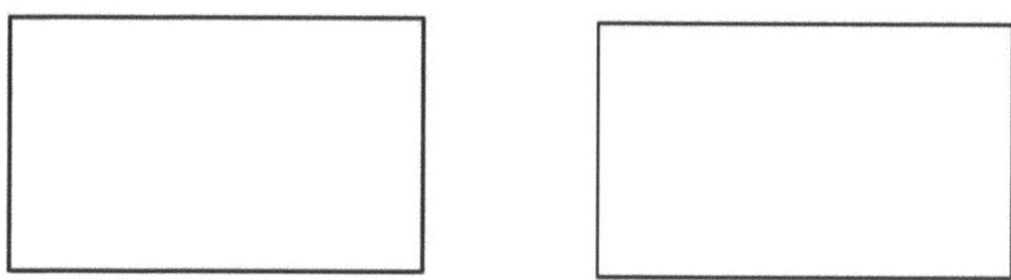

b. 使用除法表示数字句子中的等价分数。

4. a. 在第一个区域模型中，显示4个八分之八。在第二个区域模型中，显示8分之十六。说明如何将两个分数组成或重命名为相同的单位分数。

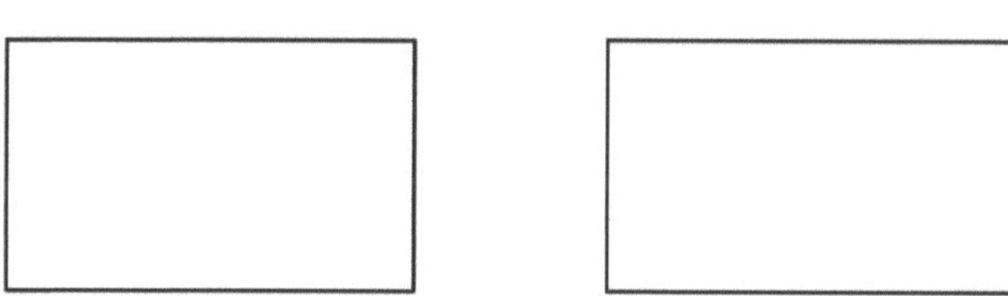

b. 使用除法表示数字句子中的等价分数。

3. a. 在第一个区域模型中，显示4个八分之六，在第二个区域模型中，显示6个十二分之一。说明如何将两个分数组成或重命名为相同的单位分数。

每个矩形代表1。

1. 将阴影部分组成更大的分数单位。使用除法表示数字句子中的等价分数。

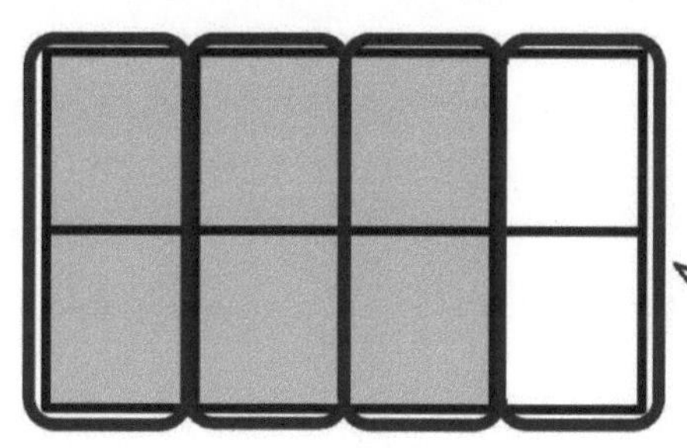

$$\frac{6}{8} = \frac{6 \div 2}{8 \div 2} = \frac{3}{4}$$

这种计算很像我在第 9 课所学习的。但是，一旦我分解单位，被重新命名的分数就不是一个单位分数。

2. 绘制一个区域模型来表示下面的数字句子。

$$\frac{4}{14} = \frac{4 \div 2}{14 \div 2} = \frac{2}{7}$$

看着分子和分母，我画 14 个单位并且涂黑 4 个单位。

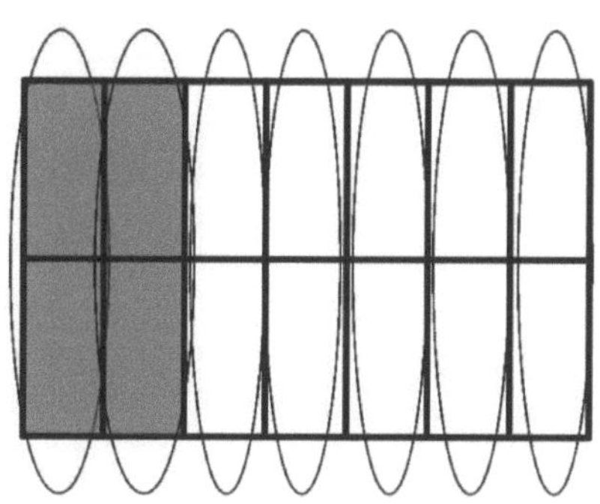

看着除数 $\frac{2}{8}$，我圈起 2 个一组。我分成了 7 组。2 个七分之一涂黑了。

3. 使用除法重命名下面的分数。如果有帮助，请绘制模型。看看是否可以使用最大公因子。

$$\frac{8}{20} = \frac{8 \div 4}{20 \div 4} = \frac{2}{5}$$

我可以选择 2，但最大公因数是 4。

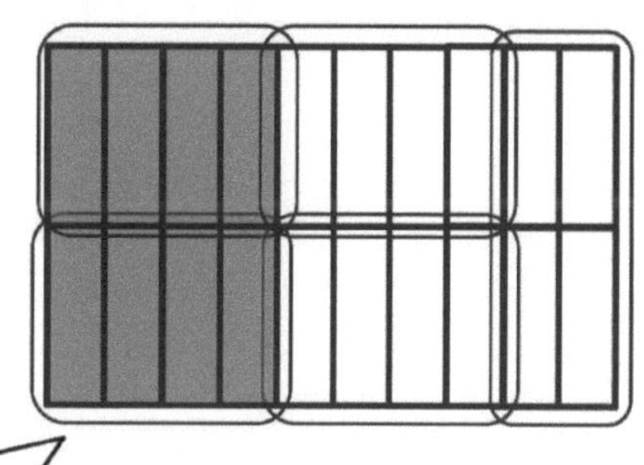

无论我把单位垂直或水平分解，我都会得到相同的答案！

姓名 ______________________ 日期 ______________

每个矩形代表1。

1. 将阴影部分组成更大的分数单位。使用除法表示数字句子中的等价分数。第一个已经为您完成。

a.

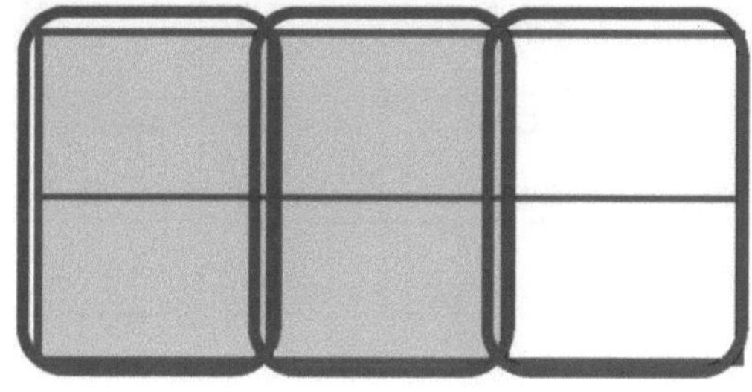

$$\frac{4}{6} = \frac{4 \div 2}{6 \div 2} = \frac{2}{3}$$

b.

c.

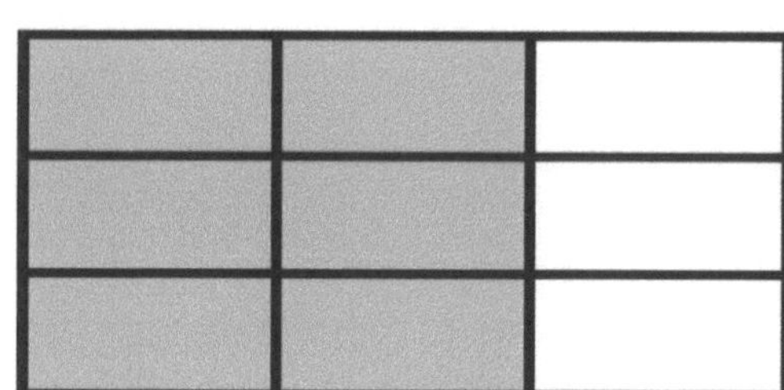

d.

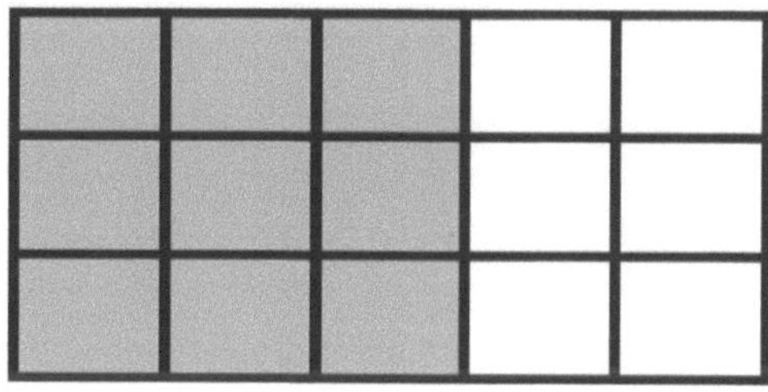

2. 将阴影的分数组成更大的分数单位。使用除法表示数字句子中的等价分数。

a.

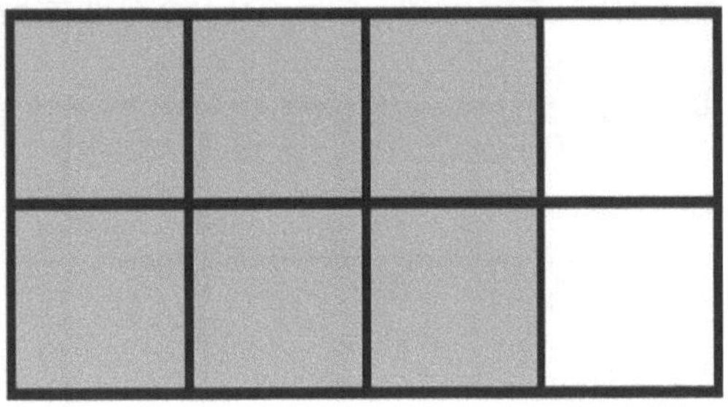

b.

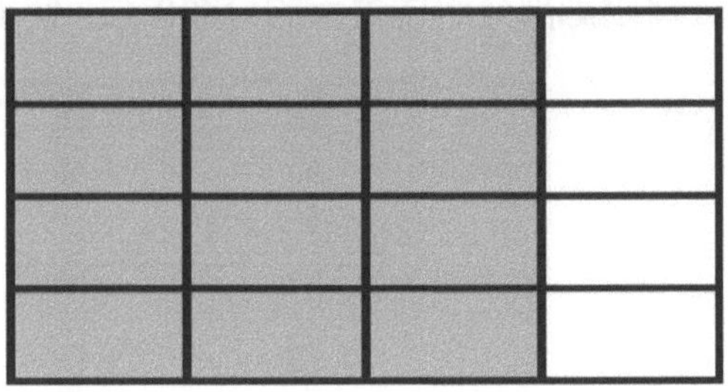

3. 绘制一个区域模型来表示下面的每个数字句子。

a. $\frac{6}{15} = \frac{6 \div 3}{15 \div 3} = \frac{2}{5}$

b. $\frac{6}{18} = \frac{6 \div 3}{18 \div 3} = \frac{2}{6}$

4. 使用除法重命名下面给出的每个分数。如果有帮助，请绘制模型。看看是否可以使用最大公因子。

a. $\frac{6}{12}$

b. $\frac{4}{12}$

c. $\frac{8}{12}$

d. $\frac{12}{18}$

1. 用胶带图上显示的分数标记每个数字行。圈出标记数字线上的点的分数，并命名带状图的阴影部分。

a.

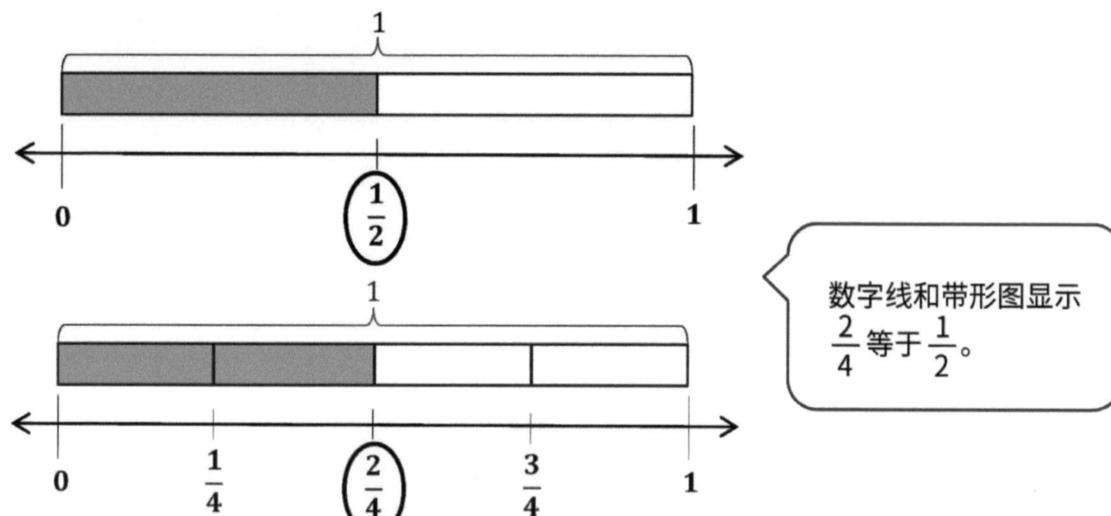

b.

2. 使用乘法写数字语句以显示1(a)表示的分数等于1(b)表示的分数。

$$\frac{1}{2} = \frac{1 \times 2}{2 \times 2} = \frac{2}{4}$$

3.

a. 将数字线从0到1分成三分之二。分解 $\frac{2}{3}$ 分成4个相等的长度

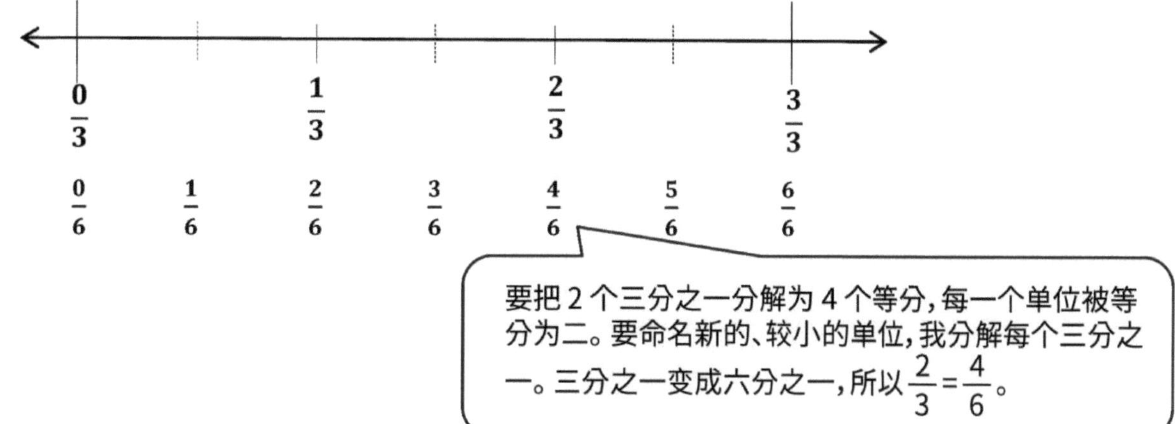

$\frac{0}{3}$ $\frac{1}{3}$ $\frac{2}{3}$ $\frac{3}{3}$
$\frac{0}{6}$ $\frac{1}{6}$ $\frac{2}{6}$ $\frac{3}{6}$ $\frac{4}{6}$ $\frac{5}{6}$ $\frac{6}{6}$
要把 2 个三分之一分解为 4 个等分，每一个单位被等分为二。要命名新的、较小的单位，我分解每个三分之一。三分之一变成六分之一，所以 $\frac{2}{3}=\frac{4}{6}$。

b. 写 1个乘法和 1个分割句以显示数字所代表的分数线相当于 $\frac{2}{3}$ 。

$$\frac{2}{3} = \frac{2 \times 2}{3 \times 2} = \frac{4}{6} \qquad \frac{4}{6} = \frac{4 \div 2}{6 \div 2} = \frac{2}{3}$$

姓名 ____________________ 日期 ____________

1. 用胶带图上显示的分数标记每个数字行。圈出标记数字线上的点的分数，该点也命名了带状图的阴影部分。

a.

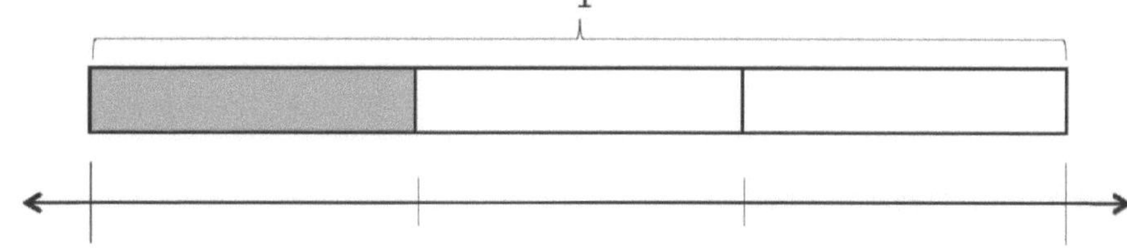

b.

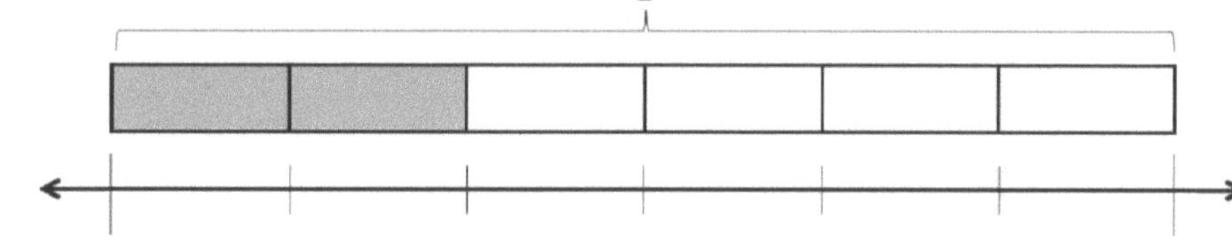

c.

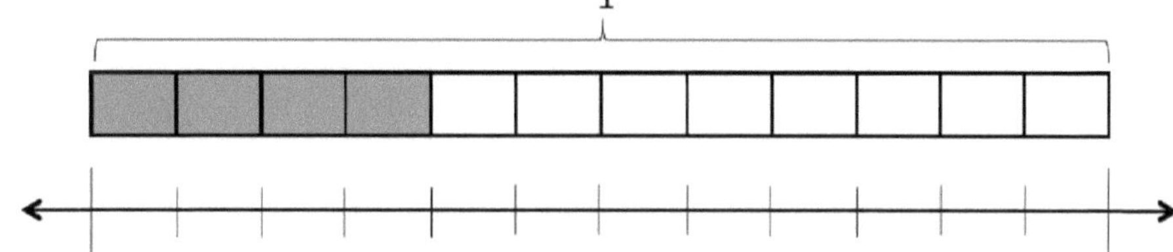

2. 用乘法写数字句子以显示：

a. 1 (a) 表示的分数等于1 (b) 表示的分数。

b. (a) 中表示的分数等于1 (c) 中表示的分数。

3. 使用下面的每个阴影带状图作为标尺来绘制数字线。用带状图上显示的小数单位标记每个数字线，并圈出标记数字线上的点的分数，该点也命名了带状图的阴影部分。

a.

1

b.

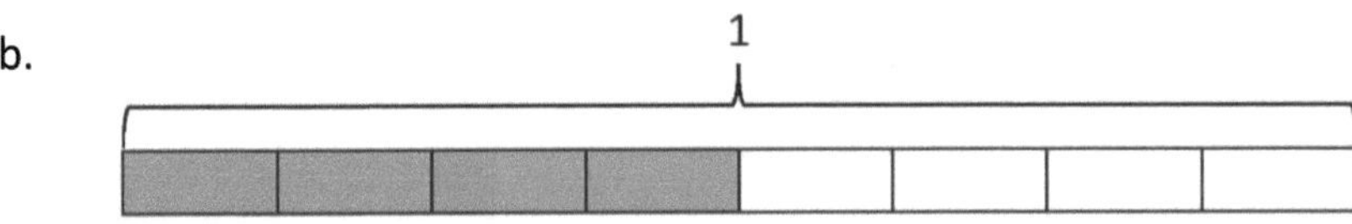

c.

1

4. 用除法写一个数字语句，以显示3(a)表示的分数等于3(b)表示的分数。

5. a. 将数字线从0分配到1分成四分之一。分解 $\frac{3}{4}$ 分为6个相等的长度。

b. 用乘法写一个数字句子，以显示数字线上表示的分数等于 $\frac{3}{4}$ 。

c. 用除法写一个数字句子，以显示数字线上表示的分数是相当于 $\frac{3}{4}$。

1.

a. 在数字线上绘制以下点而不进行测量。

i. $\frac{3}{4}$ ii. $\frac{5}{8}$ iii. $\frac{7}{12}$

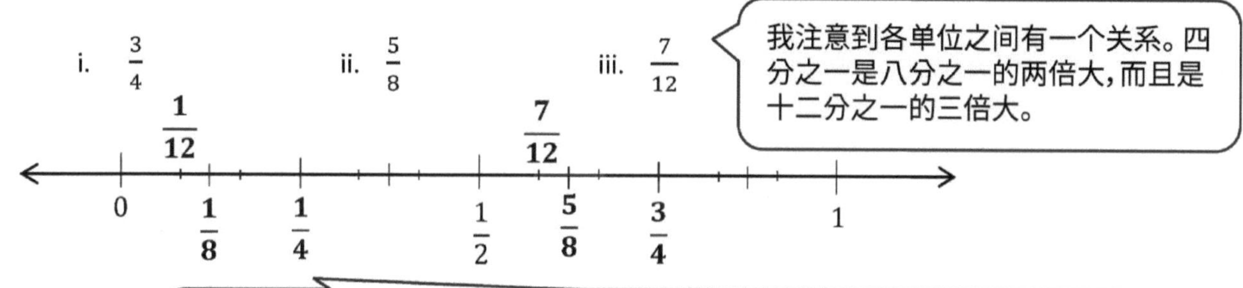

我使用我所知道的基准分数来画十二分之一。标记了四分之一后，我知道 1 个四分之一和 3 个十二分之一相同，所以我把每个四分之一分解为 3 个单位来变成十二分之一。

b. 使用 (a) 部分中的数字线通过写比较分数 >，<，要么 = 在线上。

i. $\frac{3}{4}$ __>__ $\frac{1}{2}$ ii. $\frac{7}{12}$ __<__ $\frac{5}{8}$

c. 说明如何在 (a) 部分中绘制点。

学生回应样本：

数字线被分为两半。我将单位翻了一番，达到了四分之一。我画了 3 四分之一。我再次将单位翻倍，达到了八分之一。知道 1 一半和 4 八分之一是等效分数，我只是指望 1 情节第八 5 八分之一。最后，我想到了第十二和第四 。 1 第四个与 3 第十二。我通过将第四个分区划分为第十二个 3 单位。我画了 7 第十二 。

2. 通过写比较下面给出的分数 < 要么 > 在线上。

请参考的基准对每个答案进行简要说明 0, $\frac{1}{2}$ 和/或 1个。

$\frac{5}{8}$ __>__ $\frac{6}{10}$

学生可能的回应：

如果我想到八分之一，我知道 1 一半等于 4 八分之一。因此，5 八分之一是 1 大于八分之一 1 半 。

我也知道 5 十分之一等于 1 半 。6 十分之一是 1 比第十大 1 半。比较单位的大小，我知道 1 八分之一以上 1 第十。所以，5 八分之一大于 6 十分之一 。

9。在数字线上绘制以下点而不进行测量。

我注意到各单位之间有一个关系，四分之一是八分之一的两倍大，而且是十二分之一的三倍大。

姓名 ______________________________ 日期 ______________

1. a. 在数字线上绘制以下点而不进行测量。

   i. $\frac{2}{3}$　　ii. $\frac{1}{6}$　　iii. $\frac{4}{10}$

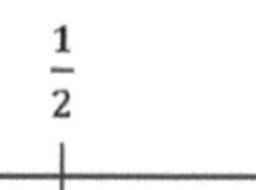
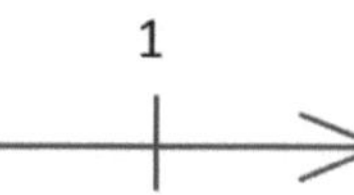

0　　$\frac{1}{2}$　　1

   b. 使用 (a) 部分中的数字线通过写来比较分数 > ，< ，要么 = 在线上。

   i. $\frac{2}{3}$ ______ $\frac{1}{2}$　　ii. $\frac{4}{10}$ ______ $\frac{1}{6}$

2. a. 在数字线上绘制以下点而不进行测量。

   i. $\frac{5}{12}$　　ii. $\frac{3}{4}$　　iii. $\frac{2}{6}$

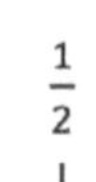

0　　$\frac{1}{2}$　　1

   b. 从 (a) 部分中选择两个分数，并使用给定的数字行通过写比较它们 > ，< ，要么 = 。

   c. 说明如何在 (a) 部分中绘制点。

3. 通过写比较下面给出的分数 > 要么 < 在线上。
针对每个答案，以0为基准进行简要说明，$\frac{1}{2}$ 和1。

a. $\frac{1}{2}$ ______ $\frac{1}{4}$

b. $\frac{6}{8}$ ______ $\frac{1}{2}$

c. $\frac{3}{4}$ ______ $\frac{3}{5}$

d. $\frac{4}{6}$ ______ $\frac{9}{12}$

e. $\frac{2}{3}$ ______ $\frac{1}{4}$

f. $\frac{4}{5}$ ______ $\frac{8}{12}$

g. $\frac{1}{3}$ ______ $\frac{3}{6}$

h. $\frac{7}{8}$ ______ $\frac{3}{5}$

i. $\frac{51}{100}$ ______ $\frac{5}{10}$

j. $\frac{8}{14}$ ______ $\frac{49}{100}$

1. 将以下分数放在给定的数字行上。

$\frac{8}{4}$ 等于 2。因此，$\frac{7}{4}$ 是 2 减 1 个四分之一。

a. $\frac{7}{4}$ b. $\frac{3}{2}$ c. $\frac{11}{8}$

我可以画一个数字链，把 $\frac{11}{4}$ 分解成 $\frac{8}{8}$ 和 $\frac{3}{8}$。

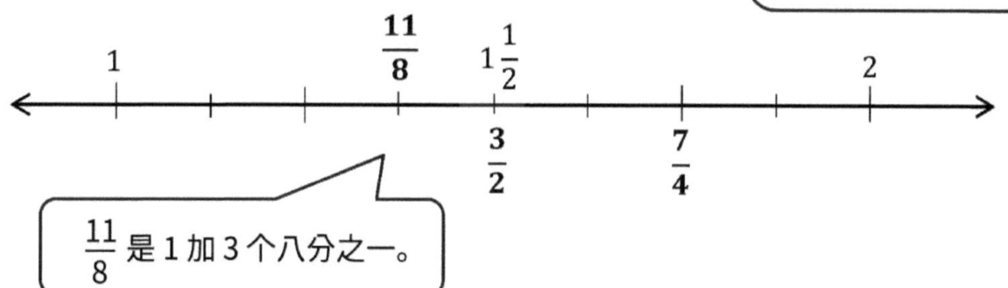

$\frac{11}{8}$ 是 1 加 3 个八分之一。

2. 使用问题1中的数字线通过写比较分数 < ，> ，要么 = 在线上。

a. $1\frac{3}{4}$ ___>___ $1\frac{1}{2}$ b. $1\frac{3}{8}$ ___<___ $1\frac{3}{4}$

使用 $\frac{1}{2}$ 作为基准，我比较各分数。$1\frac{3}{8}$ 小于 1 和 1 个半，而 $1\frac{3}{4}$ 大于 1 和 1 个半。

3. 使用问题1中的数字行来说明您在确定是否使用 $\frac{11}{8}$ 要么 $\frac{7}{4}$ 更大。

学生回应样本：

我画完之后 $\frac{11}{8}$ 和 $\frac{7}{4}$，我注意到 $\frac{7}{4}$ 大于 $1\frac{1}{2}$，而 $\frac{11}{8}$ 小于 $1\frac{1}{2}$。

4. 通过写比较下面给出的分数 < 要么 > 在线上。给每个简短的解释参考基准答案。

a. $\frac{5}{4}$ __ $>$ __ $\frac{9}{10}$

$\frac{5}{4}$**大于 1** 。

$\frac{9}{10}$**小于 1** 。

b. $\frac{7}{12}$ __ $<$ __ $\frac{7}{6}$

我使用两个不同的基准来比较这些分数。

$\frac{7}{12}$**比...大十二分之一** $\frac{1}{2}$ 。

$\frac{7}{6}$**比六分之一大 1** 。

姓名 ______________________________ 日期 ________________

1. 将以下分数放在给定的数字行上。

   a. $\frac{3}{2}$ b. $\frac{9}{5}$ c. $\frac{14}{10}$

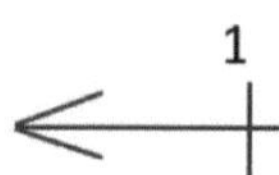

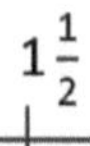

1 $1\frac{1}{2}$ 2

2. 使用问题1中的数字线通过写比较分数 > ，< ，要么 = 在线上。

   a. $1\frac{1}{6}$ ________ $1\frac{4}{12}$ b. $1\frac{1}{2}$ ________ $1\frac{4}{5}$

3. 将以下分数放在给定的数字行上。

   a. $\frac{12}{9}$ b. $\frac{6}{5}$ c. $\frac{18}{15}$

1 $1\frac{1}{2}$ 2

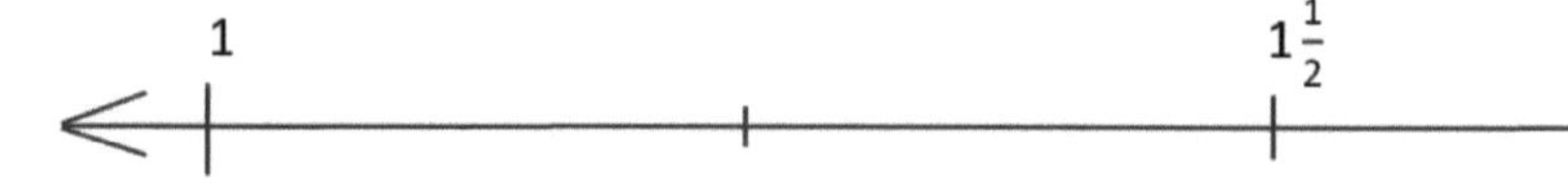

4. 使用问题3中的数字行来说明您在确定是否使用 $\frac{12}{9}$ 要么 $\frac{18}{15}$ 更大。

5. 通过写比较下面给出的分数 > 要么 < 在线上。给每个简短的解释参考基准答案。

a. $\frac{2}{5}$ ______ $\frac{6}{8}$

b. $\frac{6}{10}$ ______ $\frac{5}{6}$

c. $\frac{6}{4}$ ______ $\frac{7}{8}$

d. $\frac{1}{4}$ ______ $\frac{8}{12}$

e. $\frac{14}{12}$ ______ $\frac{11}{6}$

f. $\frac{8}{9}$ ______ $\frac{3}{2}$

g. $\frac{7}{8}$ ______ $\frac{11}{10}$

h. $\frac{3}{4}$ ______ $\frac{4}{3}$

i. $\frac{3}{8}$ ______ $\frac{3}{2}$

j. $\frac{9}{6}$ ______ $\frac{16}{12}$

1. 通过推理单位大小比较分数对。用 >，<，要么 = 。

   a. 1 个四分之一 __>__ 1 个八分之一

   b. 2 个三分之一 __>__ 2 个五分之一

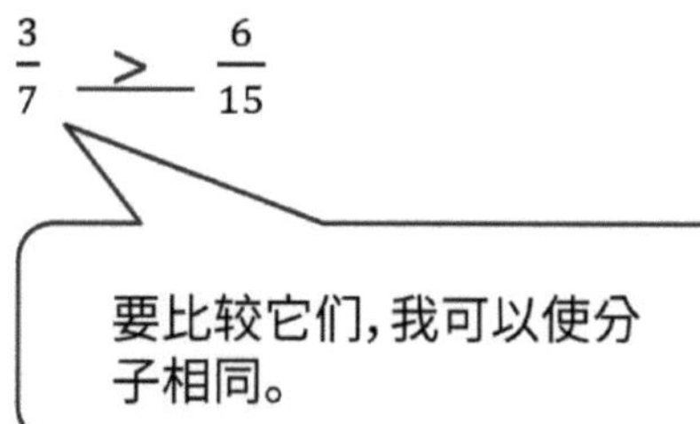

我想象一个带形图。1 个四分之一是 1 个八分之一的两倍大。

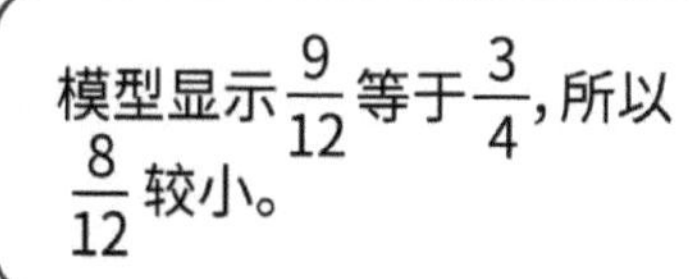

当我比较相同数目的单位时，我考虑分数单位的大小。三分之一比五分之一大。

2. 通过推理以下几对具有相关分子的分数进行比较。用 >，<，要么 = 。使用文字，图片或数字来说明您的想法。

$\frac{3}{7}$ __>__ $\frac{6}{15}$

3 个七分之一等于 6 个十四分之一。十四分之一大于十五分之一。所以，3 个七分之一大于 6 个十五分之一。

要比较它们，我可以使分子相同。

3. 绘制两个胶带图进行建模和比较 $1\frac{3}{4}$ 和 $1\frac{8}{12}$ 。

$1\frac{3}{4}$ __>__ $1\frac{8}{12}$

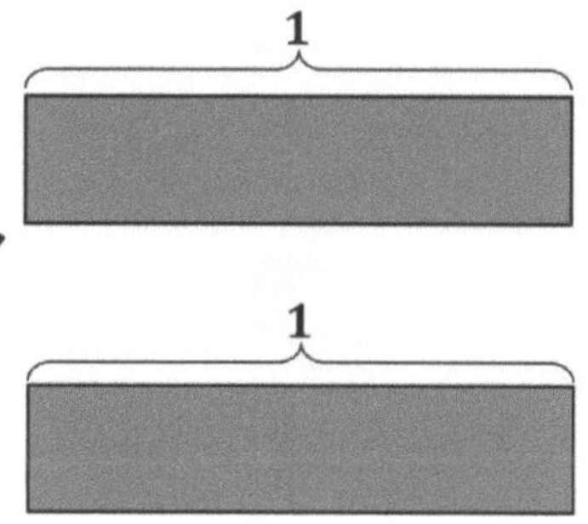

我小心地使每一个带形图的大小相同。

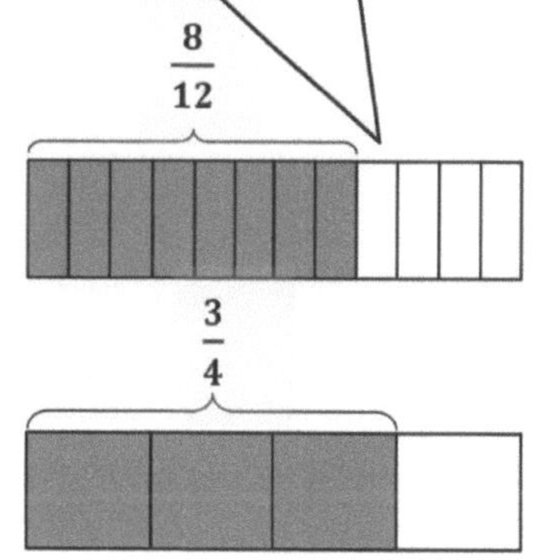

模型显示 $\frac{9}{12}$ 等于 $\frac{3}{4}$，所以 $\frac{8}{12}$ 较小。

4. 画一条数字线以建模带有相关分母的分数对。使用 >、<、要么 = 来比较。

$\frac{3}{12}$ __<__ $\frac{2}{6}$

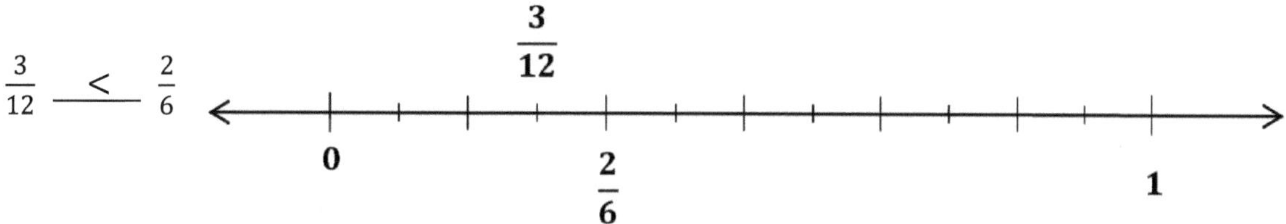

姓名 ______________________ 日期 ______________

1. 通过推理单位大小比较分数对。用 > ， < ，要么 = 。

   a. 1分之三六分之一

   b. 2半 2分之三

   c. 四分之二 2分之六

   d. 五分之八五分之一

2. 通过推理以下具有相同或相关分子的分数对进行比较。用 > ， < ，要么 = 。使用文字，图片或数字来说明您的想法。问题2(b)已针对您。

   a. $\frac{3}{6}$ ________ $\frac{3}{7}$

   b. $\frac{2}{5}$ ▯ $\frac{4}{9}$

   贝卡用 $\frac{2}{5} = \frac{4}{10}$
   少四分之一
   比四分之九
   小于十分之九。

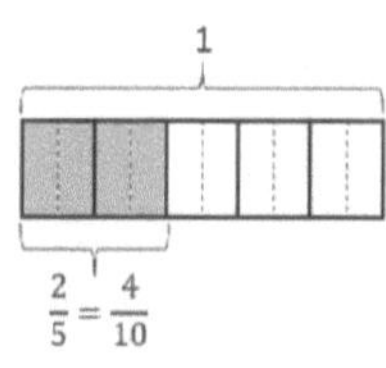

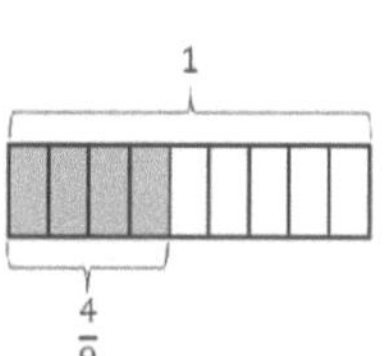

   c. $\frac{3}{11}$ ________ $\frac{3}{13}$

   d. $\frac{5}{7}$ ________ $\frac{10}{13}$

3. 绘制两个带状图，以使用相关的分母来模拟以下每一对分数。使用 >、<、要么 = 来比较。

a. 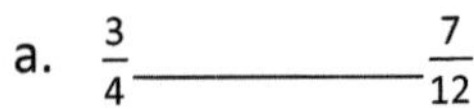
$\frac{3}{4}$ ______ $\frac{7}{12}$

b. $\frac{2}{4}$ ______ $\frac{1}{8}$

c. $1\frac{4}{10}$ ______ $1\frac{3}{5}$

4. 画一条数字线，用相关的分母对每对分数建模。使用 $>$、$<$、要么 $=$ 来比较。

a. $\frac{3}{4}$ ______ $\frac{5}{8}$

b. $\frac{11}{12}$ ______ $\frac{3}{4}$

c. $\frac{4}{5}$ ______ $\frac{7}{10}$

d. $\frac{8}{9}$ ______ $\frac{2}{3}$

5. 比较每对分数 $>$，$<$，要么 $=$。如果愿意，请绘制模型。

a. $\frac{1}{7}$ ______ $\frac{2}{7}$

b. $\frac{5}{7}$ ______ $\frac{11}{14}$

c. $\frac{7}{10}$ ______ $\frac{3}{5}$

d. $\frac{2}{3}$ ______ $\frac{9}{15}$

e. $\frac{3}{4}$ ______ $\frac{9}{12}$

f. $\frac{5}{3}$ ______ $\frac{5}{2}$

6. 西蒙声称 $\frac{4}{9}$ 大于 $\frac{1}{3}$。特德认为 $\frac{4}{9}$ 小于 $\frac{1}{3}$。谁是正确的？支持您的答案图片。

1. 为这对分数绘制一个面积模型，并用它来比较两个分数 < ，> ，要么 = 在线上。

$\frac{4}{5} \underline{\ <\ } \frac{6}{7}$

我使用两个大小完全相同的模型来寻找相似的单位。等分后，我在每一个模型里有 35 个单位。现在我可以比较！

$\frac{\mathbf{28}}{\mathbf{35}} \underline{\ <\ } \frac{\mathbf{30}}{\mathbf{35}}$

$\frac{\mathbf{4 \times 7}}{\mathbf{5 \times 7}} = \frac{\mathbf{28}}{\mathbf{35}}$

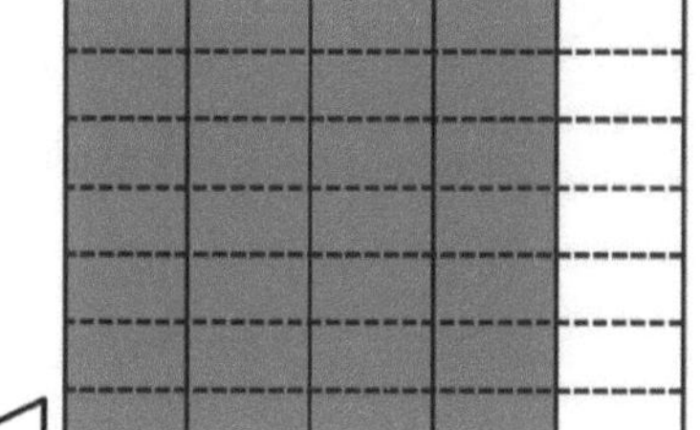

$\frac{\mathbf{6 \times 5}}{\mathbf{7 \times 5}} = \frac{\mathbf{30}}{\mathbf{35}}$

我用垂直线来代表五分之一，然后通过画水平线来等分五分之一。

我用水平线来代表七分之一，然后通过画垂直线来等分七分之一。

2. 使用乘法重命名下面的分数，然后通过写比较 < ，> ，要么 = 。

$\frac{5}{8} \underline{\ <\ } \frac{9}{12}$ $\frac{\mathbf{5 \times 12}}{\mathbf{8 \times 12}} = \frac{\mathbf{60}}{\mathbf{96}}$ $\frac{\mathbf{9 \times 8}}{\mathbf{12 \times 8}} = \frac{\mathbf{72}}{\mathbf{96}}$

哇！那样就须要在面积模型内画很多单位！

$\frac{\mathbf{60}}{\mathbf{96}} \underline{\ <\ } \frac{\mathbf{72}}{\mathbf{96}}$

使用乘法来变成共用单位就更快捷精确。最好在单位相同时比较分数。

3. 使用任何方法比较下面的分数。使用记录您的答案 < ， > ，要么 = 。

$\frac{5}{3}$ $\underline{\;<\;}$ $\frac{9}{5}$

$\frac{3}{3} = \frac{5}{5}$

$\frac{2}{3} < \frac{4}{5}$

我使用基准来比较。$\frac{4}{5}$ 比 $\frac{2}{3}$ 更接近 1，因为五分之一比三分之一小。

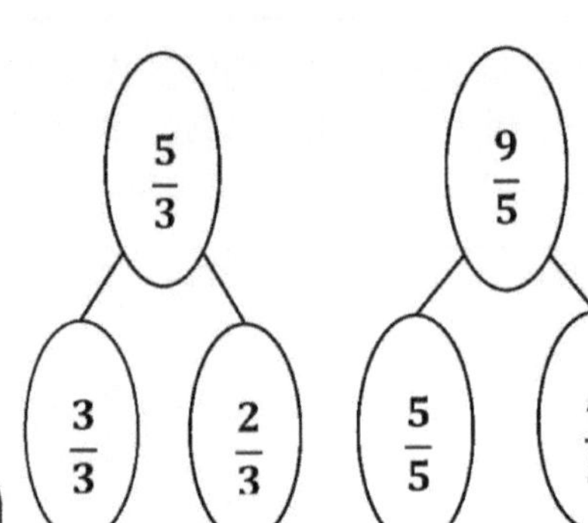

我使用数字链来分解大于 1 的分数。这让我专注于比较分数部分，$\frac{2}{3}$ 和 $\frac{4}{5}$，因为 $\frac{3}{3}$ 和 $\frac{5}{5}$ 是当量的。

姓名 ______________________________ 日期 ________________

1. 为每对分数绘制一个面积模型，并用它来比较两个分数 >，<，要么 = 在线上。前两个部分已为您完成。每个矩形代表1。

a. $\frac{1}{2}$ ___ < ______ $\frac{3}{5}$

$\frac{1 \times 5}{2 \times 5} = \frac{5}{10}$ $\frac{3 \times 2}{5 \times 2} = \frac{6}{10}$

$\frac{5}{10} < \frac{6}{10}$，所以 $\frac{1}{2} < \frac{3}{5}$

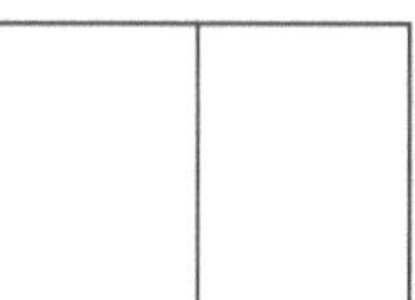
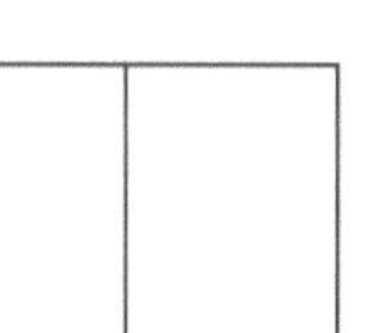

b. 
$\frac{2}{3}$ ______________ $\frac{3}{4}$

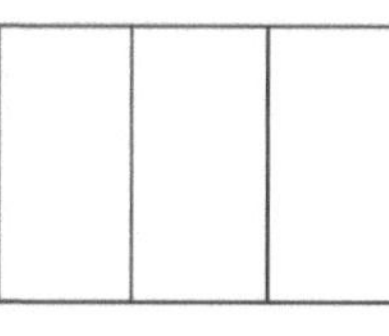

c. $\frac{4}{6}$ ______________ $\frac{5}{8}$

d. 
$\frac{2}{7}$ ______________ $\frac{3}{5}$

e. $\frac{4}{6}$ ______________ $\frac{6}{9}$

f. $\frac{4}{5}$ ______________ $\frac{5}{6}$

2. 根据需要使用乘法重命名分数，以便通过写作 >，<，要么 = 。

a. $\frac{2}{3}$ ______ $\frac{2}{4}$

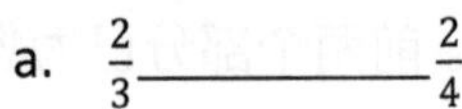

b. $\frac{4}{7}$ ______ $\frac{1}{2}$

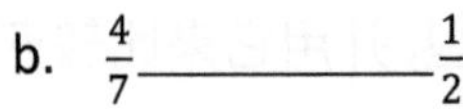

c. $\frac{5}{4}$ ______ $\frac{9}{8}$

d. $\frac{8}{12}$ ______ $\frac{5}{8}$

3. 使用任何方法比较分数。使用记录您的答案 >，<，要么 = 。

a. $\frac{8}{9}$ ______ $\frac{2}{3}$

b. $\frac{4}{7}$ ______ $\frac{4}{5}$

c. $\frac{3}{2}$ ______ $\frac{9}{6}$

d. $\frac{11}{7}$ ______ $\frac{5}{3}$

4. 说明您希望使用哪种方法比较分数。提供使用单词，图片或数字的示例。

解题。

1. 5 个六分之一 − 3 个六分之一 = **2 个六分之一**

两个数字的单位都相同，所以我可以想象 "5 - 3 = 2"，所以 5 个六分之一 − 3 个六分之一 = 2 个六分之一。

我可以使用分数来重新写算式。

$\frac{5}{6} - \frac{3}{6} = \frac{2}{6}$

2. 1 个六分之一 + 4 个六分之一 = **5 个六分之一**

如果我知道 1 + 4 = 5，那么 1 个六分之一 + 4 个六分之一 = 5 个六分之一。

解题。使用数字键将和或差重命名为带分数。然后，画一条数字线到建立答案模型。

3. $\frac{12}{6} - \frac{5}{6} = \frac{7}{6} = 1\frac{1}{6}$

$\frac{6}{6}$ $\frac{1}{6}$

我可以把 $\frac{7}{6}$ 重新命名为一个带分数，方法是使用一个数字链来分开或分解 $\frac{7}{6}$，把它变成一个整数和一个分数。$\frac{6}{6}$ 是一个整数，而分数部分是 $\frac{1}{6}$

4. $\frac{5}{6} + \frac{5}{6} = \frac{10}{6} = 1\frac{4}{6}$

$\frac{6}{6}$ $\frac{4}{6}$

我把 $\frac{10}{6}$ 分解为 2 个部分：$\frac{6}{6}$ 和 $\frac{4}{6}$。$\frac{6}{6}$ 和 1 相同，所以我把 $\frac{10}{6}$ 重新写成带分数 $1\frac{4}{6}$。

我可以用单位形式想象算式：5 个六分之一 + 5 个六分之一 = 10 个六分之一。

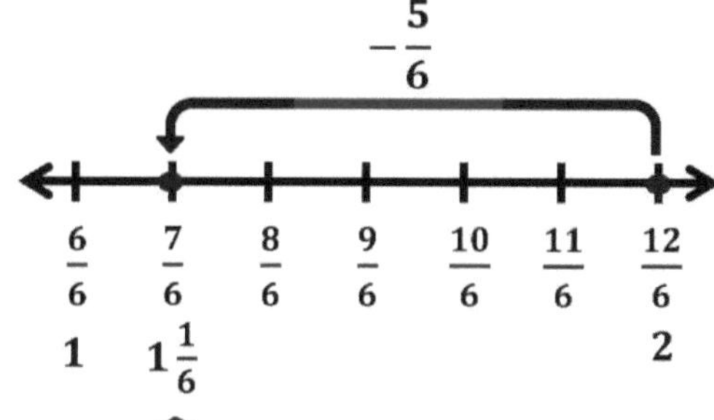

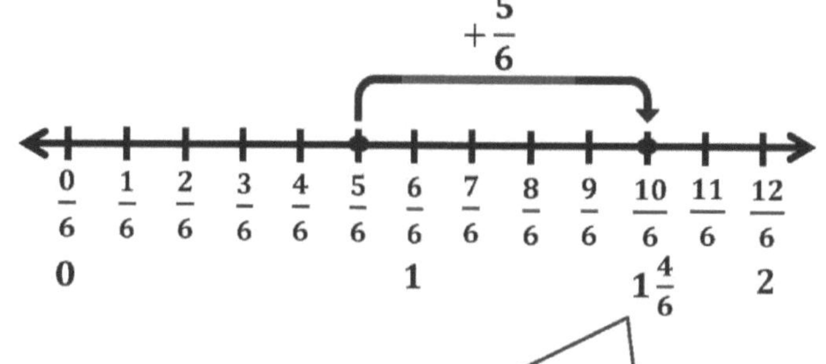

我在 $\frac{12}{6}$ 画一点，因为那是一个整数。然后我倒数来减去 $\frac{5}{6}$。

我画一条数字线，然后在 $\frac{5}{6}$ 画一点。我往上数 $\frac{5}{6}$。模型验证总数是 $1\frac{4}{6}$。

姓名 ______________________ 日期 ______________

1. 解题。

a. 6分之3 – 2分之6 = ____________

b. 十分之五–十分之三 = ____________

c. 四分之三–四分之二 = ____________

d. 5分之三– 2分之三 = ____________

2. 解题。

a. $\frac{3}{5} - \frac{2}{5}$

b. $\frac{7}{9} - \frac{3}{9}$

c. $\frac{7}{12} - \frac{3}{12}$

d. $\frac{6}{6} - \frac{4}{6}$

e. $\frac{5}{3} - \frac{2}{3}$

f. $\frac{7}{4} - \frac{5}{4}$

3. 解题。使用数字键分解差异。将您的最终答案记录为带分数。问题(a)已为您完成。

a. $\frac{12}{6} - \frac{3}{6} = \frac{9}{6} = 1\frac{3}{6}$

$\frac{6}{6}$ $\frac{3}{6}$

b. $\frac{17}{8} - \frac{6}{8}$

c. $\frac{9}{5} - \frac{3}{5}$

d. $\frac{11}{4} - \frac{6}{4}$

e. $\frac{10}{7} - \frac{2}{7}$

f. $\frac{21}{10} - \frac{9}{10}$

4. 解题。以单位形式写总和。

a. 五分之四 + 五分之二 = ______________

b. 五分之八 + 2分之八 = ______________

5. 解题。

a. $\frac{3}{11} + \frac{6}{11}$

b. $\frac{3}{10} + \frac{6}{10}$

6. 解题。使用数字键分解总和。将您的最终答案记录为带分数。

a. $\frac{3}{4} + \frac{3}{4}$

b. $\frac{8}{12} + \frac{6}{12}$

c. $\frac{5}{8} + \frac{7}{8}$

d. $\frac{8}{10} + \frac{5}{10}$

e. $\frac{3}{5} + \frac{6}{5}$

f. $\frac{4}{3} + \frac{2}{3}$

7. 解题。使用数字线为您的答案建模。

a. $\frac{11}{9} - \frac{5}{9}$

b. $\frac{13}{12} + \frac{4}{12}$

1. 使用三个分数 $\frac{8}{8}$, $\frac{3}{8}$, and $\frac{5}{8}$ 写下两个加法和两个减法数句。

$\frac{3}{8}+\frac{5}{8}=\frac{8}{8}$　　$\frac{8}{8}-\frac{5}{8}=\frac{3}{8}$

$\frac{5}{8}+\frac{3}{8}=\frac{8}{8}$　　$\frac{8}{8}-\frac{3}{8}=\frac{5}{8}$

这就像 3、5 和 8 之间的关系：
$3+5=8$　　$8-5=3$
$5+3=8$　　$8-3=5$
除了这些分数的单位是八分之一。

2. 通过减去和计数来解决。带数字线的模型。

$1-\frac{3}{8}$

$\frac{8}{8}-\frac{3}{8}=\frac{5}{8}$

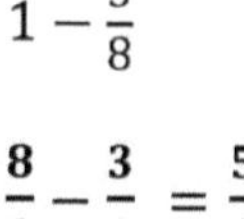

我把 1 重新命名为 $\frac{8}{8}$。现在我有相似的单位，就是八分之一，而我可以进行减法。

或者，我可以往上数，方法是想象需要多少个八分之一才可以从 $\frac{3}{8}$ 到达 $\frac{8}{8}$。
$\frac{3}{8}+x=\frac{8}{8}$
$x=\frac{5}{8}$

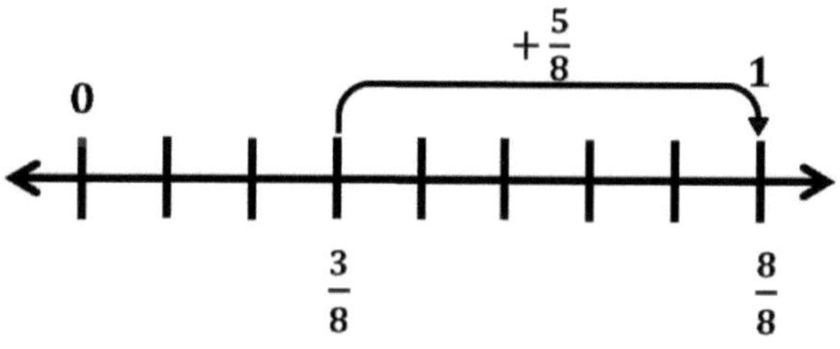

(Number line: 0 to 1, with $\frac{3}{8}$ and $\frac{8}{8}$ marked, jump of $+\frac{5}{8}$)

一条数字线显示怎样从 $\frac{3}{8}$ 往上数到 $\frac{8}{8}$。我也可以从 1 开始，然后在数字线显示减去 $\frac{3}{8}$。

3. 通过两种方式找到差异。使用数字键分解整体。

$1\frac{5}{8}-\frac{7}{8}$

$\frac{8}{-}+\frac{5}{-}=\frac{13}{-}$　　　　$\frac{8}{-}-\frac{7}{-}=\frac{1}{-}$

$\frac{13}{8}-\frac{7}{8}=\frac{6}{8}$　　　　$\frac{1}{8}+\frac{5}{8}=\frac{6}{8}$

要重新的数字作为以及

我重新命名 - 作为一个分数大于。我有相似的单位，所以我可以从 – 减去 -

或者，我可以从 - 减去 -，或者，首先然后加上数字链的剩余部分，-。

姓名 ______________________ 日期 ______________

1. 使用以下三个分数写出两个减法和两个加数句。

a. $\frac{5}{6}$, $\frac{4}{6}$, $\frac{9}{6}$	b. $\frac{5}{9}$, $\frac{13}{9}$, $\frac{8}{9}$

2. 解题。用数字线为每个减法问题建模，并通过加减法进行求解。

a. $1-\frac{5}{8}$

b. $1-\frac{2}{5}$

c. $1\frac{3}{6}-\frac{5}{6}$

d. $1-\frac{1}{4}$

e. $1\frac{1}{3}-\frac{2}{3}$

f. $1\frac{1}{5}-\frac{2}{5}$

3. 通过两种方式找到差异。使用数字键分解总数。(a)部分已完成为了你。

a. $1\frac{2}{5} - \frac{4}{5}$

$\frac{5}{5}$ $\frac{2}{5}$

$\frac{5}{5} + \frac{2}{5} = \frac{7}{5}$

$\frac{7}{5} - \frac{4}{5} = \frac{3}{5}$

$\frac{5}{5} - \frac{4}{5} = \frac{1}{5}$

$\frac{1}{5} + \frac{2}{5} = \frac{3}{5}$

b. $1\frac{3}{8} - \frac{7}{8}$

c. $1\frac{1}{4} - \frac{3}{4}$

d. $1\frac{2}{7} - \frac{5}{7}$

e. $1\frac{3}{10} - \frac{7}{10}$

显示解决每个问题的两种方法。如果可能，请以带分数的形式表示答案。在有帮助时使用数字键。

1. $\frac{2}{5}+\frac{3}{5}+\frac{1}{5}$

$$\frac{2}{5}+\frac{3}{5}=\frac{5}{5}=1$$

$$1+\frac{1}{5}=1\frac{1}{5}$$

我可以加 $\frac{2}{5}$ 和 $\frac{3}{5}$ 来组成 1。然后，我可以只加 $\frac{1}{5}$ 来得到 $1\frac{1}{5}$。

$$\frac{2}{5}+\frac{3}{5}+\frac{1}{5}=\frac{6}{5}=1\frac{1}{5}$$

$\frac{6}{5}$ → $\frac{5}{5}$, $\frac{1}{5}$

由于每一个加数的单位或分母都相同，也就是五分之一，我可以只加上单位或分母的数字。

我可以使用一个数字链来把 $\frac{6}{5}$ 分解成 $\frac{5}{5}$ 和 $\frac{1}{5}$。由于 $\frac{5}{5}=1$，我可以把 $\frac{6}{5}$ 重新写成 $1\frac{1}{5}$。

2. $1-\frac{3}{12}-\frac{4}{12}$

我加 $\frac{3}{12}$ 和 $\frac{4}{12}$ 来得到 $\frac{7}{12}$。我总共要从 1 减去 $\frac{7}{12}$。

$$\frac{3}{12}+\frac{4}{12}=\frac{7}{12}$$

$$\frac{12}{12}-\frac{7}{12}=\frac{5}{12}$$

我可以把 1 重新命名为 $\frac{12}{12}$，并且我可以从 $\frac{12}{12}$ 减去 $\frac{7}{12}$。

$$\frac{12}{12}-\frac{3}{12}=\frac{9}{12}$$

$$\frac{9}{12}-\frac{4}{12}=\frac{5}{12}$$

我把 1 重新命名为 $\frac{12}{12}$。然后，我减去 $\frac{3}{12}$，最后我减去 $\frac{4}{12}$。

姓名 ____________________ 日期 ____________

1. 显示解决每个问题的一种方法。在可能的情况下，将总和和差异表示为带分数。在有帮助时使用数字键。(a) 部分已部分完成。

a. $\frac{1}{3}+\frac{2}{3}+\frac{1}{3}$ $=\frac{3}{3}+\frac{1}{3}=1+\frac{1}{3}$ $=$ ____	b. $\frac{5}{8}+\frac{5}{8}+\frac{3}{8}$	c. $\frac{4}{6}+\frac{6}{6}+\frac{1}{6}$
d. $1\frac{2}{12}-\frac{2}{12}-\frac{1}{12}$	e. $\frac{5}{7}+\frac{1}{7}+\frac{4}{7}$	f. $\frac{4}{10}+\frac{7}{10}+\frac{9}{10}$
g. $1-\frac{3}{10}-\frac{1}{10}$	h. $1\frac{3}{5}-\frac{4}{5}-\frac{1}{5}$	i. $\frac{10}{15}+\frac{7}{15}+\frac{12}{15}+\frac{1}{15}$

2. 邦妮使用两种不同的策略来解决 $\frac{5}{10}+\frac{4}{10}+\frac{3}{10}$。

邦妮的第一个策略

$$\frac{5}{10}+\frac{4}{10}+\frac{3}{10}=\frac{9}{10}+\frac{3}{10}=\frac{10}{10}+\frac{2}{10}=1\frac{2}{10}$$

（$\frac{3}{10}$ 分解为 $\frac{1}{10}$ 和 $\frac{2}{10}$）

邦妮的第二个策略

$$\frac{5}{10}+\frac{4}{10}+\frac{3}{10}=\frac{12}{10}=1+\frac{2}{10}=1\frac{2}{10}$$

（$\frac{12}{10}$ 分解为 $\frac{10}{10}$ 和 $\frac{2}{10}$）

您最喜欢哪种策略？为什么？

3. 您为问题1的每个部分提供了一个解决方案。现在，对于下面指出的每个问题，给一个不同的解决方法。

1(b)　$\frac{5}{8}+\frac{5}{8}+\frac{3}{8}$

1(e)　$\frac{5}{7}+\frac{1}{7}+\frac{4}{7}$

1(h)　$1\frac{3}{5}-\frac{4}{5}-\frac{1}{5}$

使用RDW流程解题。

1. 诺亚喝 $\frac{8}{10}$ 星期一和 $\frac{6}{10}$ 周二升。诺亚喝了多少公升水在 2 天?

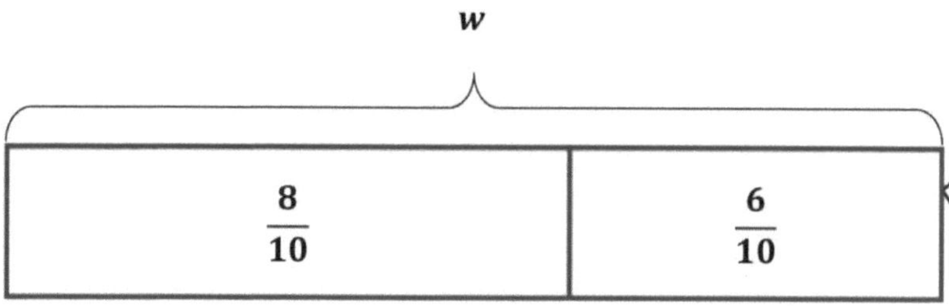

w

$\frac{8}{10}$	$\frac{6}{10}$

我画一个带形图作为题目的模型。我的带形图的各部分代表诺亚在星期一和星期二所喝的水。我使用变量 w 来代表诺亚在星期一和星期二喝了多少升水。

$\frac{8}{10}+\frac{6}{10}=w$

我在我的带形图添加一些部分来计算诺亚总共喝了多少水。

$\frac{8}{10}+\frac{6}{10}=\frac{14}{10}=1\frac{4}{10}$

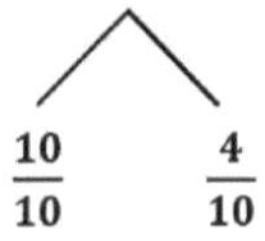

$\frac{10}{10}$ $\frac{4}{10}$

因为各个加数有相似的单位，我把分子相加来得到 $\frac{14}{10}$。我使用一个数字链把 $\frac{14}{10}$ 分解成一个整数和一个分数。这帮助我把 $\frac{14}{10}$ 重新命名为一个带分数。

$w=1\frac{4}{10}$

诺亚喝了 $1\frac{14}{10}$ 升水。

我写一个陈述来回答每个问题。我也可以想一下我的答案是否合理。每一天喝的水量小于 1 升，所以我预期总量小于 2 升。我的答案 $1\frac{4}{10}$ 升是一个合理的总量。

2. 穆尼卜曾 2 阅读作业的章节。到晚上9:00，他已经阅读 $1\frac{2}{7}$ 章节。什么分数还剩下章节供穆尼卜阅读？

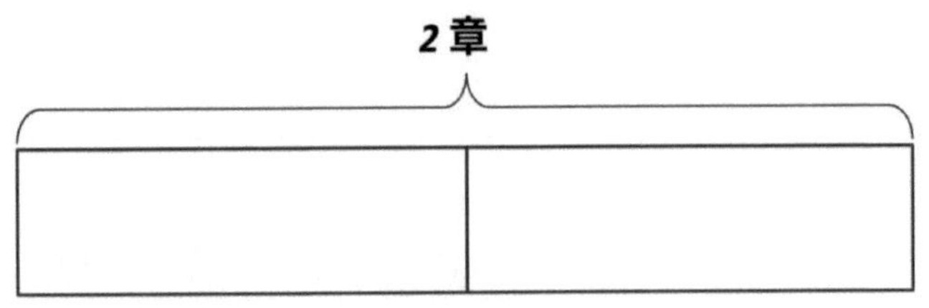

我可以利用2等分画一个带形图来表示书本的2章。

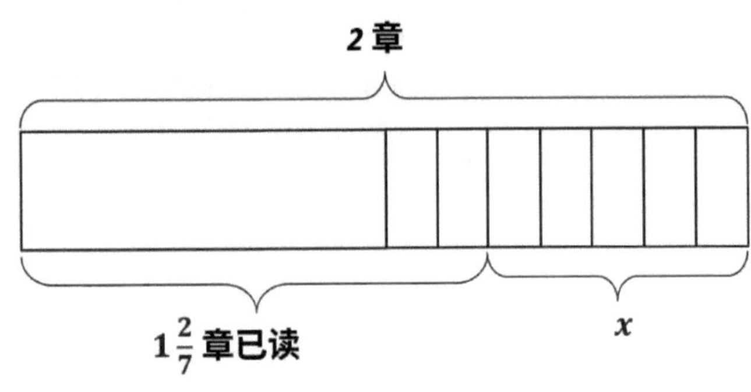

为了在我的带形图上形式 $1\frac{2}{7}$，我将一章划分为期待分。我标记穆尼卜已经阅读的和剩下的部分，X。

$2 - 1\frac{2}{7} = x$

我的带形图中的未知数是其中一部分，因此，我从整体2中减去已知的部分 $1\frac{2}{7}$。

$2 - 1\frac{2}{7} = \frac{5}{7}$

$1 \quad \frac{7}{7}$

我使用数字键显示如何将其中一章分解为七等分。我的带形图说明剩下 $\frac{5}{7}$ 章。我的等式显示同样的结果。

$x = \frac{5}{7}$

穆尼卜剩下 $\frac{5}{7}$ 章需要阅读。

穆尼卜从第二章开始阅读。他一章多一点，因此，他应该阅读的少于一章。我的答案 $\frac{5}{7}$ 是合理的剩余数量，因为少于一章。

姓名 ______________________________ 日期 ______________

使用RDW流程解题。

1. 艾斯拉走了 $\frac{3}{4}$ 星期三往返学校的路途应保持一英里。那天Isla走了几英里?

2. 扎克花了 $\frac{2}{3}$ 星期五的小时阅读 $1\frac{1}{3}$ 在星期六阅读时间。他在星期六比星期五读了多少时间?

3. Cashmore太太买了一个大瓜。她剪了一块很重的东西 $\frac{6}{8}$ 磅,并把它给了她的邻居。剩下的瓜片称重 $1\frac{1}{8}$ 磅。整个瓜重多少?

4. 艾莉的妹妹想帮她做些燕麦饼干。首先，她把 $\frac{5}{8}$ 杯燕麦粥在碗里。接下来，她添加了另一个 $\frac{5}{8}$ 杯燕麦片。最后，她添加了另一个 $\frac{5}{8}$ 杯燕麦片。她在碗里放了多少燕麦片？

5. 玛西娅（Marcia）烤了2盘布朗尼蛋糕。她一家人吃了 $1\frac{5}{6}$ 锅。一锅布朗尼蛋糕剩下了什么部分？

6. 琼妮（Joanie）写了一封信 $1\frac{1}{4}$ 页长。凯蒂（Katie）写了一封信 $\frac{3}{4}$ 页比琼妮的信短。凯蒂的信多久了？

1. 使用磁带图表示每个加数。分解其中一个带状图以制作类似的单位。然后，写出完整的句子。

$\frac{1}{2}+\frac{3}{8}$

$\frac{1}{2}$

$\frac{3}{8}$

我画一个带形图作为每一个加数的模型。

我通过分解各个一半来变成八分之一作为相似单位。

$\frac{4}{8}$

$\frac{3}{8}$

$\frac{4}{8}+\frac{3}{8}=\frac{7}{8}$

2. 估计以确定总和是否介于 0 和 1个要么 1个和 2 。画一条数字线来模拟加法。然后，写一个完整的数字句子。

$\frac{7}{10}+\frac{1}{2}$

$\frac{7}{10}$ 稍大于 $\frac{1}{2}$。当我把一个稍大于 $\frac{1}{2}$ 的分数加到 $\frac{1}{2}$，我应该会得到一个在 1 和 2 之间的总数。

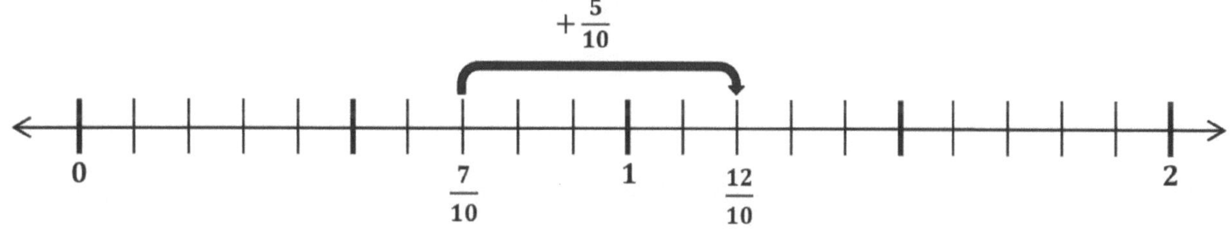

$\frac{7}{10}+\frac{5}{10}=\frac{12}{10}$

要变成相似单位来进行加法，我分解各个一半。数字线和算式显示总数 $\frac{12}{10}$ 是在 1 和 2 之间。

3. 在不绘制模型的情况下解决以下加法问题。展示你的解题方法。

$\frac{2}{3}+\frac{1}{9}$

$\frac{2}{3}=\frac{2\times3}{3\times3}=\frac{6}{9}$

我可以把三分之一分解变成九分之一，方法是把分子和分母 $\frac{2}{3}$ 乘以 3。

$\frac{6}{9}+\frac{1}{9}=\frac{7}{9}$

现在我有相似的单位，就是九分之一，而我可以进行减法。

姓名 ______________________________ 日期 ______________

1. 使用磁带图表示每个加数。分解其中一个带状图以制作类似的单位。然后，写出完整的句子。

a. $\frac{1}{3} + \frac{1}{6}$

b. $\frac{1}{2} + \frac{1}{4}$

c. $\frac{3}{4} + \frac{1}{8}$

d. $\frac{1}{4} + \frac{5}{12}$

e. $\frac{3}{8} + \frac{1}{2}$

f. $\frac{3}{5} + \frac{3}{10}$

2. 估计以确定总和是介于0和1之间还是1和2之间。画一条数字线来模拟加法。然后，写一个完整的数字句子。第一个已经为您完成。

a. $\frac{1}{3}+\frac{1}{6}$ $\frac{2}{6}+\frac{1}{6}=\frac{3}{6}$

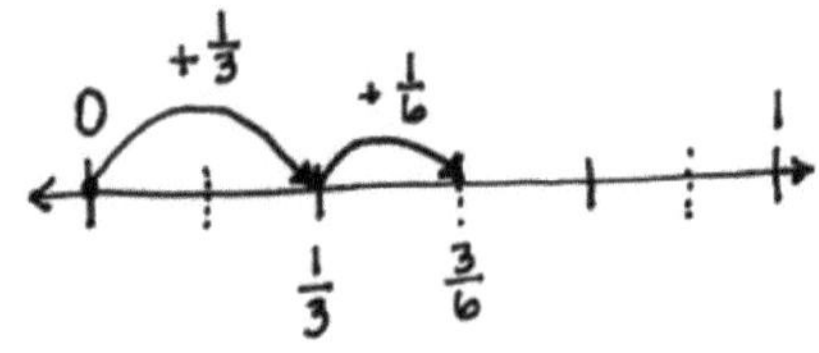

b. $\frac{3}{5}+\frac{7}{10}$

c. $\frac{5}{12}+\frac{1}{4}$

d. $\frac{3}{4}+\frac{5}{8}$

e. $\frac{7}{8}+\frac{3}{4}$

f. $\frac{1}{6}+\frac{5}{3}$

3. 在不绘制模型的情况下解决以下加法问题。展示你的解题方法。

$$\frac{5}{6}+\frac{1}{3}$$

1. 使用磁带图表示每个加数。分解其中一个带状图以制作类似的单位。然后，写出完整的句子。使用数字键将总和写成带分数的数字。

$\frac{5}{6}+\frac{2}{3}$

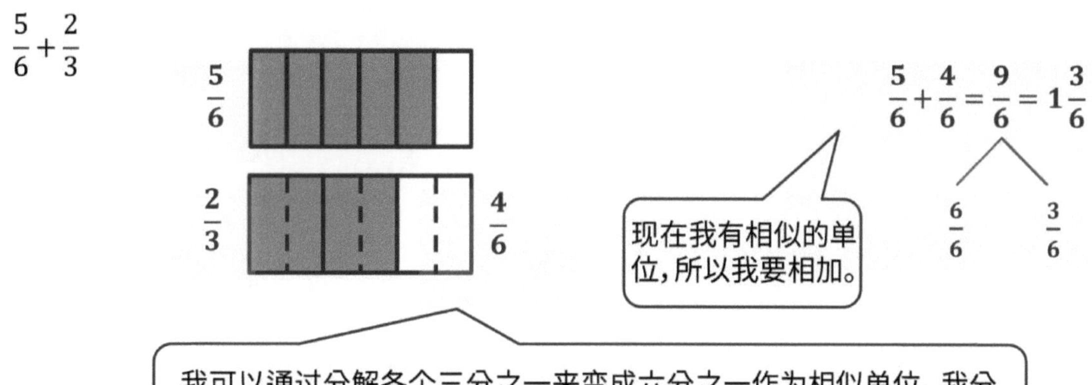
$\frac{5}{6}$
$\frac{2}{3}$
$\frac{4}{6}$
现在我有相似的单位，所以我要相加。
$\frac{5}{6}+\frac{4}{6}=\frac{9}{6}=1\frac{3}{6}$
$\frac{6}{6}$ $\frac{3}{6}$
我可以通过分解各个三分之一来变成六分之一作为相似单位。我分解各个三分之一，因为它们是较大的单位（三分之一 > 六分之一）。

2. 画一条数字线来模拟加法。然后，写一个完整的数字句子。使用数字键将总和写成带分数的数字。

$\frac{1}{2}+\frac{7}{8}$

$\frac{1}{2}=\frac{1\times 4}{2\times 4}=\frac{4}{8}$

我把一半重新命名为八分之一，使它们变成相似单位以便相加。

$\frac{4}{8}+\frac{7}{8}=\frac{11}{8}=1\frac{3}{8}$

$\frac{8}{8}$ $\frac{3}{8}$

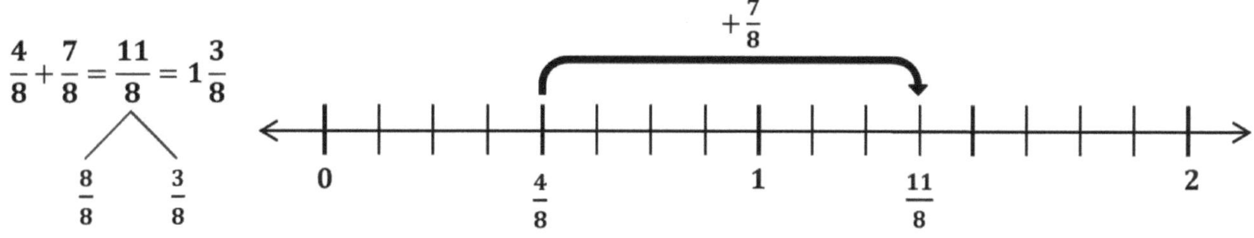
$+\frac{7}{8}$
0
$\frac{4}{8}$
1
$\frac{11}{8}$
2

3. 解题。将总和记为带分数。根据需要绘制模型。

$\frac{5}{6}+\frac{2}{3}$

$\frac{5}{6}+\frac{2}{3}=\frac{5}{6}+\frac{4}{6}=\frac{9}{6}=1\frac{3}{6}$

$\frac{6}{6}$ $\frac{3}{6}$

我把单位（分母）变成两倍成为六分之一，这意味着我也要把单位的数目（分子）变成两倍。$\frac{2}{3}$等于$\frac{4}{6}$。

姓名 ______________________ 日期 ______________

1. 绘制一个磁带图以表示每个加数。分解其中一个带状图以制作类似的单位。然后，写一个完整的数字句子。使用数字键将每个和写成带分数的整数。

a. $\frac{7}{8} + \frac{1}{4}$

b. $\frac{4}{8} + \frac{2}{4}$

c. $\frac{4}{6} + \frac{1}{2}$

d. $\frac{3}{5} + \frac{8}{10}$

2. 画一条数字线来模拟加法。然后，写一个完整的数字句子。使用数字键将每个和写成带分数的整数。

a. $\frac{1}{2} + \frac{5}{8}$

b. $\frac{3}{4} + \frac{3}{8}$

c. $\frac{4}{10} + \frac{4}{5}$

d. $\frac{1}{3} + \frac{5}{6}$

3. 解题。将总和记为带分数。根据需要绘制模型。

a. $\frac{1}{2} + \frac{6}{8}$

b. $\frac{7}{8} + \frac{3}{4}$

c. $\frac{5}{6} + \frac{1}{3}$

d. $\frac{9}{10} + \frac{2}{5}$

e. $\frac{4}{12} + \frac{3}{4}$

f. $\frac{1}{2} + \frac{5}{6}$

g. $\frac{3}{12} + \frac{5}{6}$

h. $\frac{7}{10} + \frac{4}{5}$

1. 绘制一个磁带图以匹配数字句子。然后，完成数字句子。

$3-\frac{2}{4}=$ $\underline{2\frac{2}{4}}$

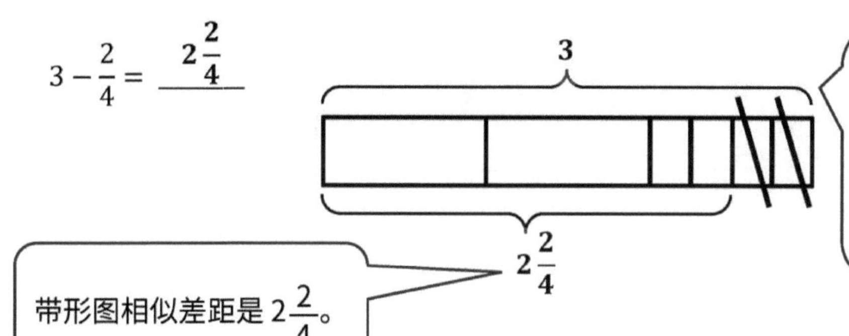

我画一个带形图，它有 3 个相同单位，其中 1 个单位被分解为四分之一。要显示减法，我划掉 $\frac{2}{4}$。

2. 用 $\frac{5}{6}$，3和 $2\frac{1}{6}$ 写下两个减法和两个加数句。

$\frac{5}{6}+2\frac{1}{6}=3$　　$3-\frac{5}{6}=2\frac{1}{6}$

$2\frac{1}{6}+\frac{5}{6}=3$　　$3-2\frac{1}{6}=\frac{5}{6}$

我也可以用一个数字链来代表这 3 个数字之间的关系。

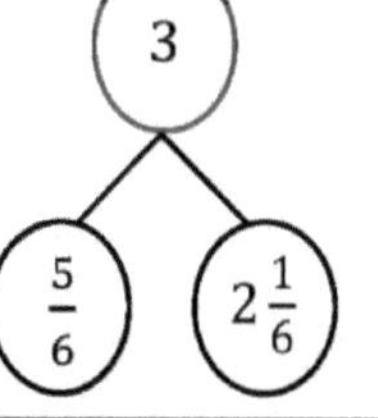

3. 使用数字键求解。画一条数字线代表数字句子。

$4-\frac{2}{3}=$ $\underline{3\frac{1}{3}}$

$4-\frac{2}{3}=3\frac{1}{3}$

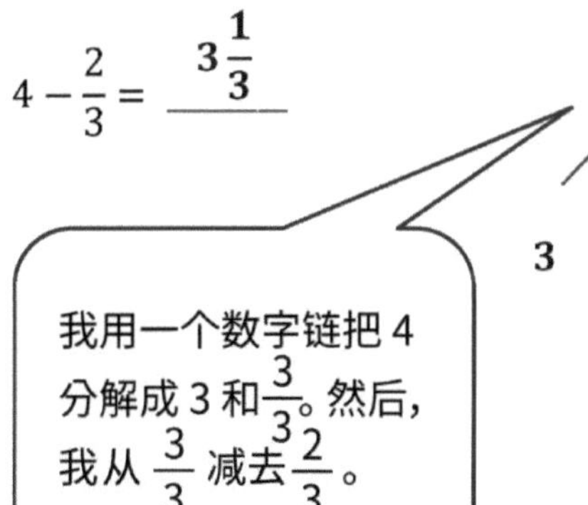

3
$\frac{3}{3}$
我用一个数字链把 4 分解成 3 和 $\frac{3}{3}$。然后，我从 $\frac{3}{3}$ 减去 $\frac{2}{3}$。

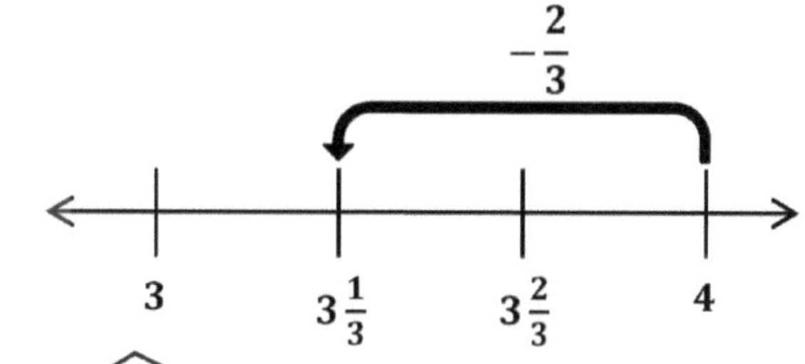

我画一条数字线，它有 3 和 4 两个端点，因为我们从 4 开始，然后减去一个小于 1 的数字。

4. 使用数字键完成减法语句。

$6-\frac{6}{8}=$ $5\frac{2}{8}$

5 $\frac{8}{8}$

$\frac{8}{8}-\frac{6}{8}=\frac{2}{8}$

$5+\frac{2}{8}=5\frac{2}{8}$

我从 $\frac{8}{8}$ 减去 $\frac{6}{8}$ 来得出 $\frac{2}{8}$。我把 $\frac{2}{8}$ 加回 5。

姓名 ______________________ 日期 __________

1. 绘制一个磁带图以匹配每个数字句子。然后，完成数字句子。

   a. $2 + \frac{1}{4} =$ ________

   b. $3 + \frac{2}{3} =$ ________

   c. $2 - \frac{1}{5} =$ ________

   d. $3 - \frac{3}{4} =$ ________

2. 使用下面的三个数字来写两个减法和两个加法句子。

   a. $4, 4\frac{5}{8}, \frac{5}{8}$

   b. $\frac{2}{7}, 5\frac{5}{7}, 6$

3. 使用数字键求解。画一条数字线代表每个数字句子。第一个已经为您完成。

   a. $4 - \frac{1}{3} =$ $3\frac{2}{3}$

   b. $8 - \frac{5}{6} =$ ________

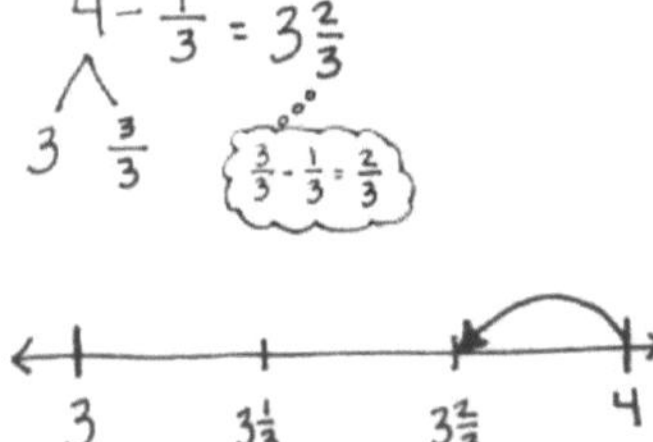

c. $7 - \frac{4}{5} =$ ________

d. $3 - \frac{3}{10} =$ ________

4. 使用数字键完成减法语句。

a. $6 - \frac{1}{4} =$ ________

b. $7 - \frac{2}{10} =$ ________

c. $5 - \frac{5}{6} =$ ________

d. $6 - \frac{6}{8} =$ ________

e. $3 - \frac{7}{8} =$ ________

f. $26 - \frac{7}{10} =$ ________

1. 用五分之一数计算。开始于 0 五分之二。结束于 10 五分之二。圈出所有等于整数的分数。记录分数以下的整数。

$\frac{0}{5}$, $\frac{1}{5}$, $\frac{2}{5}$, $\frac{3}{5}$, $\frac{4}{5}$, $\frac{5}{5}$, $\frac{6}{5}$, $\frac{7}{5}$, $\frac{8}{5}$, $\frac{9}{5}$, $\frac{10}{5}$

0 1 2

我知道 5 个五分之一等于 1，所以 10 个五分之一等于 2。

2. 使用括号显示如何在以下数字句子中添加括号。

$$\left(\frac{1}{4}+\frac{1}{4}+\frac{1}{4}+\frac{1}{4}\right)+\left(\frac{1}{4}+\frac{1}{4}+\frac{1}{4}+\frac{1}{4}\right)=2$$

我在 4 个四分之一的组周围画括号，因为分母（四分之一）告诉我多少个单位分数组成 1。

3. 乘法。画一条数字线来支持您的答案。

$4\times\frac{1}{2}$

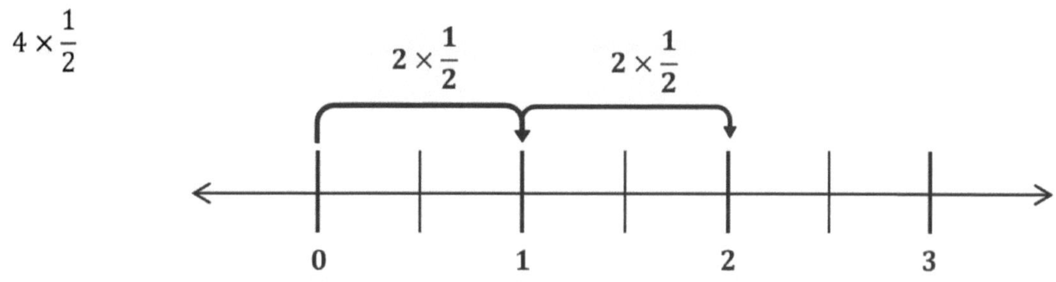

$4\times\frac{1}{2}=2\times\frac{2}{2}=2$

我在我的数字线上看到 4 个 $\frac{1}{2}$ 等于 2 个 $\frac{2}{2}$。因为 $\frac{2}{2}$ 等于 1，我把 2 个 $\frac{2}{2}$ 想象为乘法算式，2 x 1 = 2。所以，4 x $\frac{1}{2}$ = 2。

4. 乘法。将产品写成带分数的形式。画一条数字线来支持您的答案。

$11 \times \frac{1}{4}$

我画一条数字线然后把每一个整数等分为四分之一，因为Km 用来进行乘法的分数单位是四分之一。

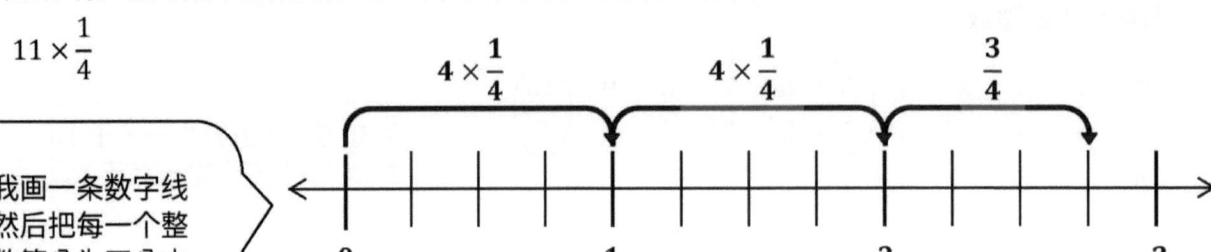

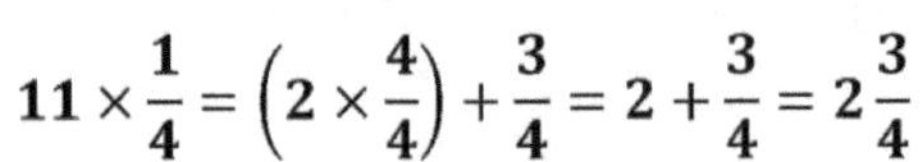

$$11 \times \frac{1}{4} = \left(2 \times \frac{4}{4}\right) + \frac{3}{4} = 2 + \frac{3}{4} = 2\frac{3}{4}$$

我在我的数字线上可以看到 11 个 $\frac{1}{4}$ 等于 2 个 $\frac{4}{4}$ 加 $\frac{3}{4}$。

姓名 ______________________ 日期 __________

1. 圈出所有等于整数的分数。记录分数以下的整数。

   a. 用四分之一数计算。从0秒开始。停在四分之四。

   $\frac{0}{4}$, $\frac{1}{4}$,

   0

   b. 以六分之一为单位。从0秒开始。停止在六点六分。

2. 使用括号显示如何在以下数字句子中添加括号。

$$\frac{1}{3}+\frac{1}{3}+\frac{1}{3}+\frac{1}{3}+\frac{1}{3}+\frac{1}{3}+\frac{1}{3}+\frac{1}{3}+\frac{1}{3}+\frac{1}{3}+\frac{1}{3}+\frac{1}{3}=4$$

3. 相乘，如下所示。画一条数字线来支持您的答案。

   a. $6 \times \frac{1}{3}$

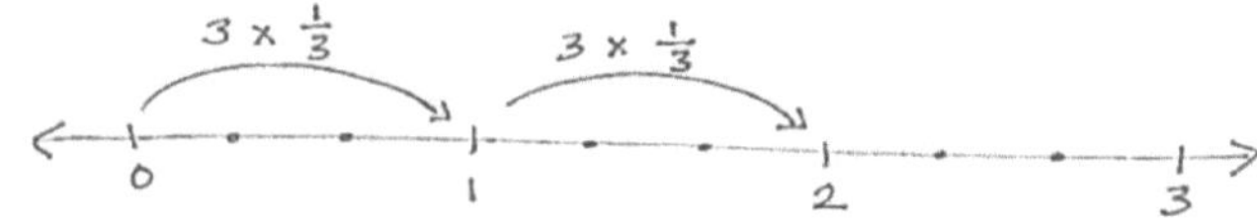

$$6 \times \frac{1}{3} = 2 \times \frac{3}{3} = 2$$

   b. $10 \times \frac{1}{2}$

   c. $8 \times \frac{1}{4}$

4. 相乘，如下所示。将产品写成带分数的形式。画一条数字线来支持您的回答。

a. 7份，三分之一

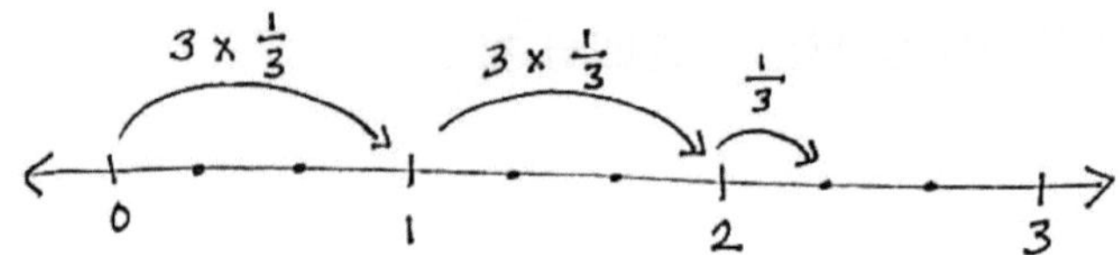

$$7 \times \frac{1}{3} = \left(2 \times \frac{3}{3}\right) + \frac{1}{3} = 2 + \frac{1}{3} = 2\frac{1}{3}$$

b. 1份的7份副本

c. 11组五分之一

d. $7 \times \frac{1}{2}$

e. $9 \times \frac{1}{5}$

1. 改名$\frac{10}{3}$通过将其分解为两个部分作为一个整数。用数字线和数字键对分解进行建模。

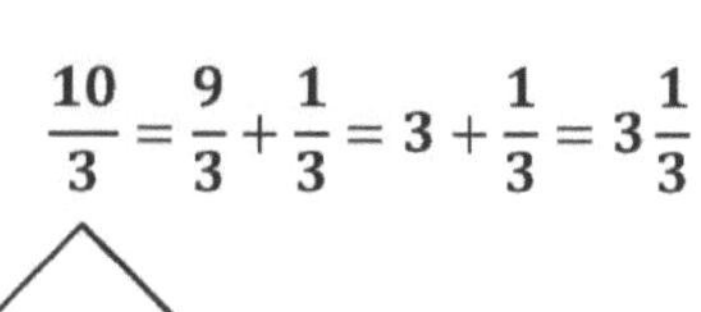

$\frac{9}{3}$ $\frac{1}{3}$

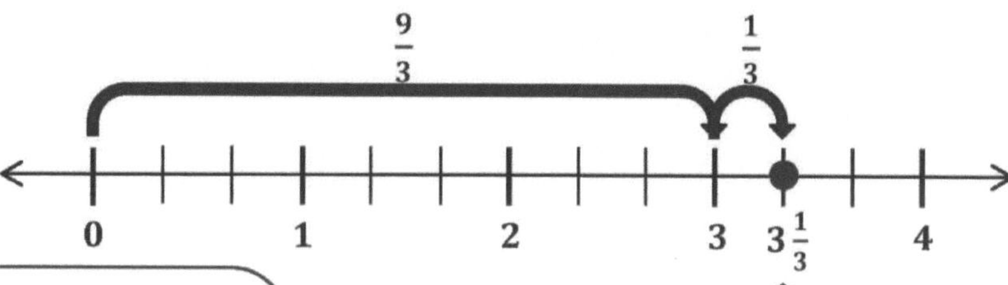

我为数字链选择 2 个部分，$\frac{9}{3}$和$\frac{1}{3}$，因为$\frac{9}{3}$是 3 组$\frac{3}{3}$，或 3。然后，我加上我的数字链的另一个部分，$\frac{1}{3}$，来得出带分数 $3\frac{1}{3}$。

数字线显示把$\frac{10}{3}$分解成$\frac{9}{3}$和$\frac{1}{3}$等于 $3\frac{1}{3}$。

2. 改名$\frac{8}{3}$作为使用乘法的混合数。画一条数字线来支持您的答案。

$$\frac{8}{3}=\frac{3\times 2}{3}+\frac{2}{3}=2+\frac{2}{3}=2\frac{2}{3}$$

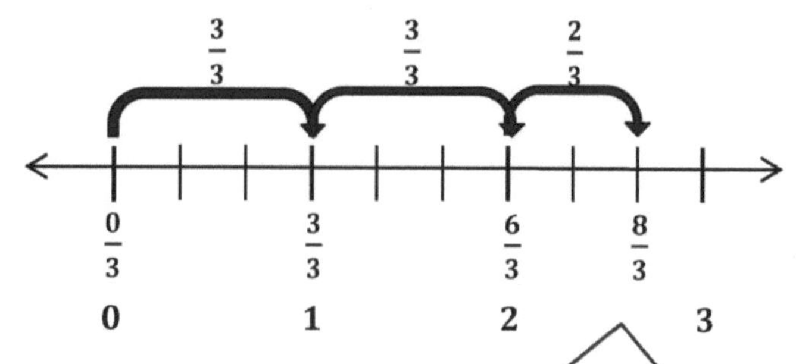

我用乘法来显示 $\frac{6}{3}$ 是 2 个$\frac{3}{3}$，等于 2。

数字线支持把 $\frac{8}{3}$ 重新命名为 $2\frac{2}{3}$。它们是相同的。

3. 兑换$\frac{22}{7}$到一个混合数。

$$\frac{22}{7}=\left(3\times\frac{7}{7}\right)+\frac{1}{7}=3+\frac{1}{7}=3\frac{1}{7}$$

我可以形成 3 组$\frac{7}{7}$，等于$\frac{21}{7}$。我可以多加 1 个七分之一来等于$\frac{22}{7}$。

姓名 ____________________ 日期 ____________

1. 通过将其分解为两部分，将每个分数重命名为带分数，如下所示。用数字线和数字键对分解进行建模。

a. $\frac{11}{3}$

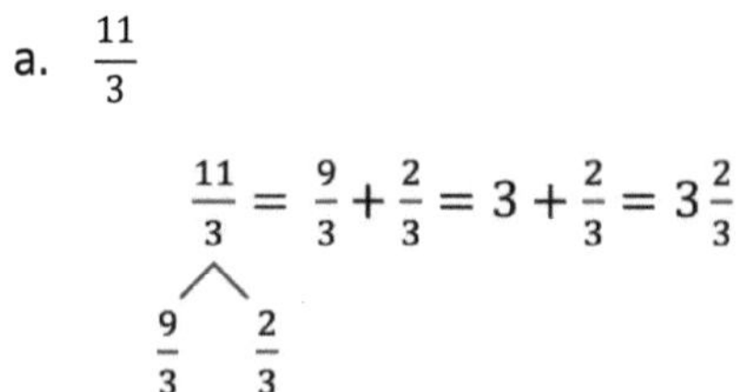

$$\frac{11}{3} = \frac{9}{3} + \frac{2}{3} = 3 + \frac{2}{3} = 3\frac{2}{3}$$

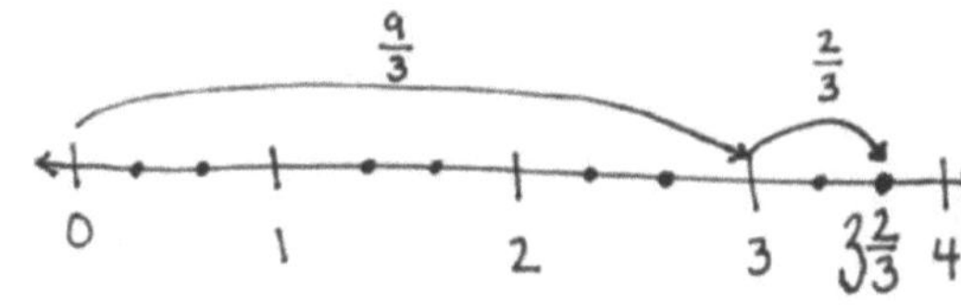

b. $\frac{13}{4}$

c. $\frac{16}{5}$

d. $\frac{15}{2}$

e. $\frac{17}{3}$

2. 将每个分数转换为带分数。如示例所示显示您的工作。带数字线的模型。

a. $\frac{11}{3}$

$\frac{11}{3} = \frac{3\times3}{3} + \frac{2}{3} = 3 + \frac{2}{3} = 3\frac{2}{3}$

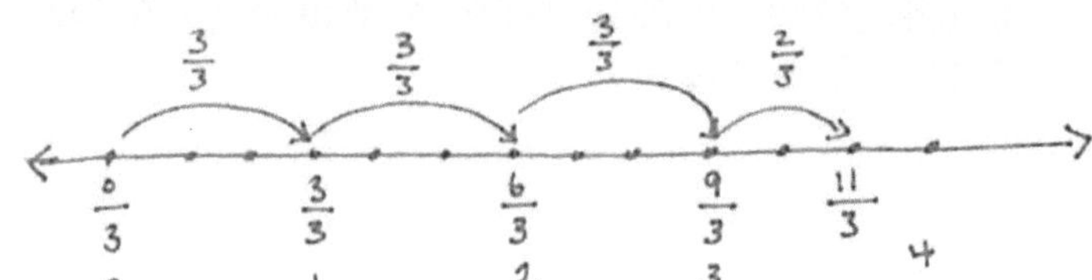

b. $\frac{13}{2}$

c. $\frac{18}{4}$

3. 将每个分数转换为带分数。

a. $\frac{14}{3}$ =	b. $\frac{17}{4}$ =	c. $\frac{27}{5}$ =
d. $\frac{28}{6}$ =	e. $\frac{23}{7}$ =	f. $\frac{37}{8}$ =
g. $\frac{51}{9}$ =	h. $\frac{74}{10}$ =	i. $\frac{45}{12}$ =

1. 转换带分数$2\frac{2}{4}$大于1的分数 画一条数字线来模拟您的工作。

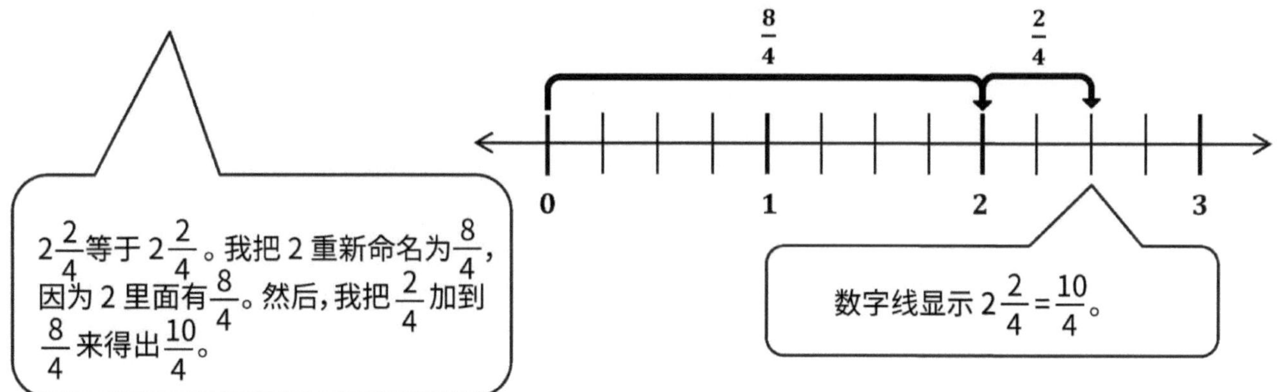

$\frac{8}{4}$
$\frac{2}{4}$
0
1
2
3
$2\frac{2}{4}$等于$2\frac{2}{4}$。我把2重新命名为$\frac{8}{4}$，因为2里面有$\frac{8}{4}$。然后，我把$\frac{2}{4}$加到$\frac{8}{4}$来得出$\frac{10}{4}$。
数字线显示$2\frac{2}{4}=\frac{10}{4}$。

2. 使用乘法转换带分数$5\frac{1}{4}$大于1的分数

$$5\frac{1}{4}=5+\frac{1}{4}=\left(5\times\frac{4}{4}\right)+\frac{1}{4}=\frac{20}{4}+\frac{1}{4}=\frac{21}{4}$$

我把5重新写成乘法表达式，$5\times\frac{4}{4}$。然后，我可以进行乘法$5\times\frac{4}{4}$来得出$\frac{20}{4}$。所以，5里面有$\frac{20}{4}$。然后，加进$5\frac{1}{4}$里面的$\frac{1}{4}$来得出$\frac{21}{4}$。

3. 转换带分数$6\frac{1}{3}$大于1的分数

$$6\frac{1}{3}=\frac{18}{3}+\frac{1}{3}=\frac{19}{3}$$

我使用心算。$6\frac{1}{3}$里面有6个一和1个三分之一。我知道6个一里面有18个三分之一。18个三分之一加1个三分之一等于19个三分之一。

姓名 ____________________ 日期 ____________

1. 将每个混合数转换为大于1的分数。画一条数字线来模拟您的工作。

a. $3\frac{1}{4}$

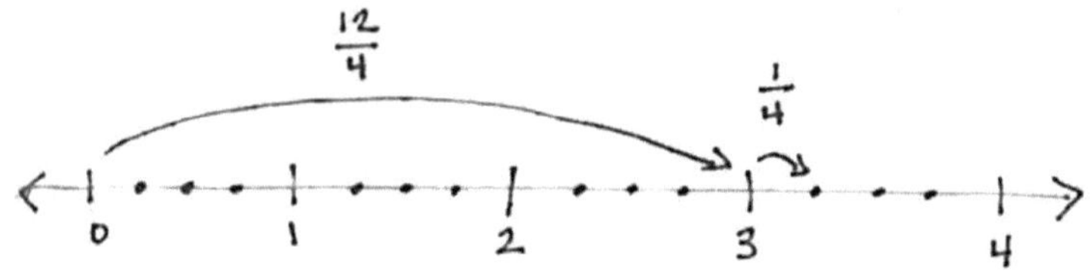

$3\frac{1}{4} = 3 + \frac{1}{4} = \frac{12}{4} + \frac{1}{4} = \frac{13}{4}$

b. $4\frac{2}{5}$

c. $5\frac{3}{8}$

d. $3\frac{7}{10}$

e. $6\frac{2}{9}$

2. 将每个混合数转换为大于1的分数。如示例所示显示您的工作。
(注意：$3 \times \frac{4}{4} = \frac{3 \times 4}{4}$.)

a. $3\frac{3}{4}$

$$3\frac{3}{4} = 3 + \frac{3}{4} = \left(3 \times \frac{4}{4}\right) + \frac{3}{4} = \frac{12}{4} + \frac{3}{4} = \frac{15}{4}$$

b. $5\frac{2}{3}$

c. $4\frac{1}{5}$

d. $3\frac{7}{8}$

3. 将每个混合数转换为大于1的分数。

a. $2\frac{1}{3}$	b. $2\frac{3}{4}$	c. $3\frac{2}{5}$
d. $3\frac{1}{6}$	e. $4\frac{5}{12}$	f. $4\frac{2}{5}$
g. $4\frac{1}{10}$	h. $5\frac{1}{5}$	i. $5\frac{5}{6}$
j. $6\frac{1}{4}$	k. $7\frac{1}{2}$	l. $7\frac{11}{12}$

1.

a. 在数字线上绘制以下点而不进行测量。

i. $6\frac{7}{8}$ ii. $\frac{36}{5} = 7\frac{1}{5}$ iii. $\frac{19}{3} = 6\frac{1}{3}$

我要把数字画在数字线上。我把 $\frac{36}{5}$ 和 $\frac{19}{3}$ 重新写成带分数。

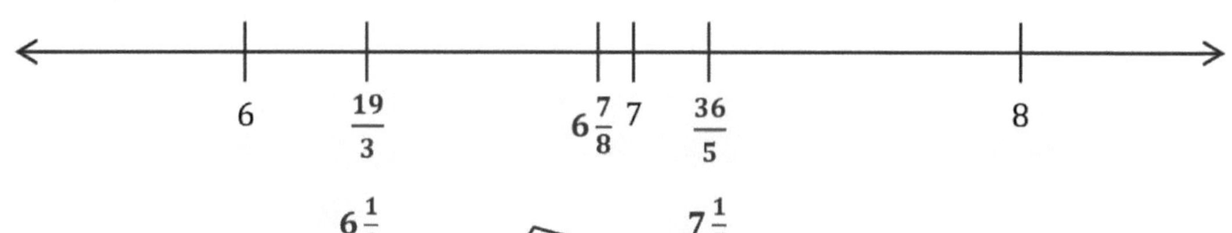

我通过估算，在数字线上画每一个数字。我知道 $6\frac{7}{8}$比 7 小$\frac{1}{8}$。我使用这个策略来画 $6\frac{1}{3}$和 $7\frac{1}{5}$。

b. 使用第1(a)部分中的数字行通过书写比较数字 >，<，要么 = 。

i. $\frac{19}{3}$ ___<___ $6\frac{7}{8}$ ii. $\frac{36}{5}$ ___>___ $\frac{19}{3}$

我记得在第 12 和 13 课怎样用基准 0、$\frac{1}{2}$和 1 来 $\frac{19}{3}$小于 $6\frac{1}{2}$，而 $6\frac{7}{8}$大于 $6\frac{1}{2}$。$\frac{36}{5}$大于 7，而 $\frac{19}{3}$小于 7。

2. 通过写比较下面给出的分数＞，＜，要么＝。简要说明每个答案,并参考基准分数。

a. $4\frac{4}{8}$ ___>___ $4\frac{2}{5}$

$4\frac{4}{8}$ 是相同的 $4\frac{1}{2}$. $4\frac{2}{5}$ 小于 $4\frac{1}{2}$,
所以比 $4\frac{4}{8}$ 更棒 $4\frac{2}{5}$.

b. $\frac{43}{9}$ ___<___ $\frac{35}{7}$

$\frac{35}{7}$ 是相同的 5. $\frac{43}{9}$ 还需要2个
十分之九等于5。那意味着 $\frac{35}{7}$ 比
更棒 $\frac{43}{9}$.

姓名 ______________________________ 日期 ________________

1. a. 在数字线上绘制以下点而不进行测量。

   i. $2\frac{1}{6}$　　　　ii. $3\frac{3}{4}$　　　　iii. $\frac{33}{9}$

2　　　　　　3　　　　　　4

   b. 使用问题1 (a) 中的数字线通过写比较分数 > ，< ，要么 = 。

   i. $\frac{33}{9}$ __________ $2\frac{1}{6}$　　　　ii. $\frac{33}{9}$ __________ $3\frac{3}{4}$

2. a. 在数字线上绘制以下点而不进行测量。

   i. $\frac{65}{8}$　　　　ii. $8\frac{5}{6}$　　　　iii. $\frac{29}{4}$

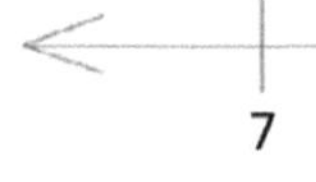

7　　　　　　8　　　　　　9

   b. 通过编写比较以下内容 > ，< ，要么 = 。

   i. $8\frac{5}{6}$ __________ $\frac{65}{8}$　　　　ii. $\frac{29}{4}$ __________ $\frac{65}{8}$

   c. 解释如何在问题2 (a) 中绘制点。

3. 通过写比较下面给出的分数 >，<，要么 = 。简要说明每个答案,并参考基准分数。

a. $5\frac{1}{3}$ ________ $5\frac{3}{4}$

b. $\frac{12}{4}$ ________ $\frac{25}{8}$

c. $\frac{18}{6}$ ________ $\frac{17}{4}$

d. $5\frac{3}{5}$ ________ $5\frac{5}{10}$

e. $6\frac{3}{4}$ ________ $6\frac{3}{5}$

f. $\frac{33}{6}$ ________ $\frac{34}{7}$

g. $\frac{23}{10}$ ________ $\frac{20}{8}$

h. $\frac{27}{12}$ ________ $\frac{15}{6}$

i. $2\frac{49}{50}$ ________ $2\frac{99}{100}$

j. $6\frac{5}{9}$ ________ $6\frac{49}{100}$

1. 绘制一个带状图以对比较进行建模。使用 >、<、要么 = 来比较。

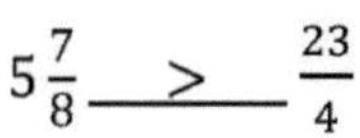

$5\frac{7}{8}$ ___>___ $\frac{23}{4}$

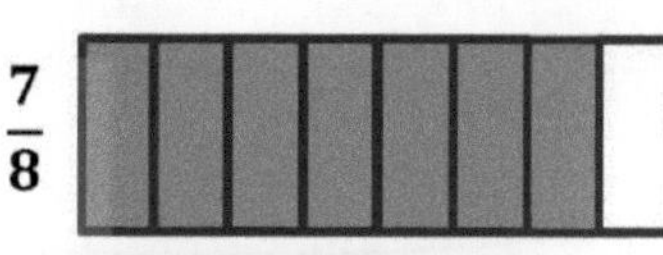

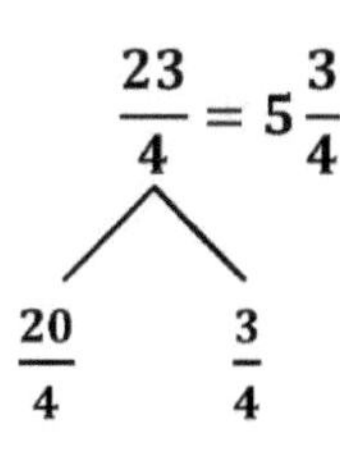

$\frac{23}{4} = 5\frac{3}{4}$

$\frac{20}{4}$　$\frac{3}{4}$

$\frac{3}{4} = \frac{6}{8}$

我可以把 2 $\frac{23}{4}$ 重新命名为一个带分数，$5\frac{3}{4}$。

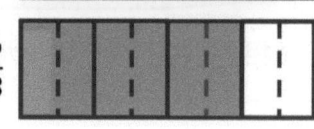

由于两个数字都有 5 个一，我画带形图来代表每一个数字的分数部分。我把四分之一分解为八分之一。我的带形图显示 $\frac{3}{4} = \frac{6}{8}$ 而 $\frac{7}{8} > \frac{6}{8}$。

2. 使用区域模型制作相似的单位。然后，使用 >，<，要么 = 比较。

$4\frac{2}{3}$ ___>___ $\frac{23}{5}$

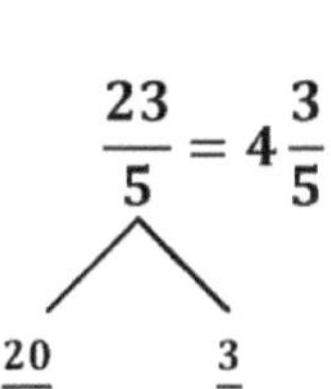

$\frac{23}{5} = 4\frac{3}{5}$

$\frac{20}{5}$　$\frac{3}{5}$

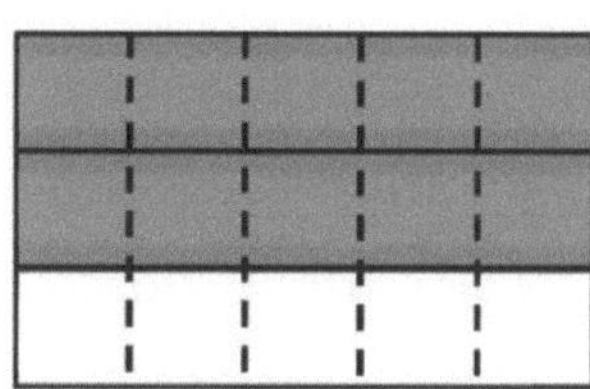

$\frac{2}{3} = \frac{10}{15}$

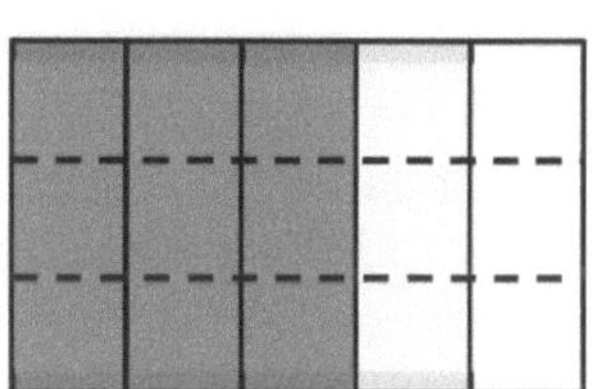

$\frac{3}{5} = \frac{9}{15}$

我画面积模型来代表每一个数字的分数部分。我通过在三分之一上垂直画五分之一以及在五分之一上水平画三分之一来形成相似单位。

3. 比较每对分数 >，<，要么 = 使用任何策略。

a. $\frac{14}{6}$ ___>___ $\frac{14}{9}$

两个分数的分子相同。由于六分之一大于九分之一，$\frac{14}{6} > \frac{14}{9}$。

b. $\frac{19}{4}$ ___<___ $\frac{25}{5}$

$\frac{25}{5} = 5$，而 $\frac{19}{4} < 5$，因为 20 个四分之一等于 5。

c. $6\frac{2}{6}$ ___>___ $6\frac{4}{9}$

$$\frac{2 \times 3}{6 \times 3} = \frac{6}{18}$$

$$\frac{4 \times 2}{9 \times 2} = \frac{8}{18}$$

$$\frac{6}{18} < \frac{8}{18}$$

我组成相似单位，也就是十八分之一，然后比较。

姓名 ________________________ 日期 ____________

1. 绘制一个带状图以对每个比较建模。使用 >、<、要么 = 来比较。

   a. $2\frac{3}{4}$ ________ $2\frac{7}{8}$

   b. $10\frac{2}{6}$ ________ $10\frac{1}{3}$

   c. $5\frac{3}{8}$ ________ $5\frac{1}{4}$

   d. $2\frac{5}{9}$ ________ $\frac{21}{3}$

2. 使用区域模型制作相似的单位。然后,使用 >，<，要么 = 比较。

   a. $2\frac{4}{5}$ ________ $\frac{11}{4}$

   b. $2\frac{3}{5}$ ________ $2\frac{2}{3}$

3. 比较每对分数 >，<，要么 = 使用任何策略。

a. $6\frac{1}{2}$ ______ $6\frac{3}{8}$

b. $7\frac{5}{6}$ ______ $7\frac{11}{12}$

c. $3\frac{6}{10}$ ______ $3\frac{2}{5}$

d. $2\frac{2}{5}$ ______ $2\frac{8}{15}$

e. $\frac{10}{3}$ ______ $\frac{10}{4}$

f. $\frac{12}{4}$ ______ $\frac{10}{3}$

g. $\frac{38}{9}$ ______ $4\frac{2}{12}$

h. $\frac{23}{4}$ ______ $5\frac{2}{3}$

i. $\frac{30}{8}$ ______ $3\frac{7}{12}$

j. $10\frac{3}{4}$ ______ $10\frac{4}{6}$

1. 一群学生记录了他们花费的时间一个星期的功课。时间显示在表中。做一个线图显示数据。

学生	一星期内用于做作业的时间（以小时计）
丽贝卡	$6\frac{1}{4}$ ✓
诺亚	6 ✓
威尔逊	$5\frac{3}{4}$ ✓
珍娜	$6\frac{1}{4}$ ✓
山姆	$6\frac{1}{2}$ ✓
安琪	6 ✓
马太	$6\frac{1}{4}$ ✓
杰茜卡	$6\frac{3}{4}$ ✓

我可以制作一个线图，区间是四分之一，因为那是表上最小的单位。我的端点是 $5\frac{3}{4}$ 和 $6\frac{3}{4}$，因为那些是用于做作业的最短和最长时间。我可以在数字线的正确时间上画一个 X 来代表每个学生用于做作业的时间。

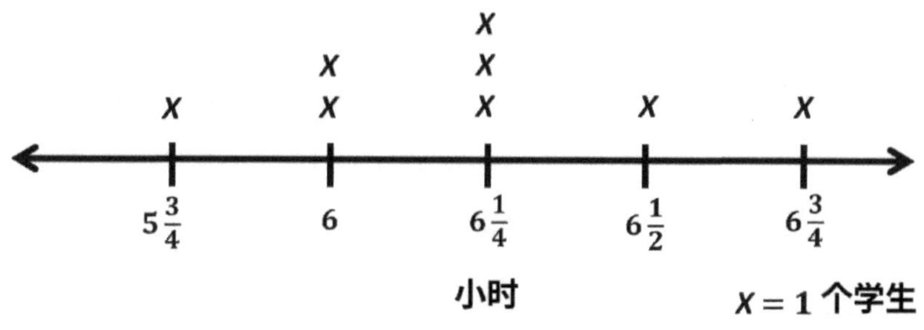

2. 解决每个问题。

a. 谁用在做作业的时间比威尔逊长 1 小时？

$5\frac{3}{4} + 1 = 6\frac{3}{4}$

杰茜嘉用在做作业的时间比威尔逊长 1 小时。

我可以在威尔逊的时间上多加 1 小时然后看图表来寻找答案。

b. 珍娜花了多少个季度的时间做作业？

$6\frac{1}{4} = \frac{24}{4} + \frac{1}{4} = \frac{25}{4}$

珍娜花了 25 四分之一小时做功课 。

c. 最长时间做作业之间的小时数差异是多少
花费第二多的时间做作业？

$6\frac{1}{4} - 6 = \frac{1}{4}$

差距是 1 个四分之一小时。

线图上的 X 帮助我看到频率最高的时间，$6\frac{1}{4}$个小时，和频率第二高的时间，6 个小时。

d. 比较Matthew和Sam的时间，使用 ＞ ， ＜ ，要么 ＝ 。

$6\frac{1}{4} < 6\frac{1}{2}$

马修花的时间比山姆少 。

e. 有多少学生花费少于 $6\frac{1}{2}$几个小时做功课？

六个学生用了少于 $6\frac{1}{2}$ 小时来做作业。

我可以数一下线图上代表 $5\frac{3}{4}$ 小时、6 小时和 $6\frac{1}{4}$小时的 X。

f. 有多少学生记录了他们花在做功课上的时间？

八个学生记录了他们用于做作业的时间。

我可以数一下线图上的 X，或者我可以数图表上的学生数目。

g. 斯科特花了 $\frac{30}{4}$ 一个星期里花几个小时做功课。用 ＞ ， ＜ ，要么 ＝ 比较斯科特的时间
花费最多时间做作业的学生的时间。谁花了更多时间在做
家庭作业？

$\frac{30}{4} = \frac{28}{4} + \frac{2}{4} = 7 + \frac{2}{4} = 7\frac{2}{4}$

$7\frac{2}{4} > 6\frac{3}{4}$

史葛用于做作业的时间比杰茜嘉多。

我可以把史葛的时间重新命名为一个带分数，然后我可以比较（或者我可以把杰茜嘉的时间重新命名为一个大于 1 的分数）。史葛的时间有 7 个一，而杰茜嘉的时间只有 6 个一。

姓名 ______________________ 日期 ______________

1. 一群学生测量了鞋子的长度。
测量值显示在表中。画一条线到
显示数据。

学生	鞋长(英寸)
Collin	$8\frac{1}{2}$
Dickon	$7\frac{3}{4}$
Ben	$7\frac{1}{2}$
Martha	$7\frac{3}{4}$
Lilias	8
Susan	$8\frac{1}{2}$
Frances	$7\frac{3}{4}$
Mary	$8\frac{3}{4}$

2. 解决每个问题。

a. 谁的鞋长比Dickon长1英寸？

b. 谁的鞋子长比Susan短1英寸？

c. 玛莎的鞋长是多少英寸?

d. Lilias和Martha的鞋长在英寸上有何不同?

e. 比较Ben和Frances的鞋长 > , < , 要么 = 。

f. 有多少学生的鞋长不足8英寸?

g. 多少学生测量了鞋子的长度?

h. 琼斯先生的鞋长是 $\frac{25}{2}$ 英寸。用 > , < , 要么 = 比较琼斯先生的鞋子的长度和最长的学生鞋子的长度。谁穿的鞋更长?

3. 使用表格和折线图上的信息,写一个可以用折线图解决的问题。解题。

1. 通过四舍五入估计每个和或差到最接近的一半或整数。使用文字或数字行解释您的估算值。

a. $4\frac{1}{9}+2\frac{4}{5}\approx$ **7**

$4\frac{1}{9}$ 接近 4，而 $2\frac{4}{5}$ 接近 3。4 + 3 = 7

$4\frac{1}{9}$比 4 大 1 个九分之一。$2\frac{4}{5}$比 3 小 1 个五分之一。

b. $7\frac{5}{6}-2\frac{1}{4}\approx$ **6**

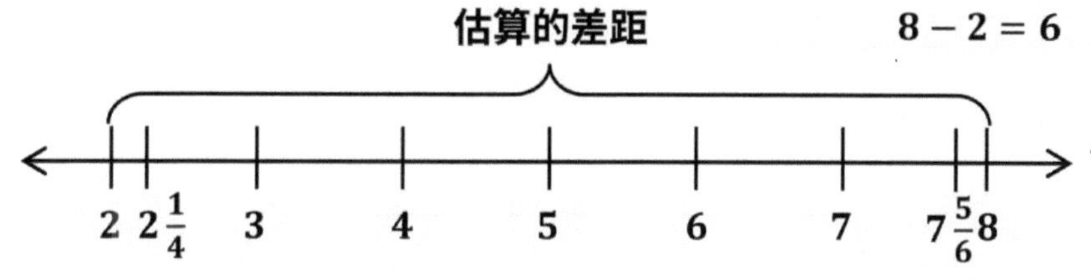

我画一条数字线并且画带分数。很容易在我的数字线上看到 $7\frac{5}{6}$ 接近 8，而 $2\frac{1}{4}$ 接近 2。

我的数字线让我容易看到估算的差距大于实践差距，因为我把一个数字往上四舍五入，而另一个数字则往下四舍五入。

c. $5\frac{4}{10}+3\frac{1}{8}\approx$ **$8\frac{1}{2}$**

$5\frac{4}{10}$ 接近 $5\frac{1}{2}$，而 $3\frac{1}{8}$ 接近 3. $5\frac{1}{2}+3=8\frac{1}{2}$

d. $\frac{15}{7}+\frac{20}{3}\approx$ **9**

$\frac{15}{7}=2\frac{1}{7}$

$\frac{20}{3}=6\frac{2}{3}$

$2+7=9$

$2\frac{1}{7}\approx 2$

$6\frac{2}{3}\approx 7$

我重命名了每个大于 1 作为一个混合数。然后，我四舍五入到最接近的整数并添加了四舍五入的数字。

2. 本对 $8\frac{6}{10}-3\frac{1}{4}$ 原为 6 。米歇尔的估计是 $5\frac{1}{2}$ 。您认为谁的估计更接近实际差异？说明。

我认为米雪尔的估算比较接近实际 本把两个数字四舍五入到最接近的整数，然后进行减法：9 – 3 = 6。米雪尔把 $8\frac{6}{10}$ 四舍五入到最接近的一半，$8\frac{1}{2}$，然后她把 $3\frac{1}{4}$ 四舍五入到最接近的整数。然后，她进行减法：$8\frac{1}{2}-3=5\frac{1}{2}$。因为 $8\frac{6}{10}$ 比 $8\frac{1}{2}$ 更接近 9，把它四舍五入到最接近的一半会比四舍五入两个数字到最接近的整数得到更准确的估算。

我也可以画数字线来显示实际差距、本的估算差距和米雪尔的估算差距。因为本把总数往上四舍五入以及把部分往下四舍五入，他的估算差距将大于实际差距。

3. 使用基准数字或心理数学来估计总和。

$14\frac{3}{8}+7\frac{7}{12}\approx \mathbf{22}$

$\mathbf{14\frac{1}{2}+7\frac{1}{2}=21+1=22}$

$\frac{3}{8}$ 比 $\frac{1}{2}$ 小 1 个八分之一，而 $\frac{7}{12}$ 比 $\frac{1}{2}$ 大 1 个十二分之一。我加上个位数，然后我加上一半来得出 22。

姓名 ____________________ 日期 ____________

1. 通过四舍五入估计每个和或差到最接近的一半或整数。使用文字或数字行解释您的估算值。

a. $3\frac{1}{10} + 1\frac{3}{4} \approx$ ________

b. $2\frac{9}{10} + 4\frac{4}{5} \approx$ ________

c. $9\frac{9}{10} - 5\frac{1}{5} \approx$ ________

d. $4\frac{1}{9} - 1\frac{1}{10} \approx$ ________

e. $6\frac{3}{12} + 5\frac{1}{9} \approx$ ________

2. 通过四舍五入估计每个和或差到最接近的一半或整数。使用文字或数字行解释您的估算值。

a. $\frac{16}{3}+\frac{17}{8}\approx$ ________

b. $\frac{17}{3}-\frac{15}{4}\approx$ ________

c. $\frac{57}{8}+\frac{26}{8}\approx$ ________

3. 吉娜 (Gina) 对 $7\frac{5}{8}-2\frac{1}{2}$ 是5。多米尼克的估计是 $5\frac{1}{2}$ 。您认为谁的估计更接近实际差异？请说明。

4. 使用基准数字或心理数学来估计总和或差异。

a. $10\frac{3}{4}+12\frac{11}{12}$	b. $2\frac{7}{10}+23\frac{3}{8}$
c. $15\frac{9}{12}-8\frac{11}{12}$	d. $\frac{56}{7}-\frac{31}{8}$

1. 解题。

$6\frac{2}{5}+\frac{3}{5}=\mathbf{6\frac{5}{5}}=\mathbf{7}$

我使用单位形式来相加。6 个一和 2 个五分之一 + 3 个五分之一 = 6 个一和 5 个五分之一。我知道 $\frac{5}{5}=1$，所以 $6+1=7$。

2. 完成算式。

$18=17\frac{3}{10}+\underline{\frac{7}{10}}$

我知道 17 + 1 = 18，所以我需要找一个分数，把这个分数加到 $\frac{3}{10}$ 等于 1。3 + 7 = 10，所以完成算式的分数是 7 个十分之一。

3. 使用数字键和箭头方式显示如何制作数字。解题。

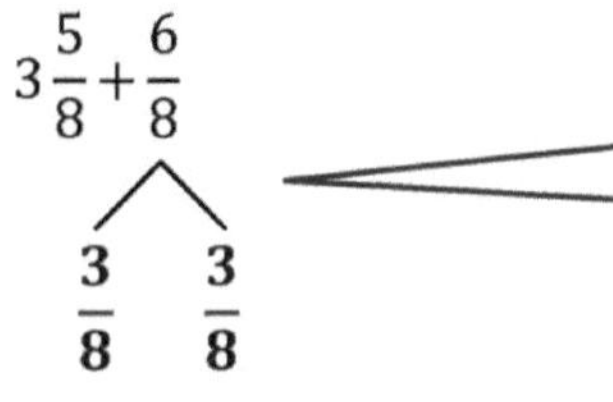

我把 $\frac{6}{8}$ 分解为 $\frac{3}{8}$ 和 $\frac{3}{8}$，因为我知道 $3\frac{5}{8}$ 需要 $\frac{3}{8}$ 来组成下一个整数，4。

$\mathbf{3\frac{5}{8}\xrightarrow{+\frac{3}{8}}4\xrightarrow{+\frac{3}{8}}4\frac{3}{8}}$

箭头的方法提醒我造十或从一美元找零。

4. 解题。

$\frac{7}{8}+4\frac{6}{8}$

$\mathbf{\frac{7}{8}+4\frac{6}{8}=4\frac{13}{8}=5\frac{5}{8}}$

我可以用任何我认为合理的方法进行加法，例如以单位形式相加，使用箭头方法，或相加来组成下一个 1，正如下面所显示。

$\frac{7}{8}+4\frac{6}{8}=\frac{5}{8}+5=5\frac{5}{8}$

（$\frac{7}{8}$ 分解为 $\frac{5}{8}$ 和 $\frac{2}{8}$）

姓名 ______________________ 日期 ______________

1. 解题。

a. $4\frac{1}{3} + \frac{1}{3}$

b. $5\frac{1}{4} + \frac{2}{4}$

c. $\frac{2}{6} + 3\frac{4}{6}$

d. $\frac{5}{8} + 7\frac{3}{8}$

2. 完成算式。

a. $3\frac{5}{6} + \_\_\_\_\_ = 4$	b. $5\frac{3}{7} + \_\_\_\_\_ = 6$
c. $5 = 4\frac{1}{8} + \_\_\_\_\_$	d. $15 = 14\frac{4}{12} + \_\_\_\_\_$

3. 画一个数字键和箭头的方式来说明如何制作一个。解题。

a. $2\frac{4}{5} + \frac{2}{5}$

$\frac{1}{5}$ $\frac{1}{5}$

b. $3\frac{2}{3} + \frac{2}{3}$

c. $4\frac{4}{6} + \frac{5}{6}$

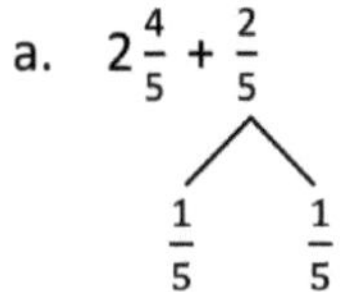

4. 解题。

a. $2\frac{3}{5} + \frac{3}{5}$	b. $3\frac{6}{8} + \frac{4}{8}$
c. $5\frac{4}{6} + \frac{3}{6}$	d. $\frac{7}{10} + 6\frac{6}{10}$
e. $\frac{5}{10} + 8\frac{9}{10}$	f. $7\frac{8}{12} + \frac{11}{12}$
g. $3\frac{90}{100} + \frac{58}{100}$	h. $\frac{60}{100} + 14\frac{79}{100}$

5. 解决$4\frac{8}{10}+\frac{3}{10}$，卡门认为，“$4\frac{8}{10}+\frac{2}{10}=5$ and $5+\frac{1}{10}=5\frac{1}{10}$。”
本尼想：$4\frac{8}{10}+\frac{3}{10}=4\frac{11}{10}=4+\frac{10}{10}+\frac{1}{10}=5\frac{1}{10}$。”解释为什么Carmen和Benny都正确。

1. 解题。

$3\frac{1}{5}+2\frac{4}{5}$

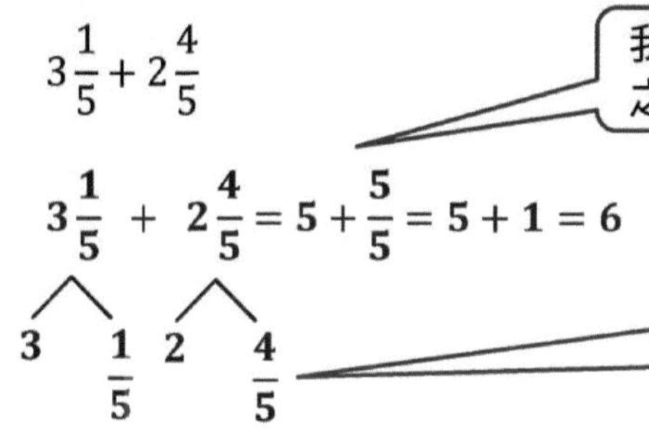

我可以相加相似单位。3 个一和 1 个五分之一 + 2 个一和 4 个五分之一 = 5 个一和 5 个五分之一。

我可以用数字链把数字分解为一些一和一些五分之一。

2. 解题。使用数字线显示您的作法。

$1\frac{2}{3}+3\frac{2}{3}$

$1\frac{2}{3}+3\frac{2}{3}=4+\frac{4}{3}=5\frac{1}{3}$

$\frac{3}{3}$ $\frac{1}{3}$

$+\frac{3}{3}$ $+\frac{1}{3}$

2 3 4 5 $5\frac{1}{3}$ 6

我相加一和三分之一。我把 $\frac{4}{3}$ 分解为 1 和 $\frac{1}{3}$。$4+1+\frac{1}{3}=5\frac{1}{3}$。

3. 解题。使用箭头方式显示制作方法。

$4\frac{7}{12}+3\ \frac{9}{12}$

$4\frac{7}{12}+3\frac{9}{12}=7\frac{7}{12}+\frac{9}{12}=8\frac{4}{12}$

$\frac{5}{12}$ $\frac{4}{12}$

$7\frac{7}{12}\xrightarrow{+\frac{5}{12}}8\xrightarrow{+\frac{4}{12}}8\frac{4}{12}$

我用箭头方法来相加 $\frac{5}{12}$ 和 $7\frac{7}{12}$ 来组成下一个整数。然后，我加上数字链的另一个部分来得出 $8\frac{4}{12}$。

姓名 ______________________ 日期 ______________

1. 解题。

a. $2\frac{1}{3} + 1\frac{2}{3} = 3 + \frac{3}{3} =$

2 $\frac{1}{3}$ 1 $\frac{2}{3}$

b. $2\frac{2}{5} + 2\frac{2}{5}$

c. $3\frac{3}{8} + 1\frac{5}{8}$

2. 解题。使用数字线显示您的作法。

a. $2\frac{2}{4} + 1\frac{3}{4} = 3 + \frac{5}{4} =$ ______

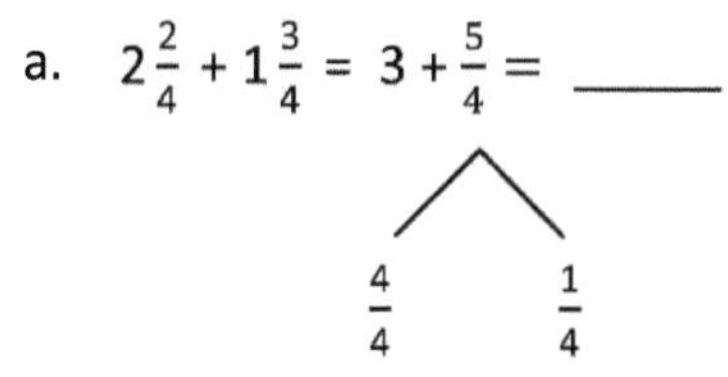

b. $3\frac{4}{6} + 2\frac{5}{6}$

c. $1\frac{9}{12} + 1\frac{7}{12}$

3. 解题。使用箭头方式显示制作方法。

a. $2\frac{3}{4}+1\frac{3}{4}=3\frac{3}{4}+\frac{3}{4}=$

$\frac{1}{4}$ $\frac{2}{4}$

$3\frac{3}{4} \xrightarrow{+\frac{1}{4}} 4 \longrightarrow$

b. $2\frac{7}{8}+3\frac{4}{8}$

c. $1\frac{7}{9}+4\frac{5}{9}$

4. 解题。使用您喜欢的任何一种方法。

a. $1\frac{4}{5}+1\frac{3}{5}$

b. $3\frac{8}{10}+1\frac{5}{10}$

c. $2\frac{5}{7}+3\frac{6}{7}$

1. 减。用数字线或箭头方式建模。

$4\frac{3}{5}-\frac{2}{5}=4\frac{1}{5}$

我可以逐次减 2 个五分之一，或全部一次减去。

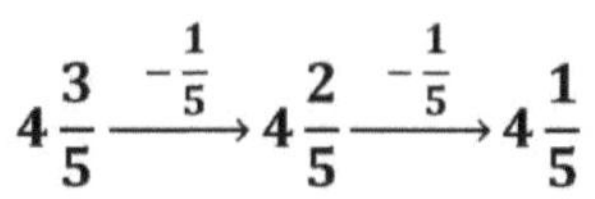

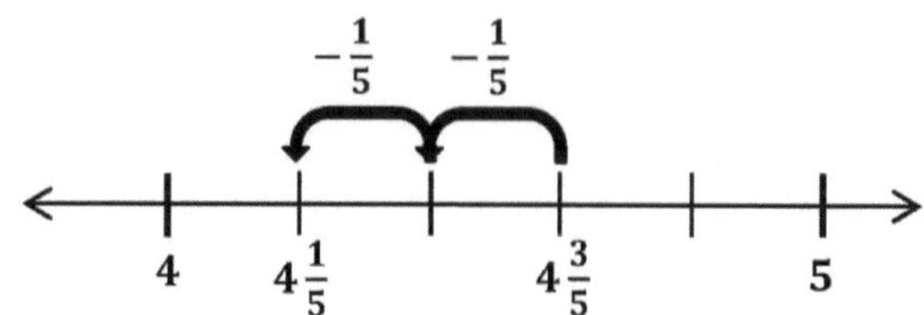

2. 使用分解减去分数。用数字线或箭头方式建模。

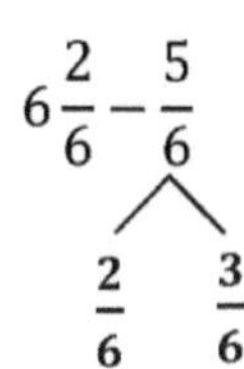

我把$\frac{5}{6}$分解为$\frac{2}{6}$和$\frac{3}{6}$，这样我就可以从$6\frac{2}{6}$减去$\frac{2}{6}$来得出一个整数。

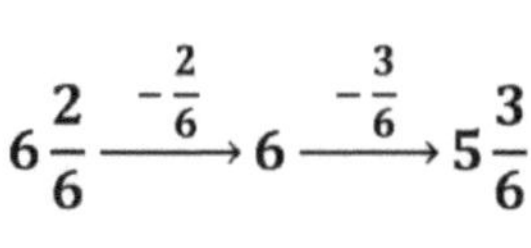

$-\frac{3}{6}$ $-\frac{2}{6}$

5 $5\frac{3}{6}$ 6 $6\frac{2}{6}$

我减去数字链的另一个部分，$\frac{3}{6}$。

3. 分解总数以减去分数。

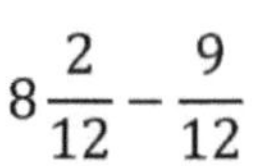

没有足够的十二分之一来减去 9 个十二分之一，所以我分解总数来从 1 减去$\frac{9}{12}$。

$8\frac{2}{12}-\frac{9}{12}=7\frac{2}{12}+\frac{3}{12}=7\frac{5}{12}$

$7\frac{2}{12}$ 1

一旦减去$\frac{9}{12}$，我就把剩余数字相加。

姓名 ______________________ 日期 __________

1. 减。用数字线或箭头方式建模。

a. $6\frac{3}{5} - \frac{1}{5}$

b. $4\frac{9}{12} - \frac{7}{12}$

c. $7\frac{1}{4} - \frac{3}{4}$

d. $8\frac{3}{8} - \frac{5}{8}$

2. 使用分解减去分数。用数字线或箭头方式建模。

a. $2\frac{2}{5} - \frac{4}{5}$

$\frac{2}{5}$ $\frac{2}{5}$

b. $2\frac{1}{3} - \frac{2}{3}$

c. $4\frac{1}{6} - \frac{4}{6}$

d. $3\frac{3}{6} - \frac{5}{6}$

e. $9\frac{3}{8} - \frac{7}{8}$

f. $7\frac{1}{10} - \frac{6}{10}$

g. $10\frac{1}{8} - \frac{5}{8}$

h. $9\frac{4}{12} - \frac{7}{12}$

i. $11\frac{3}{5} - \frac{4}{5}$

j. $17\frac{1}{9} - \frac{5}{9}$

3. 分解总数以减去分数。

a. $4\frac{1}{8} - \frac{3}{8} = 3\frac{1}{8} + \frac{5}{8} = 3\frac{6}{8}$

$3\frac{1}{8}$ 1

b. $5\frac{2}{5} - \frac{3}{5}$

c. $7\frac{1}{8} - \frac{3}{8}$

d. $3\frac{3}{9} - \frac{4}{9}$

e. $6\frac{3}{10} - \frac{7}{10}$

f. $2\frac{5}{9} - \frac{8}{9}$

1. 写一个相关的加法句。依靠减去。使用数字线或箭头方式提供帮助。

$6\frac{1}{4} - 2\frac{3}{4} = 3\frac{2}{4}$

我加上各箭头上的数字来求未知的加数。

$\frac{1}{4} + 3 + \frac{1}{4} = 3\frac{2}{4}$

$2\frac{3}{4} + \underline{3\frac{2}{4}} = 6\frac{1}{4}$

$2\frac{3}{4} \xrightarrow{+\frac{1}{4}} 3 \xrightarrow{+3} 6 \xrightarrow{+\frac{1}{4}} 6\frac{1}{4}$

我加 3 来得出 6。

我用箭头方法来往上计数，以便找出加法算式的未知数。我加 $\frac{1}{4}$ 来得出下一个整数，3。

我的最终数字必须是 $6\frac{1}{4}$，所以我要多加 1 个四分之一。

2. 通过分解要减去的数字的小数部分减去。使用数字线或箭头方式可以帮助您。

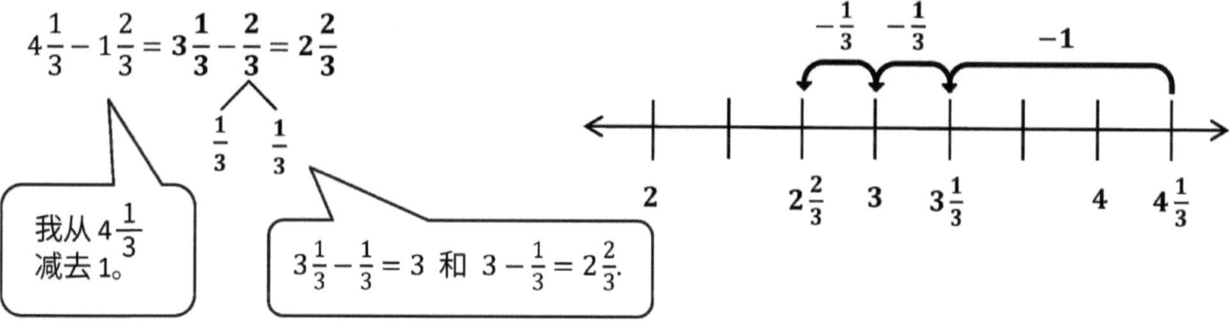

3. 通过分解减去减去。

$7\frac{2}{10}-5\frac{9}{10}$

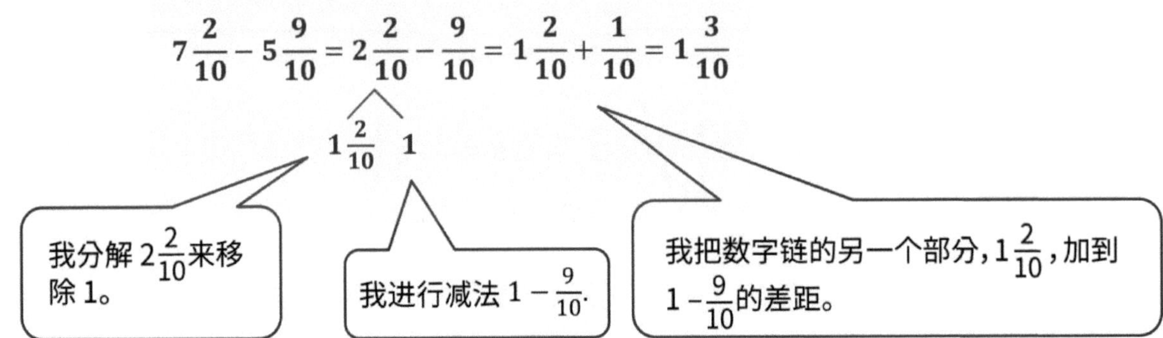

姓名 ________________________ 日期 ________________

1. 写一个相关的加法句。依靠减去。使用数字线或箭头方式提供帮助。第一个已经为您完成了一部分。

   a. $3\frac{2}{5} - 1\frac{4}{5} =$ ______

      $1\frac{4}{5} +$ ______ $= 3\frac{2}{5}$

   b. $5\frac{3}{8} - 2\frac{5}{8}$

2. 如下面的问题2(a)所示，通过分解要减去的数字的小数部分来减去。使用数字线或箭头方式可以帮助您。

   a. $4\frac{1}{5} - 1\frac{3}{5} = 3\frac{1}{5} - \frac{3}{5} = 2\frac{3}{5}$

      ($\frac{3}{5}$ 分解为 $\frac{1}{5}$ 和 $\frac{2}{5}$)

   b. $4\frac{1}{7} - 2\frac{4}{7}$

   c. $5\frac{5}{12} - 3\frac{8}{12}$

3. 如下面3 (a) 所示，通过分解取出一个来减去。

a. $5\frac{5}{8} - 2\frac{7}{8} = 3\frac{5}{8} - \frac{7}{8} =$

$3\frac{5}{8}$ 分解为 $2\frac{5}{8}$ 和 1

b. $4\frac{3}{12} - 3\frac{8}{12}$

c. $9\frac{1}{10} - 6\frac{9}{10}$

4. 解决使用任何策略。

a. $6\frac{1}{9} - 4\frac{3}{9}$

b. $5\frac{3}{10} - 3\frac{6}{10}$

c. $8\frac{7}{12} - 5\frac{9}{12}$

d. $7\frac{4}{100} - 2\frac{92}{100}$

1. 减去。

$8\frac{2}{7} - \frac{6}{7} = 7\frac{9}{7} - \frac{6}{7} = 7\frac{3}{7}$

$7 \quad \frac{9}{7}$

现在我有 9 个七分之一，我有足够的七分之一来减去 6 个七分之一。

这就像在减去整数时把 1 个十重新命名为 10 个一，分别只是我把 1 个一重新命名为 7 个七分之一。

2. 首先减去那些。

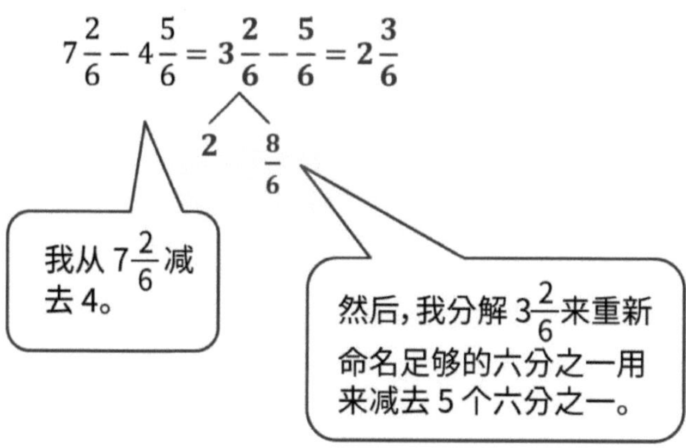

$7\frac{2}{6} - 4\frac{5}{6} = 3\frac{2}{6} - \frac{5}{6} = 2\frac{3}{6}$
$2 \quad \frac{8}{6}$
我从 $7\frac{2}{6}$ 减去 4。
然后，我分解 $3\frac{2}{6}$ 来重新命名足够的六分之一用来减去 5 个六分之一。

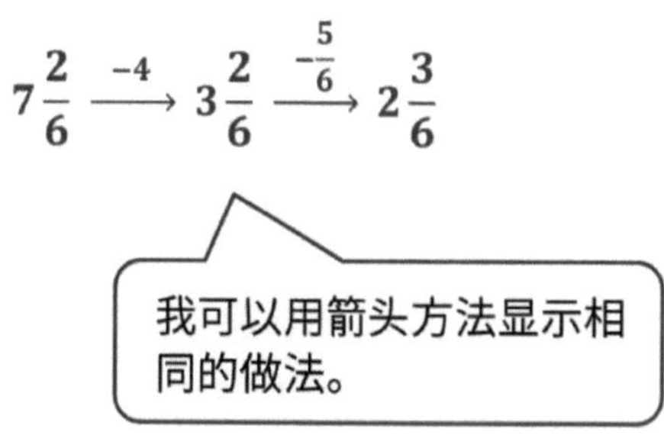

$7\frac{2}{6} \xrightarrow{-4} 3\frac{2}{6} \xrightarrow{-\frac{5}{6}} 2\frac{3}{6}$
我可以用箭头方法显示相同的做法。

姓名 ______________________________ 日期 ______________

1. 减去。

a. $5\frac{1}{4} - \frac{3}{4}$

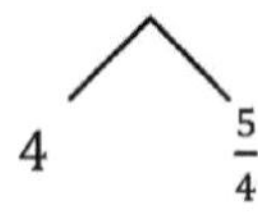

b. $6\frac{3}{8} - \frac{6}{8}$

c. $7\frac{4}{6} - \frac{5}{6}$

2. 首先减去那些。

a. $4\frac{1}{5} - 1\frac{3}{5} = 3\frac{1}{5} - \frac{3}{5} = 2\frac{3}{5}$

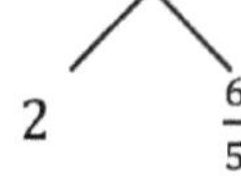

b. $4\frac{3}{6} - 2\frac{5}{6}$

c. $8\frac{3}{8} - 2\frac{5}{8}$

d. $13\frac{3}{10} - 8\frac{7}{10}$

3. 解决使用任何策略。

a. $7\frac{3}{12} - 4\frac{9}{12}$

b. $9\frac{6}{10} - 5\frac{8}{10}$

c. $17\frac{2}{16} - 9\frac{7}{16}$

d. $12\frac{5}{100} - 8\frac{94}{100}$

1. 绘制并标记一个磁带图以显示以下事实：

一条数字线显示怎样从 $\frac{3}{8}$ 往上数到 $\frac{8}{8}$。

我可以移动等式中的括号，关联因子 5 和 2。当我这样做时，四分之一变成了单位。

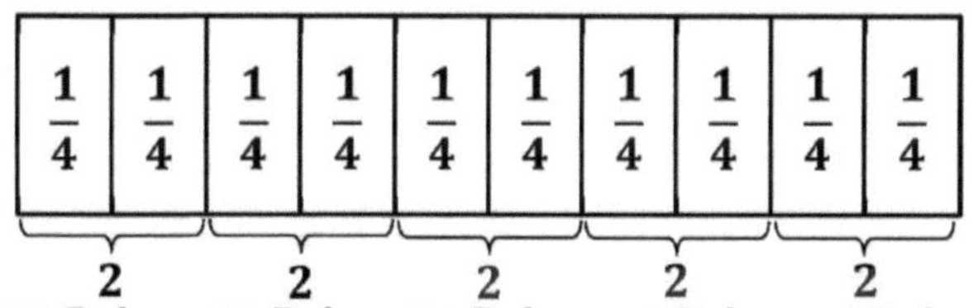

我可以用任何单位做这个程序：
10 根香蕉 = 5 x (2 根香蕉) = (5 x 2) 根香蕉。.

我使用方括号来组成每 2 个 $\frac{1}{4}$ 单位，并建立 5 份 2 个四分之一的模型。

5 乘 2 等于 10。我的模型显示 (5 x 2) 个四分之一等于 5 x (2 个四分之一)，或者 10 个四分之一。

2. 以单位形式编写方程式进行求解。

$8 \times \frac{2}{3} =$ $\frac{\mathbf{16}}{\mathbf{3}}$

8 × 2 个三分之一 = 16 个三分之一

单位形式简化了我的乘法。我不用迷惘于怎样把一个分数乘以一个整数，而是揭露一个我可以快速解答的简易事实！我知道 8 x 2 是 16，所以 8 x 2 个三分之一是 16 个三分之一。

3. 解题。

$6 \times \frac{3}{4}$

$6 \times \frac{3}{4} = \frac{6 \times 3}{4} = \frac{18}{4}$

单位是四分之一！我以单位形式来思考，6x3 个四分之一是 18 个四分之一。

4. 斯旺森女士买了一些苹果汁。她的家人每个人 $\frac{3}{5}$ 都喝杯早餐。包括斯旺森女士在内，她的家人有四个人。他们喝了几杯苹果汁？

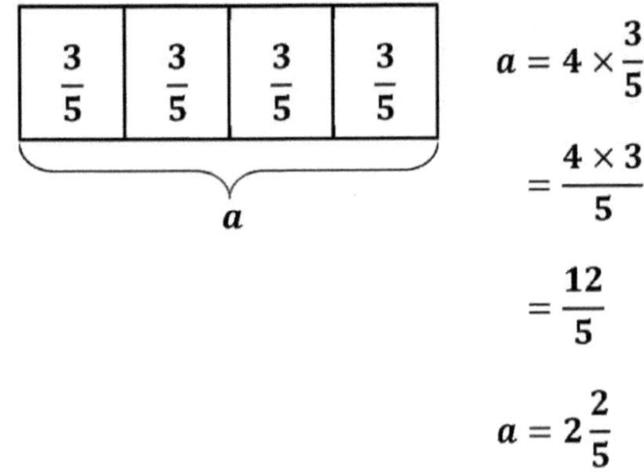

$$a = 4 \times \frac{3}{5}$$

$$= \frac{4 \times 3}{5}$$

$$= \frac{12}{5}$$

$$a = 2\frac{2}{5}$$

斯旺森女士和她的家人喝了 $2\ \frac{2}{5}$ 杯苹果汁。

姓名 ______________________ 日期 ____________

1. 绘制并贴上胶带图以表明以下内容是正确的。

   a. 8分之三 = 4 × （三分之二） = （4 × 2）三分之二

   b. 15分之八 = 3 × （五分之八） = （3 × 5）八分之一

2. 以单位形式编写表达式以求解。

   a. $10 \times \frac{2}{5}$

   b. $3 \times \frac{5}{6}$

   c. $9 \times \frac{4}{9}$

   d. $7 \times \frac{3}{4}$

3. 解题。

a. $6 \times \frac{3}{4}$

b. $7 \times \frac{5}{8}$

c. $13 \times \frac{2}{3}$

d. $18 \times \frac{2}{3}$

e. $14 \times \frac{7}{10}$

f. $7 \times \frac{14}{100}$

4. 史密斯太太买了一些橙汁。她的家人每个人 $\frac{2}{3}$ 都喝杯早餐。她家有五个人。他们喝了几杯橙汁?

1. 画一个胶带图代表 $\frac{3}{8}+\frac{3}{8}+\frac{3}{8}+\frac{3}{8}$。

$\frac{3}{8}$	$\frac{3}{8}$	$\frac{3}{8}$	$\frac{3}{8}$

我建立 4 个 $\frac{3}{8}$ 的模型。

写一个等于的乘法表达式 $\frac{3}{8}+\frac{3}{8}+\frac{3}{8}+\frac{3}{8}$。

$$4\times\frac{3}{8}=\frac{12}{8}=1\frac{4}{8}=1\frac{1}{2}$$

乘法比加法更为有效。我可以考虑单位形式简单求解：4 X $\frac{3}{8}=\frac{12}{8}$。

2. 用任何方法解决。将您的答案表示为整数或整数。

a. $4\times\frac{5}{8}$

$\frac{5}{8}$	$\frac{5}{8}$	$\frac{5}{8}$	$\frac{5}{8}$

$$4\times\frac{5}{8}=\frac{4\times5}{8}=\frac{20}{8}=2\frac{4}{8}=2\frac{1}{2}$$

b. $32\times\frac{2}{5}$

$$32\times\frac{2}{5}=32\times\frac{2}{5}=64\frac{1}{5}=\frac{64}{5}=12\frac{4}{5}$$

为了求解，我心里考虑到，5 乘以接近或等于 64 的数字？或者，我可以用 64 除以 5。

3. 瓦工的地方 13 砖块沿棚墙的整个外部长度首尾相连。每块砖是 $\frac{2}{3}$ 英尺。那个棚墙多久了？

$\frac{2}{3}$	$\frac{2}{3}$	$\frac{2}{3}$	$\frac{2}{3}$	$\frac{2}{3}$	$\frac{2}{3}$	$\frac{2}{3}$	$\frac{2}{3}$	$\frac{2}{3}$	$\frac{2}{3}$	$\frac{2}{3}$	$\frac{2}{3}$	$\frac{2}{3}$

s

$$13\times\frac{2}{3}=\frac{13\times2}{3}=\frac{26}{3}=8\frac{2}{3}$$

仓库的墙是 $8\frac{2}{3}$ 英尺长。

写一个加法算式来解题太花时间了！乘法既快速又简易！

姓名 ____________________ 日期 ____________

1. 画一个胶带图代表
$\frac{2}{3}+\frac{2}{3}+\frac{2}{3}+\frac{2}{3}$.

写一个等于的乘法表达式
$\frac{2}{3}+\frac{2}{3}+\frac{2}{3}+\frac{2}{3}$.

2. 画一个胶带图代表
$\frac{7}{8}+\frac{7}{8}+\frac{7}{8}$.

写一个等于的乘法表达式
$\frac{7}{8}+\frac{7}{8}+\frac{7}{8}$.

3. 将每个重复的加法问题重写为一个乘法问题并求解。将结果表示为混合数字。第一个已经为您完成。

a. $\frac{7}{5}+\frac{7}{5}+\frac{7}{5}+\frac{7}{5}=4\times\frac{7}{5}=\frac{4\times 7}{5}=\frac{28}{5}=5\frac{3}{5}$

b. $\frac{7}{10}+\frac{7}{10}+\frac{7}{10}$

c. $\frac{5}{12}+\frac{5}{12}+\frac{5}{12}+\frac{5}{12}+\frac{5}{12}+\frac{5}{12}$

d. $\frac{3}{8}+\frac{3}{8}+\frac{3}{8}+\frac{3}{8}+\frac{3}{8}+\frac{3}{8}+\frac{3}{8}+\frac{3}{8}+\frac{3}{8}+\frac{3}{8}+\frac{3}{8}+\frac{3}{8}$

4. 用任何方法解决。将您的答案表示为整数或整数。

a. $7\times\frac{2}{9}$

b. $11\times\frac{2}{3}$

c. $40 \times \frac{2}{6}$

d. $24 \times \frac{5}{6}$

e. $23 \times \frac{3}{5}$

f. $34 \times \frac{2}{8}$

5. Coleton正在玩每个都有互锁的块 $\frac{3}{4}$ 英寸高。他使塔高17个街区。他的塔高多少英寸？

6. Maiorani先生的垒球队中有11名球员。他们每个人都吃了 $\frac{3}{8}$ 披萨。做了多少比萨他们吃?

7. 砌砖工在棚墙的整个外部长度上首尾放置12块砖。每块砖是英尺。棚墙长几英尺？$\frac{3}{4}$

1. 绘制胶带图以显示两种表示方法 3 的单位 $5\frac{1}{12}$。

$5\frac{1}{12}$	$5\frac{1}{12}$	$5\frac{1}{12}$

5	5	5	$\frac{1}{12}$	$\frac{1}{12}$	$\frac{1}{12}$

我重新编排 3 个 $5\frac{1}{12}$的模型，方法是把 $5\frac{1}{12}$分解为两个部分 :5 和$\frac{1}{12}$。我显示 3 组 5 和 3 组 $\frac{1}{12}$。

编写一个乘法表达式以匹配每个磁带图。

$3 \times 5\frac{1}{12}$

$(3 \times 5) + \left(3 \times \frac{1}{12}\right)$

$5\frac{1}{12}$由两个单位组成：一和十二分之一。我用分布特性来把每一个单位的数值乘以 3。3 x $5\frac{1}{12}$等于 3 个五和 3 个十二分之一。

2. 解决使用分配属性。

a. $2 \times 3\frac{5}{6} = 2 \times \left(3 + \frac{5}{6}\right)$

$= (2 \times 3) + \left(2 \times \frac{5}{6}\right)$

$= 6 + \frac{10}{6}$

$= 6 + 1\frac{4}{6}$

$= 7\frac{4}{6}$

我没有在部分 (b) 进行这个步骤，因为我可以看到它是 4 个 2 和 4 个$\frac{3}{4}$，或 $8 + \frac{12}{4}$。

b. $4 \times 2\frac{3}{4} = 4 \times \left(2 + \frac{3}{4}\right)$

$= 8 + \frac{12}{4}$

$= 8 + 3$

$= 11$

3. 萨拉的街是 $1\frac{3}{5}$ 英里长。她跑了整条街 3 次。她跑了多远？

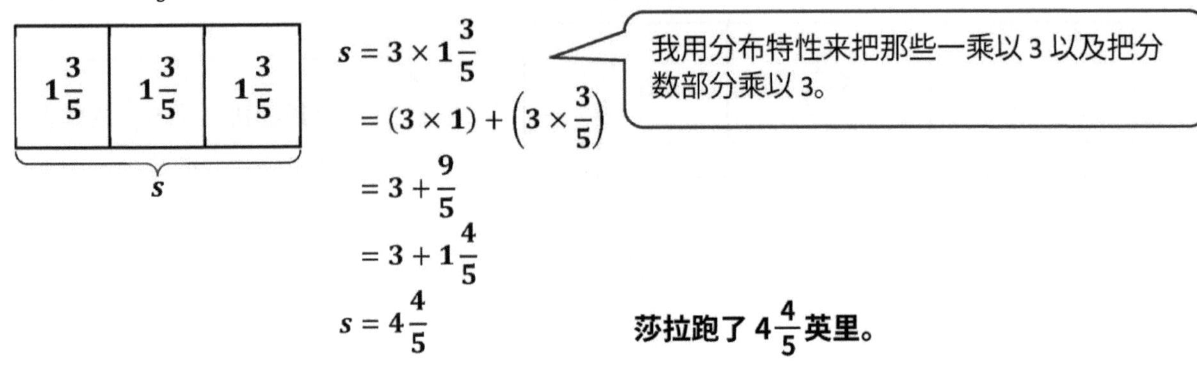
$1\frac{3}{5}$ $1\frac{3}{5}$ $1\frac{3}{5}$
s
$s = 3 \times 1\frac{3}{5}$
$= (3 \times 1) + \left(3 \times \frac{3}{5}\right)$
$= 3 + \frac{9}{5}$
$= 3 + 1\frac{4}{5}$
$s = 4\frac{4}{5}$
我用分布特性来把那些一乘以 3 以及把分数部分乘以 3。
莎拉跑了 $4\frac{4}{5}$ 英里。

姓名 ______________________ 日期 ____________

1. 绘制胶带图以显示两种表示3个单位的方法 $5\frac{1}{12}$。

编写一个乘法表达式以匹配每个磁带图。

2. 使用分配属性解决以下问题。第一个已经为您完成。(一旦准备就绪,就可以省略第2行中的步骤。)

a. $3 \times 6\frac{4}{5} = 3 \times \left(6 + \frac{4}{5}\right)$ $= (3 \times 6) + \left(3 + \frac{4}{5}\right)$ $= 18 + \frac{12}{5}$ $= 18 + 2\frac{2}{5}$ $= 20\frac{2}{5}$	b. $5 \times 4\frac{1}{6}$
c. $6 \times 2\frac{3}{5}$	d. $2 \times 7\frac{3}{10}$

e. $8 \times 7\frac{1}{4}$	f. $3\frac{3}{8} \times 12$

3. 萨拉的街是 $2\frac{3}{10}$ 英里长。她在街上跑了6次。她跑了多远?

4. 凯利的新小狗称重 $4\frac{7}{10}$ 她把他带回家的时候磅。现在,他的体重是原来的六倍。他现在体重多少?

1. 填写未知因素。

a. $7 \times 3\frac{4}{5} = (\underline{\ 7\ } \times 3) + (\underline{\ 7\ } \times \frac{4}{5})$

带分数被分布为整数和分数。两个被分布的数字必须乘以 7，所以 7 是缺少的因子。

b. $6 \times 4\frac{3}{8} = (6 \times \underline{\ 4\ }) + (6 \times \underline{\ \frac{3}{8}\ })$

2. 乘法。使用分配属性。

$5 \times 7\frac{3}{5}$

7	$\frac{3}{5}$	7	$\frac{3}{5}$	7	$\frac{3}{5}$	7	$\frac{3}{5}$	7	$\frac{3}{5}$

$$\begin{aligned} 5 \times 7\frac{3}{5} &= 35 + \frac{15}{5} \\ &= 35 + 3 \\ &= 38 \end{aligned}$$

我把 $7\frac{3}{5}$ 分解为 7 和 $\frac{3}{5}$。5 个七等于 35，而 5 乘 3 个五分之一等于 15 个五分之一，或 3。

3. 阿米娜的狗吃了 $2\frac{2}{3}$ 每天三杯狗粮。三个星期内阿米娜的狗吃了多少狗粮？

一个星期有 7 天。要寻找 3 星期有多少天，我进行乘法 7 x 3。3 星期有 21 天。

$$\begin{aligned} 21 \times 2\frac{2}{3} &= 42 + \frac{42}{3} \\ &= 42 + 14 \\ &= 56 \end{aligned}$$

阿米娜的狗在三星期吃了 56 杯食物。

姓名 ________________ 日期 ________________

1. 填写未知因素。

a. $8 \times 4\frac{4}{7} = (\_\_\_ \times 4) + (\_\_\_ \times \frac{4}{7})$

b. $9 \times 7\frac{7}{10} = (9 \times \_\_\_) + (9 \times \_\_\_)$

2. 乘法。使用分配属性。

a. $6 \times 8\frac{2}{7}$

b. $7\frac{3}{4} \times 9$

c. $9 \times 8\frac{7}{9}$

d. $25\frac{7}{8} \times 3$

e. $4 \times 20\frac{8}{12}$

f. $30\frac{3}{100} \times 12$

3. 布兰登正在为一个木工项目削减9块木板。每个板是 $4\frac{5}{8}$ 一英尺长。木板的总长度是多少？

4. 洛基牧羊犬吃了 $3\frac{1}{4}$ 每天有两杯狗食。洛基吃了多少狗粮那时？

5. 在课堂聚会上，将为每个学生提供一个装有容器的容器 $8\frac{5}{8}$ 盎司的果汁。全班有25名学生。老师需要购买多少盎司的果汁？

1. 它需要 $9\frac{2}{3}$ 码毛线使一个婴儿毯子。Upik需要四倍的纱线才能制成四根婴儿毛毯。她已经有 6 码纱。为了制造四个婴儿毯，Upik需要购买多少码的纱线？

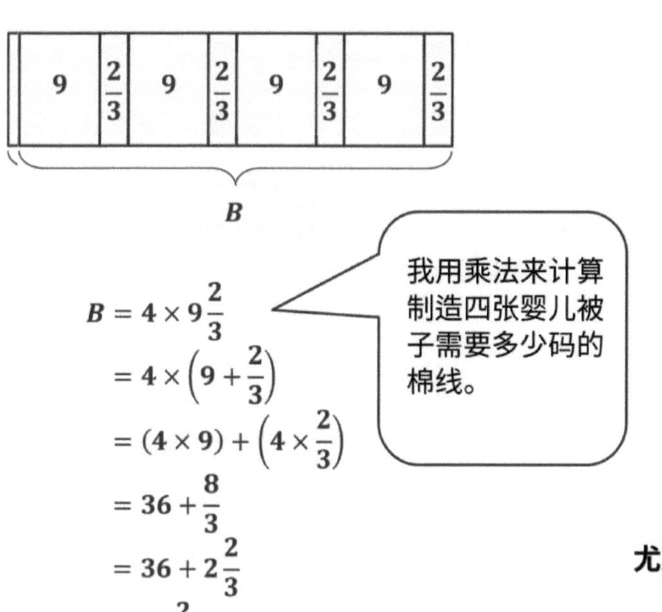

9
$\frac{2}{3}$
9
$\frac{2}{3}$
9
$\frac{2}{3}$
9
$\frac{2}{3}$
B
$B = 4 \times 9\frac{2}{3}$
$= 4 \times \left(9 + \frac{2}{3}\right)$
$= (4 \times 9) + \left(4 \times \frac{2}{3}\right)$
$= 36 + \frac{8}{3}$
$= 36 + 2\frac{2}{3}$
$B = 38\frac{2}{3}$
我用乘法来计算制造四张婴儿被子需要多少码的棉线。

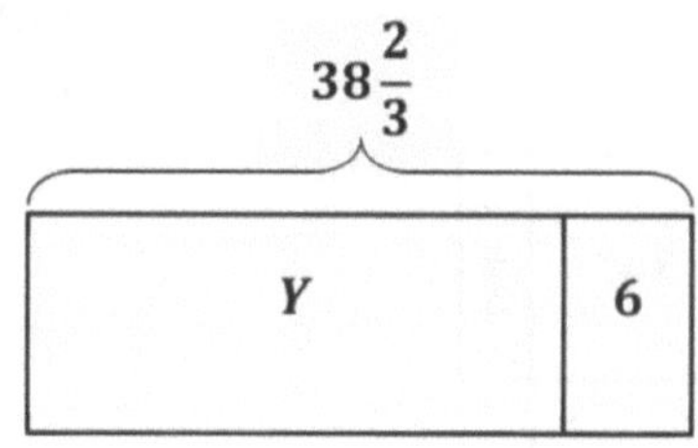

$Y = 38\frac{2}{3} - 6$

$= 32\frac{2}{3}$

我减去尤皮克已经有的 6 码棉线。

尤皮克需要多买 $32\frac{2}{3}$ 码棉线。

2. 毛毛虫爬 $34\frac{2}{3}$ 星期一。他爬了 5 星期二的时间。他在这两天内爬了多远?

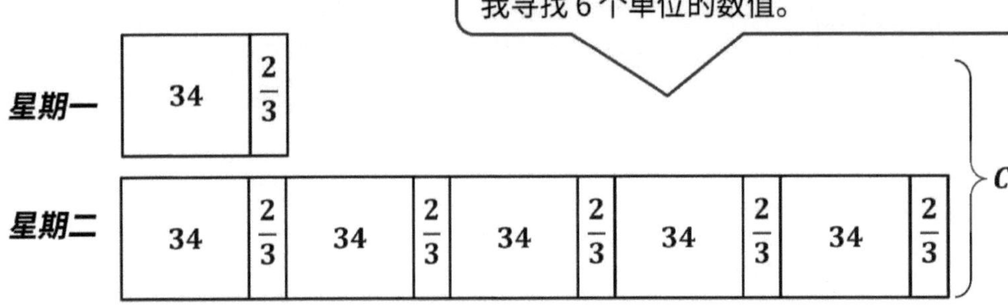
我用带形图来寻找解题的最有效率方法。要计算 C,
我寻找 6 个单位的数值。
星期一
34
2/3
星期二
34
2/3
C

毛毛虫爬 208 厘米,或 2 米 8 厘米
在星期一和星期二。

$$C = 6 \times 34\frac{2}{3}$$

$$C = (6 \times 34) + \left(6 \times \frac{2}{3}\right)$$

$$C = 204 + \frac{12}{3}$$

$$C = 204 + 4$$

$$C = 208$$

姓名 ______________________________ 日期 ________________

使用RDW流程解题。

1. 火鸡以以下包装出售：$2\frac{1}{2}$ 磅。黎明买了八倍的火鸡 1个包装，用于儿子的生日聚会。黎明买了几磅火鸡？

2. 特雷弗的书堆是 $7\frac{7}{4}$ 英寸高。里克的筹码量是他的筹码量的三倍。有什么区别他们堆书的高度？

3. 制作一根被 $8\frac{3}{4}$ 子需要用几码的布料。盖尔需要三倍于三张棉被的织物。她已经有两码的布料了。盖尔需要购买多少码的面料才能做三个被子？

4. 卡罗尔打了一拳。她用 $12\frac{3}{8}$ 杯果汁，然后加入三倍的姜汁。然后，她加了1杯柠檬水。她的食谱冲了几杯？

5. 布兰登星期一开了车 $72\frac{7}{10}$ 。他星期二开车3次。他开了多远两天？

6. 赖瑟斯夫人使用 $9\frac{8}{10}$ 加仑汽油本周。瑞瑟先生使用的汽油是瑞瑟夫人本周使用的五倍。如果Reiser先生为每加仑汽油支付3美元，那么Reiser先生本周要支付多少汽油费？

月份	植物生长（英寸）
一月	$\frac{1}{2}$
二月	$\frac{3}{4}$
三月	$1\frac{1}{2}$
四月	2
五月	$1\frac{1}{4}$
六月	$1\frac{3}{4}$
七月	$2\frac{3}{4}$
八月	$2\frac{1}{4}$
九月	1
十月	$\frac{3}{4}$
十一月	$\frac{1}{2}$
十二月	$\frac{1}{4}$

诺拉（Noura）在这一年记录了她的植物的生长。

表中列出了测量值。

我记得在第 28 课制作过一个线图。

1. 使用数据创建线图。

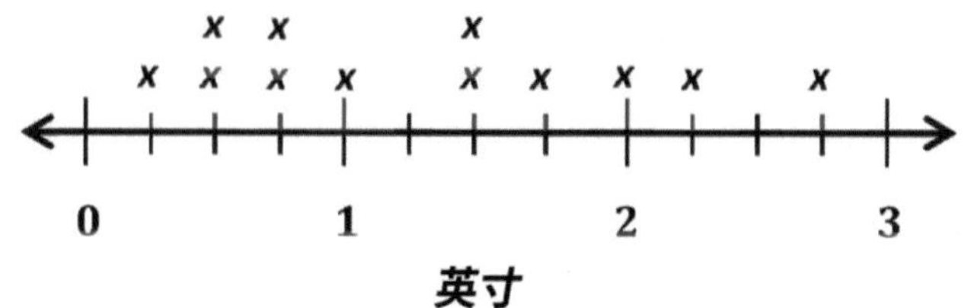

x = 一个月的生长

2. 在3月，4月和5月的春季，Noura的植物长了几英寸？

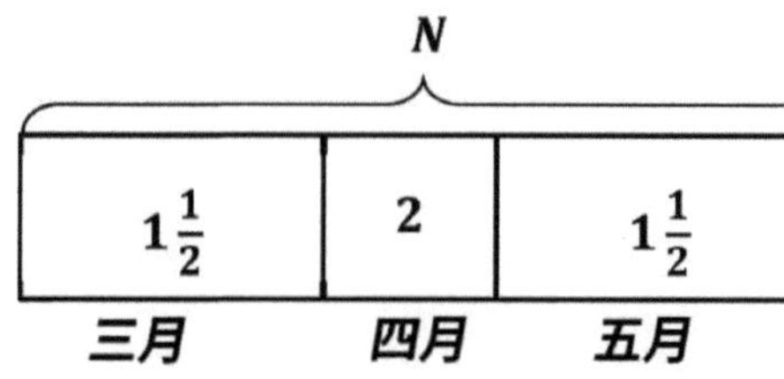

我首先加整数！

$N = 1\frac{1}{2} + 1 + 1\frac{1}{2}$

$N = 3 + \frac{2}{2}$

$N = 4$

*Noura*的植物总共生长了 4 英寸在春季月份。

3. 她的植物在哪几个月内长出十月份的两倍？

$T = 2 \times \frac{3}{4}$

$T = \frac{6}{4}$

$T = 1\frac{1}{2}$

如果有需要，我可以用一个数字链或数字线来帮助把一个分数重新命名为带分数。

*Noura*的植物在*5*月和*3*月的生长英寸是*10*月份的两倍。

姓名 ______________________ 日期 ______________

右图显示了一个城市的每月总降雨量。

1. 使用数据在此页面底部创建折线图，并回答以下的问题。

月份	雨量（英寸）
一月	$2\frac{2}{8}$
二月	$1\frac{3}{8}$
三月	$2\frac{3}{8}$
四月	$2\frac{5}{8}$
五月	$4\frac{1}{4}$
六月	$2\frac{1}{4}$
七月	$3\frac{7}{8}$
八月	$3\frac{1}{4}$
九月	$1\frac{5}{8}$
十月	$3\frac{2}{8}$
十一月	$1\frac{3}{4}$
十二月	$1\frac{5}{8}$

2. 从最干燥月份与最干燥月份的降雨量有什么区别?

3. 五月的降雨量比四月多多少?

4. 六月,七月和八月的夏季总降雨量是多少?

5. 夏季的降雨量比最后4个月的总降雨量多多少年?

6. 在哪个月份下雨量是12月的两倍?

7. 每英寸的雨水会产生十英寸的雪。如果一月的所有降雨量都在积雪的形式,在一月份降了多少英寸的积雪?

1. 求出总和。

我画括号来连结相加等于 1 的分数。

有两对等于 1 的分数。剩下 2 个四分之一没有伙伴。

a. $\frac{0}{3}+\frac{1}{3}+\frac{2}{3}+\frac{3}{3}$

$\left(\frac{0}{3}+\frac{3}{3}\right)+\left(\frac{1}{3}+\frac{2}{3}\right)=1+1=2$

分母是奇数。每一个加数都有一个伙伴。

b. $\frac{0}{4}+\frac{1}{4}+\frac{2}{4}+\frac{3}{4}+\frac{4}{4}$

$\left(\frac{0}{4}+\frac{4}{4}\right)+\left(\frac{1}{4}+\frac{3}{4}\right)+\frac{2}{4}=1+1+\frac{1}{2}=2\frac{1}{2}$

分母是偶数。有一个加数没有伙伴。这可能是一个规律。

2. 求出总和。

我注意到有些规律可以帮助我无需计算就能解题!

a. $\frac{0}{13}+\frac{1}{13}+\frac{2}{13}+\cdots+\frac{13}{13}$

7

我想一下表达式中有奇数分母的加数的数目,14。

b. $\frac{0}{16}+\frac{1}{16}+\frac{2}{16}+\cdots+\frac{16}{16}$

$\mathbf{8\frac{8}{16}}$

这个表达式中有 17 个加数有偶数分母。17 的一半是 $8\frac{1}{2}$.

3. 您如何应用此策略来找到0到1,000之间的所有整数的总和?

学生回应样本:

我可以配对 1 , 001 来自的加数 0 至 1 , 000 使总和相等 1 , 000 。那里将会是 500 对。剩下一个加数。我乘 1 , 000 × 500 ,这使得 500 , 000 。当我加剩余的加数,我总共有 500 , 500 。

姓名 ______________________ 日期 ______________

1. 求出总和。

a. $\frac{0}{5}+\frac{1}{5}+\frac{2}{5}+\frac{3}{5}+\frac{4}{5}+\frac{5}{5}$

b. $\frac{0}{6}+\frac{1}{6}+\frac{2}{6}+\frac{3}{6}+\frac{4}{6}+\frac{5}{6}+\frac{6}{6}$

c. $\frac{0}{7}+\frac{1}{7}+\frac{2}{7}+\frac{3}{7}+\frac{4}{7}+\frac{5}{7}+\frac{6}{7}+\frac{7}{7}$

d. $\frac{0}{8}+\frac{1}{8}+\frac{2}{8}+\frac{3}{8}+\frac{4}{8}+\frac{5}{8}+\frac{6}{8}+\frac{7}{8}+\frac{8}{8}$

e. $\frac{0}{9}+\frac{1}{9}+\frac{2}{9}+\frac{3}{9}+\frac{4}{9}+\frac{5}{9}+\frac{6}{9}+\frac{7}{9}+\frac{8}{9}+\frac{9}{9}$

f. $\frac{0}{10}+\frac{1}{10}+\frac{2}{10}+\frac{3}{10}+\frac{4}{10}+\frac{5}{10}+\frac{6}{10}+\frac{7}{10}+\frac{8}{10}+\frac{9}{10}+\frac{10}{10}$

2. 描述当将具有偶数分母的分数和与具有奇数分母的分数相加时的注意模式。

3. 如果加法从单位小数而不是0开始，总和将如何变化？

4. 求出总和。

a. $\frac{0}{20} + \frac{1}{20} + \frac{2}{20} + \cdots + \frac{20}{20}$

b. $\frac{0}{35} + \frac{1}{35} + \frac{2}{35} + \cdots + \frac{35}{35}$

c. $\frac{0}{36} + \frac{1}{36} + \frac{2}{36} + \cdots + \frac{36}{36}$

d. $\frac{0}{75} + \frac{1}{75} + \frac{2}{75} + \cdots + \frac{75}{75}$

e. $\frac{0}{100} + \frac{1}{100} + \frac{2}{100} + \cdots + \frac{100}{100}$

f. $\frac{0}{99} + \frac{1}{99} + \frac{2}{99} + \cdots + \frac{99}{99}$

5. 您如何应用此策略来找到0到50之间的所有整数的和？到99？

四年级
模块6

1. 遮盖瓶子以显示正确的数量。用分数形式写出水的总量。

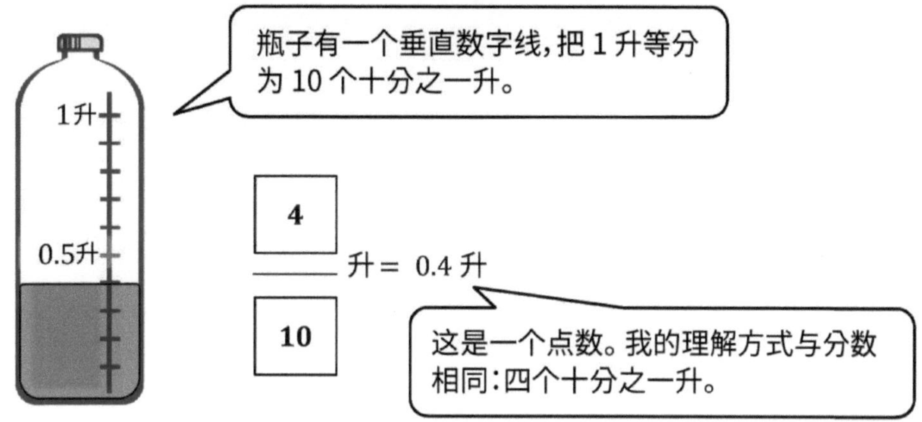

$\frac{4}{10}$ 升 = 0.4 升

这是一个点数。我的理解方式与分数相同：四个十分之一升。

2. 用小数形式在秤上写下菠萝的重量。

$\frac{9}{10}$ 千克

3. 填写空白以使句子的分数形式和十进制形式均为真。

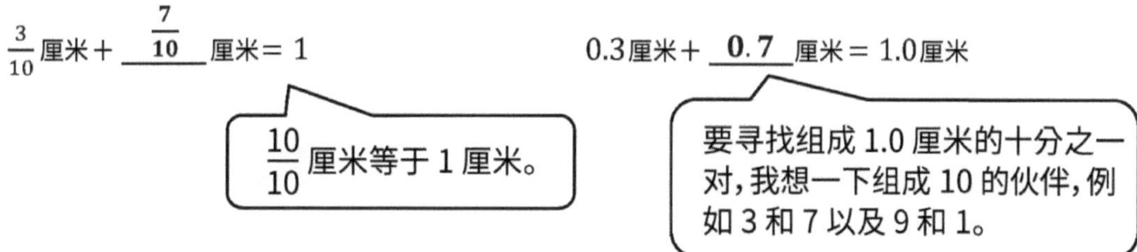

$\frac{3}{10}$ 厘米 + $\frac{7}{10}$ 厘米 = 1

0.3 厘米 + 0.7 厘米 = 1.0 厘米

$\frac{10}{10}$ 厘米等于 1 厘米。

要寻找组成 1.0 厘米的十分之一对，我想一下组成 10 的伙伴，例如 3 和 7 以及 9 和 1。

姓名 ______________________________ 日期 ________________

遮蔽带状图的前4个单元。用十分之一计数，以分数和小数点表示每个点的数字行。圈出代表阴影部分的小数。

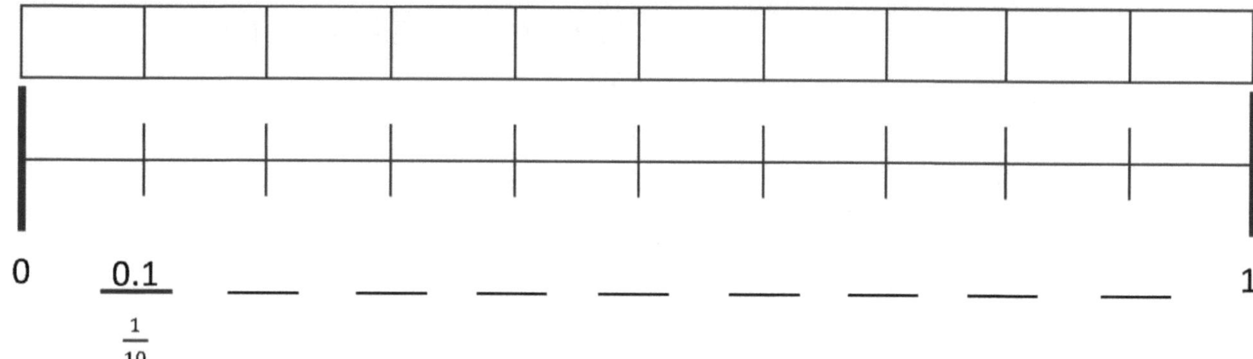

2. 用分数形式和小数形式写出水的总量。遮盖最后一瓶以显示正确的数量。

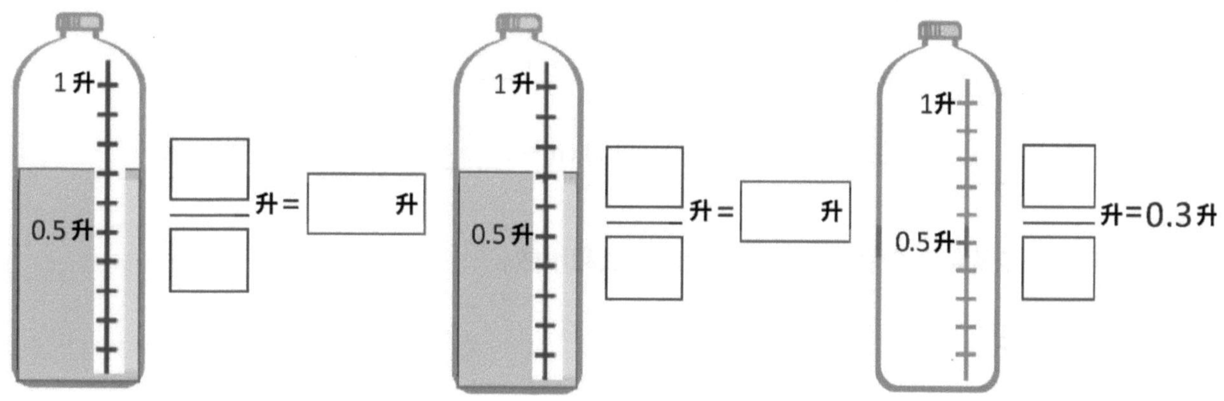

3. 用分数或小数形式在每个刻度上写出食物的总重量。

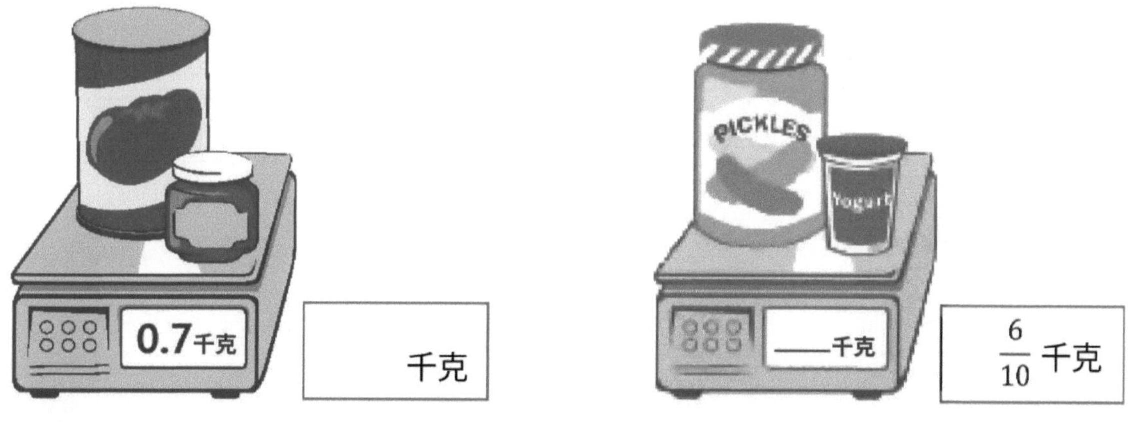

4. 记录错误的长度(以厘米为单位)。(该图未按比例绘制。)

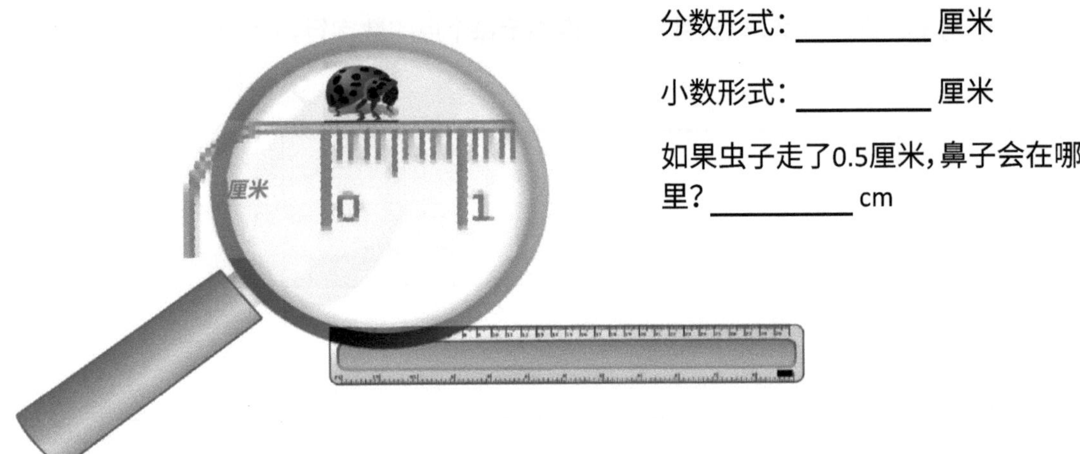

分数形式：________ 厘米

小数形式：________ 厘米

如果虫子走了0.5厘米，鼻子会在哪里？________ cm

5. 填写空白以使句子以小数和十进制形式都为真。

a. $\frac{4}{10}$ cm + ______ cm = 1 cm 0.4 cm + ______ cm = 1.0 cm

b. $\frac{3}{10}$ cm + ______ cm = 1 cm 0.3 cm + ______ cm = 1.0 cm

c. $\frac{8}{10}$ cm + ______ cm = 1 cm 0.8 cm + ______ cm = 1.0 cm

6. 将以单位形式表示的每个金额匹配到其等效的分数和小数。

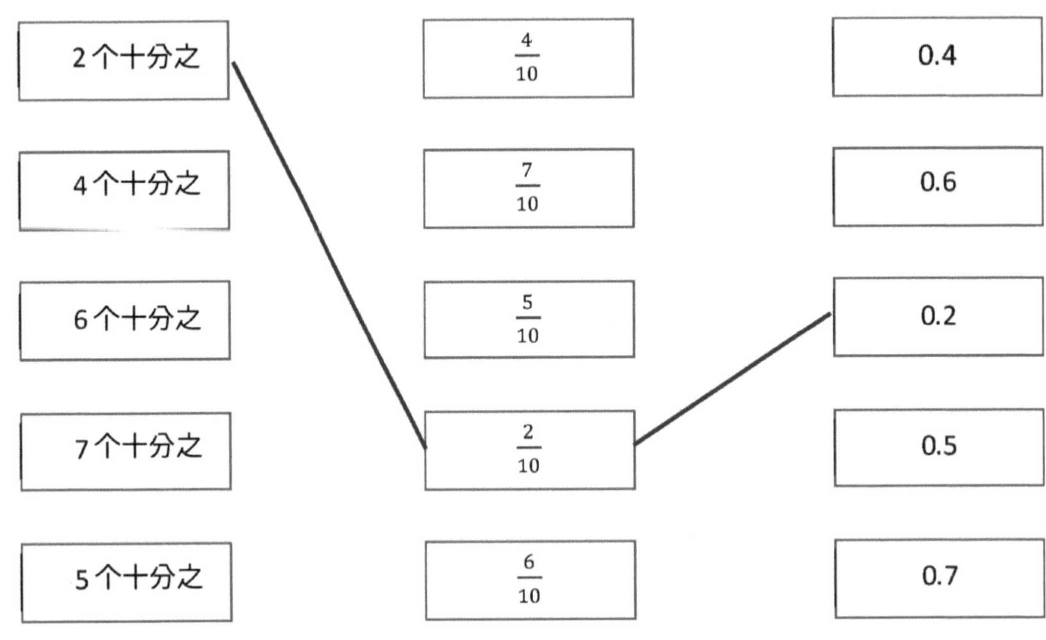

1. 对于以下给出的长度，绘制一条线段以进行匹配。将测量值表示为等效的混合数。

2.7厘米

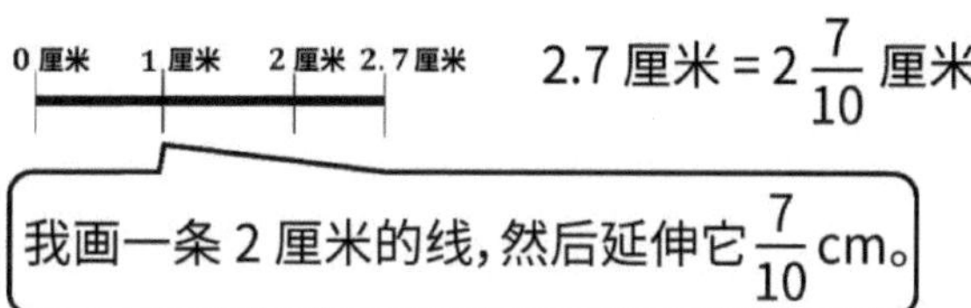

0 厘米
1 厘米
2 厘米
2.7厘米
我画一条 2 厘米的线，然后延伸它 $\frac{7}{10}$ cm。

2.7 厘米 = $2\frac{7}{10}$ 厘米

我可以把一个点数表达为一个带分数。这个数字的点数和分数部分有十分之一作为单位。

2. 用十进制形式写以下内容。然后，对数字进行建模并重命名。

a. 1分之一和7分之一 = **1 。7**

每一个矩形代表 1。1 里面有 10 个十分之一。

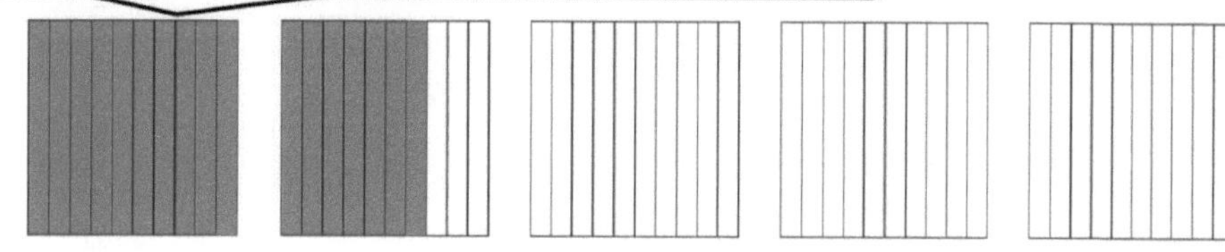

我涂黑 17 个十分之一来显示 1.7。

$$1\frac{7}{10} = 1 + \frac{7}{10} = 1 + 0.7 = 1.7$$

b. $\frac{22}{10}$ = **2.2**

总共有 5 个矩形代表 5 个一。

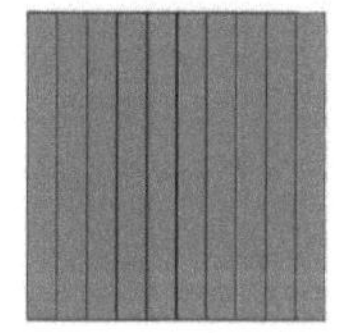

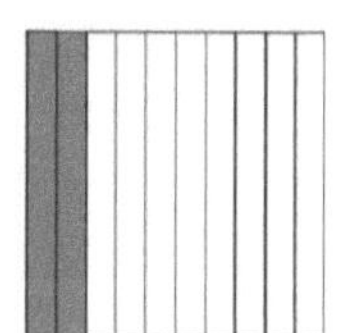
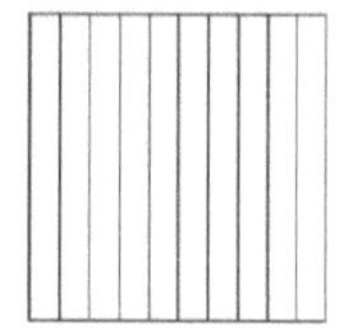
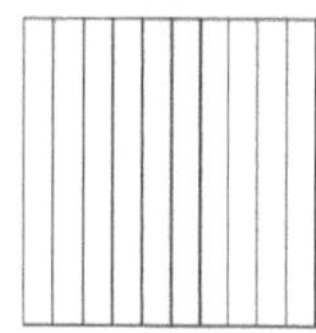

我用一个数字链来分解整数和分数。20 个十分之一等于 2 个一。

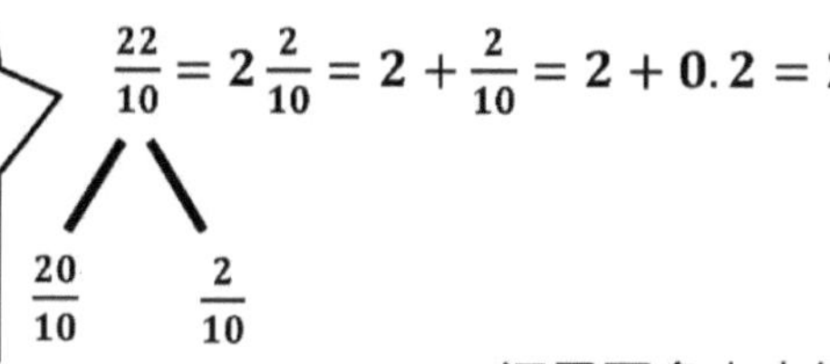

$$\frac{22}{10} = 2\frac{2}{10} = 2 + \frac{2}{10} = 2 + 0.2 = 2.2$$

$\frac{20}{10}$ $\frac{2}{10}$

还需要多少才能达到 5？ ***2 个一和 8 个十分之一***

姓名 ______________________ 日期 ______________

1. 对于以下给出的每个长度，绘制一条线段以进行匹配。将每个度量表示为等效的混合数。

   a. 2.6 cm

   b. 3.5 cm

   c. 1.7 cm

   d. 4.3 cm

   e. 2.2 cm

2. 用十进制形式写以下内容。然后，对数字进行建模并重命名，如下所示。

   a. 2个和十分之四 = ________

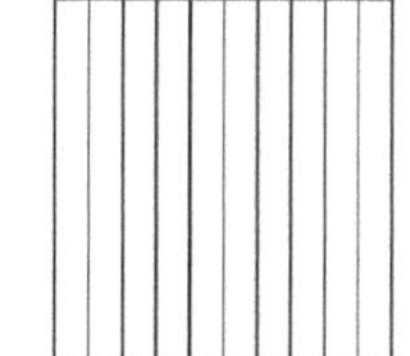 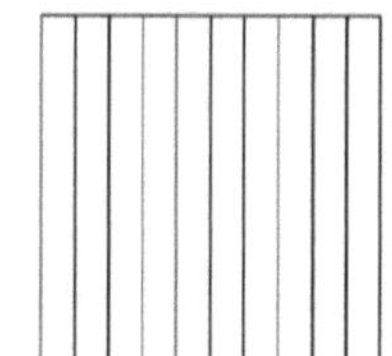 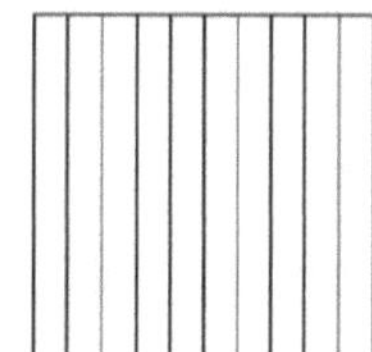 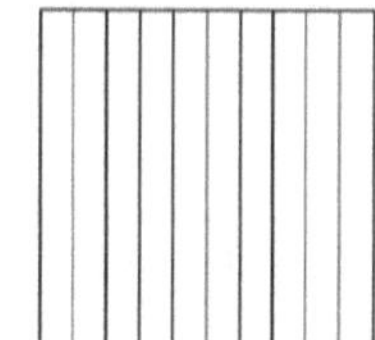 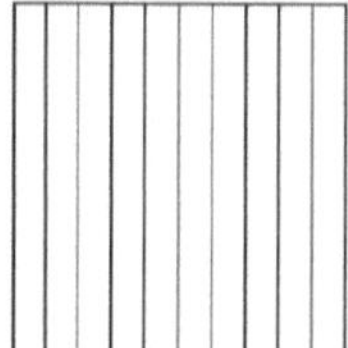

$2\frac{4}{10} = 2 + \frac{4}{10} = 2 + 0.4 = 2.4$

b. 3个和十分之八 = ________

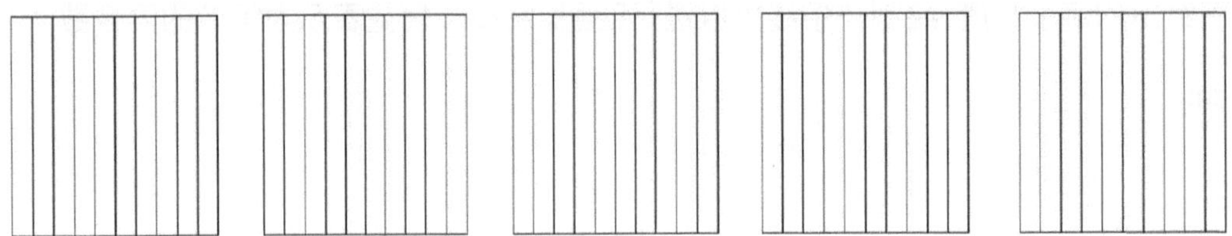

c. $4\frac{1}{10}$ = ________

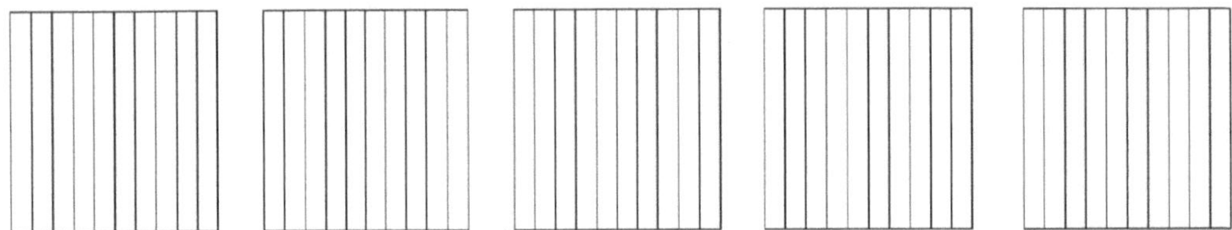

d. $1\frac{4}{10}$ = ________

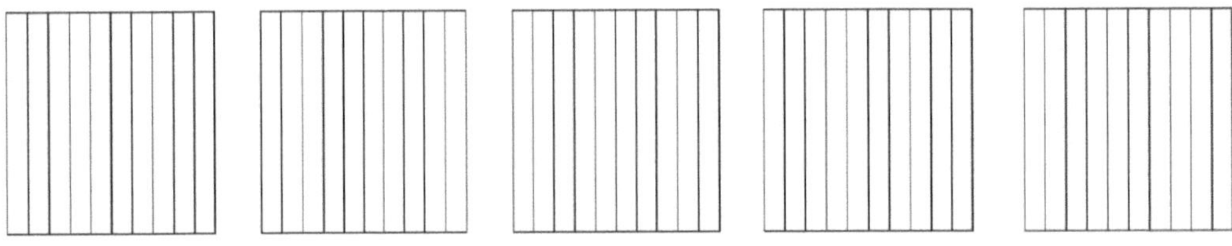

达到5还需要多少？ ____________

e. $\frac{33}{10}$ = ________

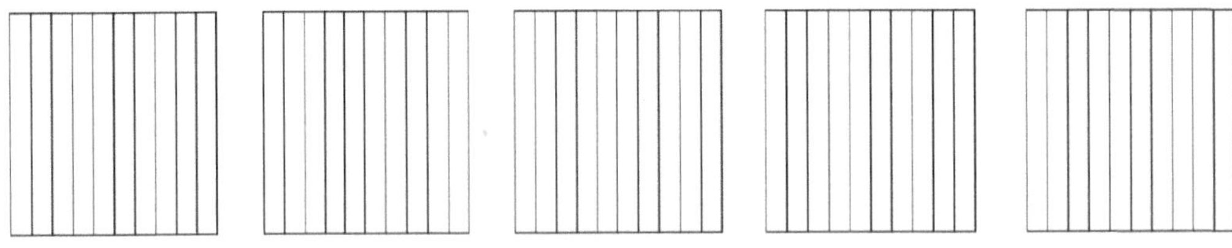

达到5还需要多少？ ____________

1. 圈出十分之几以使尽可能多。

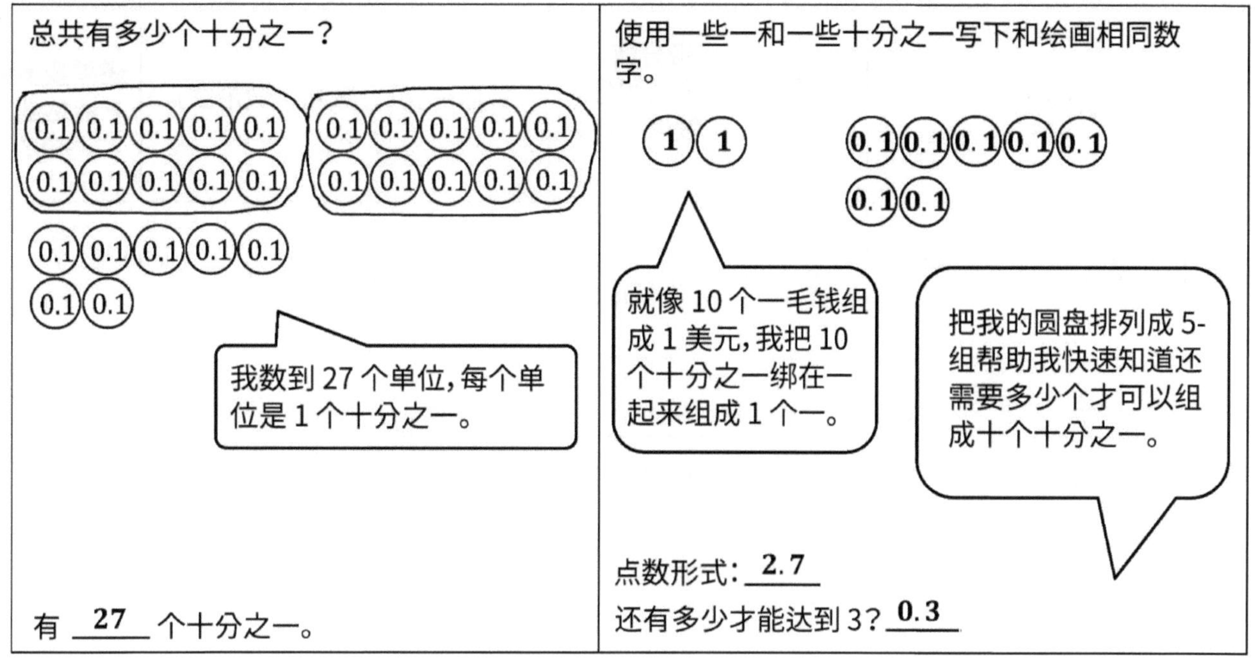

2. 绘制磁盘以表示 2 十 3 那些 5 十分之一使用十，一和十分之一。然后，以小数形式和十进制形式显示数字的扩展形式。

10 10 1 1 1 0.1 0.1 0.1 0.1 0.1

$$(2 \times 10) + (3 \times 1) + \left(5 \times \frac{1}{10}\right) = 23\frac{5}{10}$$

我为 $23\frac{5}{10}$ 里面每一个数字的数值写一个乘法表达式。

$$(2 \times 10) + (3 \times 1) + (5 \times 0.1) = 23.5$$

我可以用小数形式写。零点一是写 1 个十分之一的另一个方法。

3. 完成图表。

数字线	小数形式	带分数（个位和分数形式）	扩展形式（分数和小数形式）	还需要多少才能达到下一个？
19 ●(19.3) 20	**19.3**	$19\frac{3}{10}$	$(\mathbf{1} \times \mathbf{10}) + (\mathbf{9} \times \mathbf{1}) + \left(\mathbf{3} \times \frac{\mathbf{1}}{\mathbf{10}}\right)$	$\frac{\mathbf{7}}{\mathbf{10}}$

数字线被等分为 10 个等分。要找出端点，我问自己："$19\frac{3}{10}$ 在哪两个整数之间？"

姓名 ______________________________ 日期 ______________

1. 圈出十分之几以使尽可能多。

a. 总共有多少个十分之一

0.1 0.1 0.1 0.1 0.1 0.1 0.1 0.1 0.1
0.1 0.1 0.1 0.1 0.1

有 个十分 ________ 之一。

使用个位和十分之一写下和绘画相同数字。

小数形式：________

还需要多少才能达到 2？________

b. 总共有多少个十分之一？

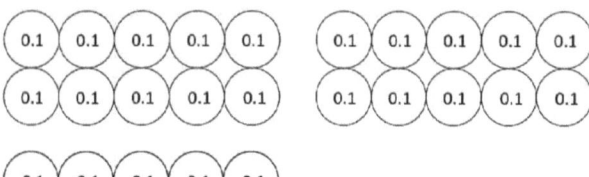

0.1 0.1 0.1 0.1 0.1 0.1 0.1 0.1 0.1 0.1
0.1 0.1 0.1 0.1 0.1 0.1 0.1 0.1 0.1 0.1
0.1 0.1 0.1 0.1 0.1

有 个十分 ________ 之一。

使用个位和十分之一写下和绘画相同数字。

小数形式：________

还有多少才能达到 3？______

2. 绘制磁盘以代表十，一和十分之一的数字。然后，以小数形式和小数形式显示数字的扩展形式，如图所示。第一个已经为您完成。

a. 3十4一3十分之一

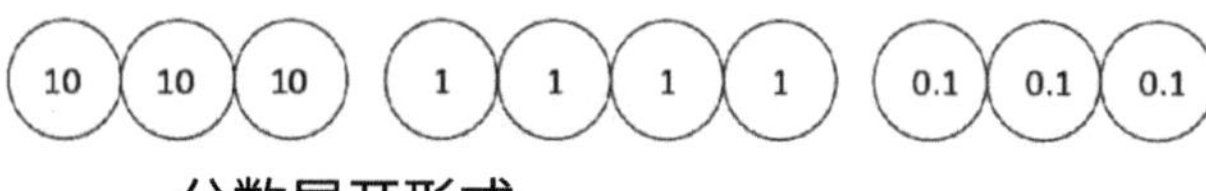

分数展开形式

$(3 \times 10) + (4 \times 1) + (3 \times \frac{1}{10}) = 34\frac{3}{10}$

小数展开形式

$(3 \times 10) + (4 \times 1) + (3 \times 0.1) = 34.3$

b. 5十3一7十分之一

c. 3十2—3十分之一	d. 8十4—8十分之一

3. 完成图表。

点	数轴	小数形成	混合数（一个和一个分数形式）	扩展形式（分数或十进制形成）	怎么样有很多到达下一个之一？
a.			$4\frac{6}{10}$		
b.	24 25				0.5
c.				$(6\times 10)+(3\times 1)+(6\times \frac{1}{10})$	
d.			$71\frac{3}{10}$		
e.				$(9\times 10)+(9\times 0.1)$	

1 米等于 100 厘米。当一米被分解为 10 等分，1 部分等于 $\frac{1}{10}$ 米或 10 厘米。

1米

1.

a. 阴影部分的长度是多少米的厘米？

40 厘米

一米的每一个十分之一要被分解为 10 个等分来显示 1 米中的所有 100 厘米。要代表 4 厘米，我要涂黑 100 个部分中的 4 个。

b. 米的百分之几是 4 厘米？

$\frac{4}{100}$ *meter*

c. 米的百分之几是 40 厘米？

$\frac{4}{10}$ *meter or* $\frac{40}{100}$ *meter*

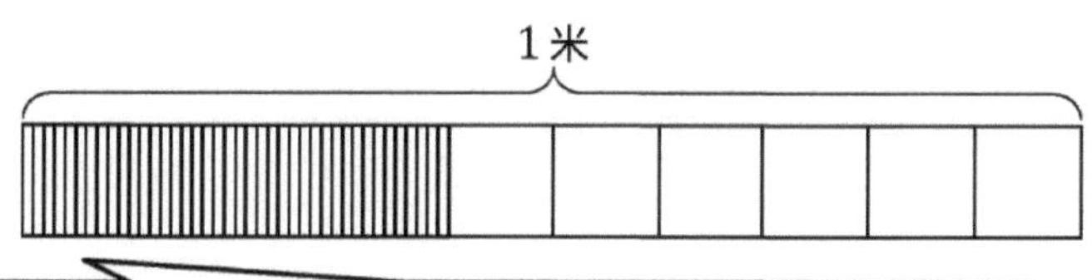

100 厘米中的 1 是 1 个百分之一厘米。

2. 填空。

$\frac{3}{10}\text{m} = \frac{30}{100}\text{m}$

3. 在量油尺上，按所示量遮盖阴影。然后，写出等效的十进制数。

$\frac{51}{100}$ **米 = 0.51 米**

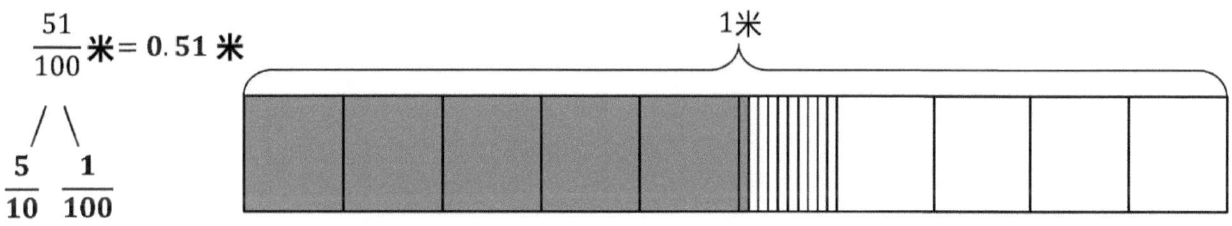

我涂黑一米的 5 个十分之一。把下一个十分之一米等分为 10 个相同部分后，我多涂黑 1 个百分之一米。

4. 画一个数字键，从百分之一中抽出十分之一。将总数写为等效的小数。

0.87

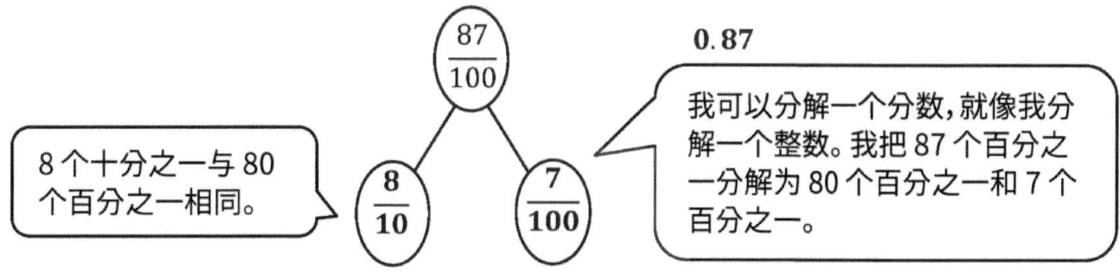

8 个十分之一与 80 个百分之一相同。

我可以分解一个分数，就像我分解一个整数。我把 87 个百分之一分解为 80 个百分之一和 7 个百分之一。

姓名 ______________________________　　日期 ______________

1. a. 阴影的长度是多少仪表的一部分固定在厘米？

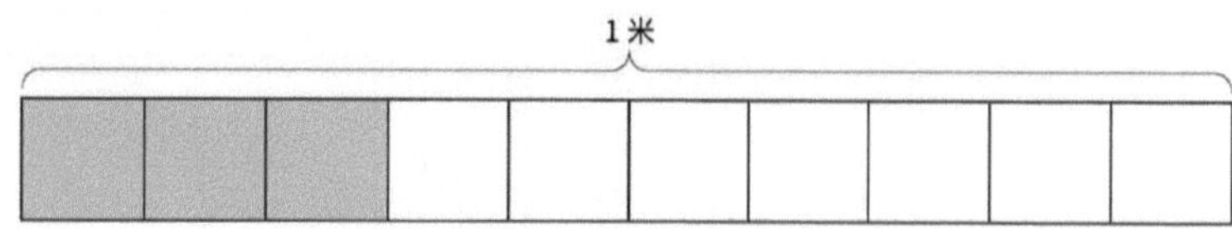

b. 3厘米是多少米？

c. 用小数形式表示长度仪表阴影部分的棒。

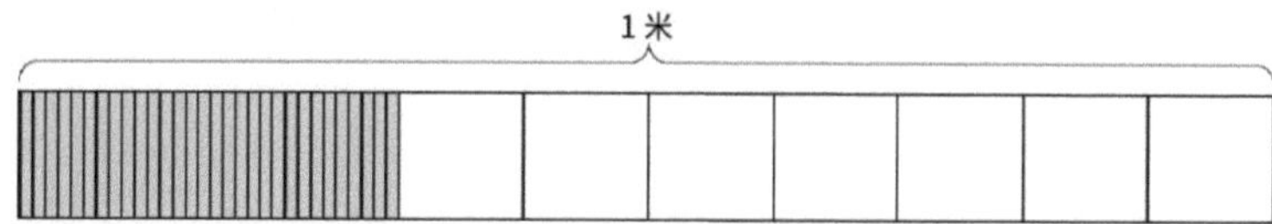

d. 用十进制形式表示量尺的阴影部分的长度。

e. 30厘米是多少米？

2. 填空。

a. 五分之一 = ____百分之一　　b. $\frac{5}{10}$ m = $\frac{\quad}{100}$ m　　c. $\frac{4}{10}$ m = $\frac{40}{\quad}$ m

3. 如图所示，使用模型添加阴影部分。写一个数字键，总数以十进制形式写，部分以分数形式写。第一个已经为您完成。

a.

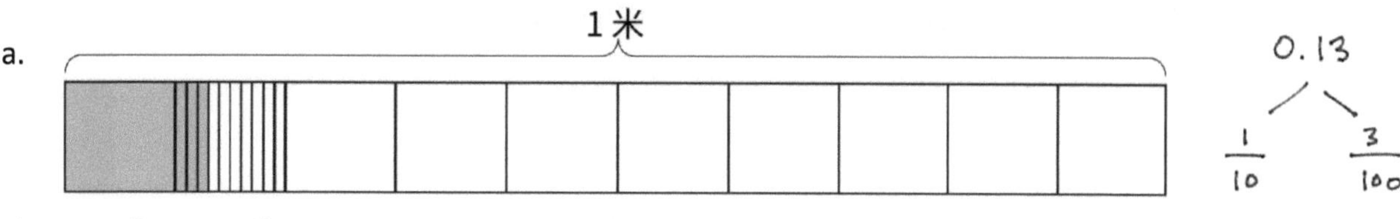

$\frac{1}{10}$米 + $\frac{3}{100}$米 = $\frac{13}{100}$米 = 0.13米

b.

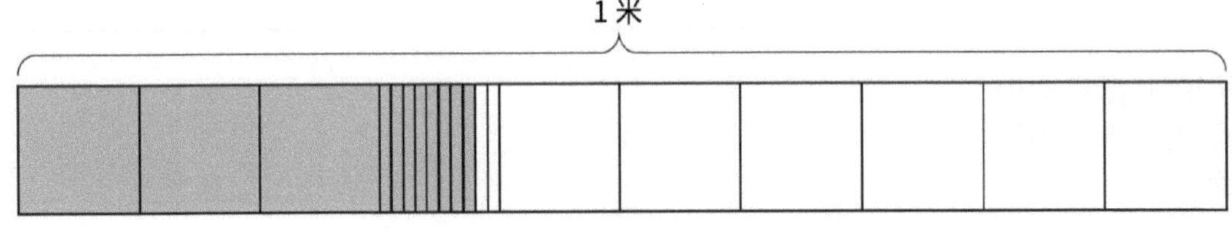

c.

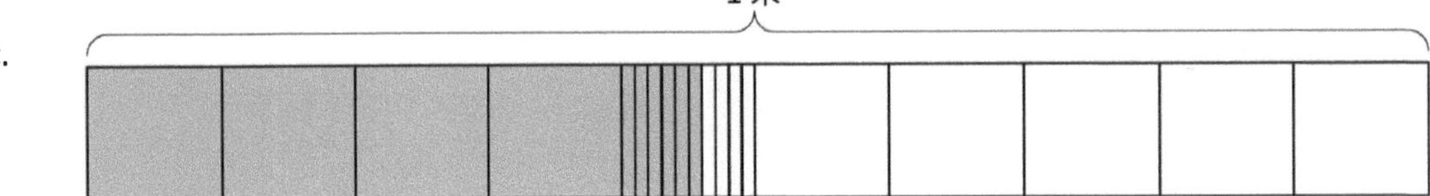

4. 在每个量尺上，以显示的数量遮盖阴影。然后，写出等效的十进制数。

a. 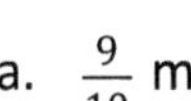 $\frac{9}{10}$ m

1 米

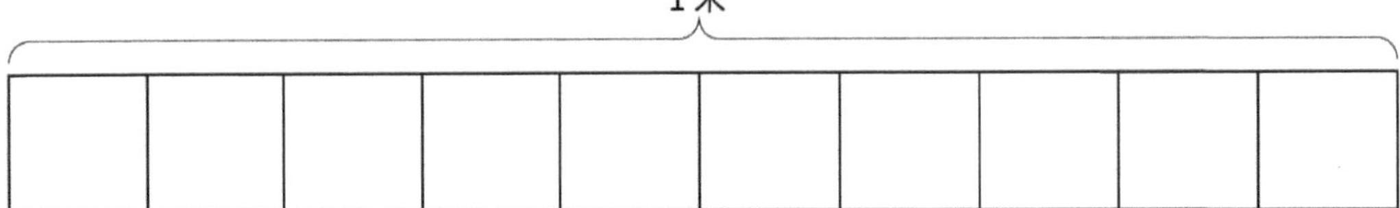

b. $\frac{15}{100}$ m

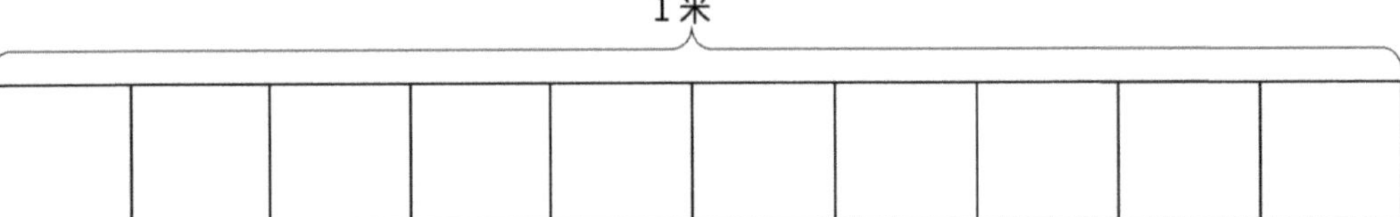

c. $\frac{41}{100}$ m

1 米

5. 画一个数字键，从百分之一中抽出十分之一，如作业中的问题3所示。将总数写为等效的小数。

a. $\frac{23}{100}$ m

b. $\frac{38}{100}$ m

c. $\frac{82}{100}$

d. $\frac{76}{100}$

1. 使用乘法或除法查找等效分数。阴影区域模型以显示等效性。将其记录为小数。

   a. $\frac{1 \times \mathbf{10}}{10 \times \mathbf{10}} = \frac{\mathbf{10}}{100}$

   我把十分之一的数目乘以 10 来得出百分之一的数目。

   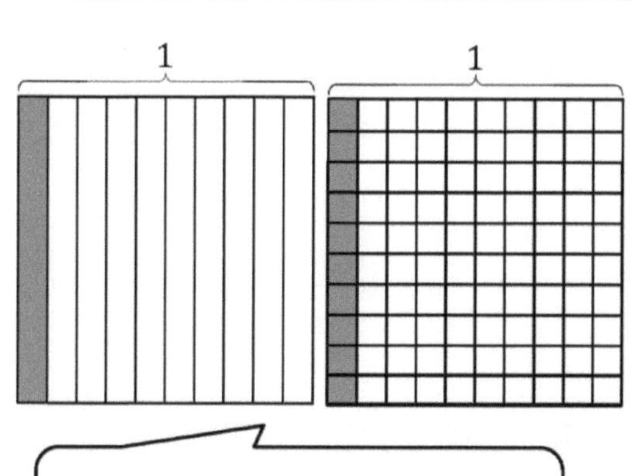

   百分之一比十分之一多 10倍。

   b. $\frac{70 \div \mathbf{10}}{100 \div \mathbf{10}} = \frac{\mathbf{7}}{10}$

   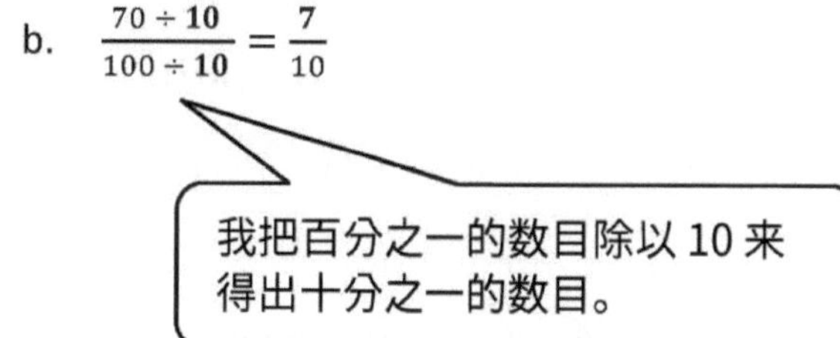

我把百分之一的数目除以 10 来得出十分之一的数目。

   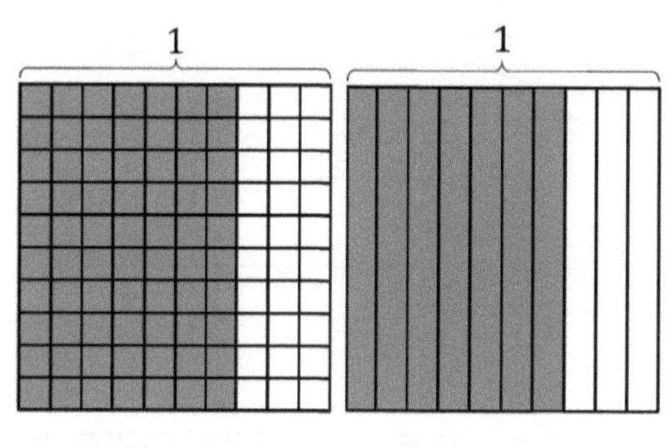

   $\frac{7}{10}$ 和 $\frac{70}{100}$ 是当量分数。

2. 完成算式。在面积模型上着色等效量，绘制水平线以成百分之一。

   a. 25个百分点 = **2** 十分之一 + **5** 百分之一

   b. 小数形式：**0.25**

   c. 分数形式：$\frac{25}{100}$

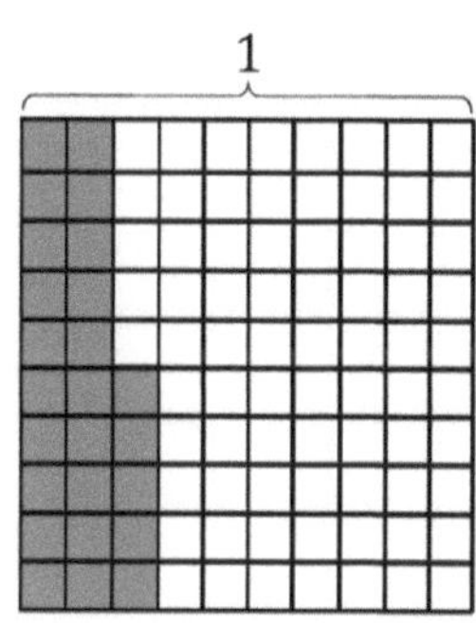

3. 圈出百分之一以组成尽可能多的十分之一。完成算式。用数字键代表组成。

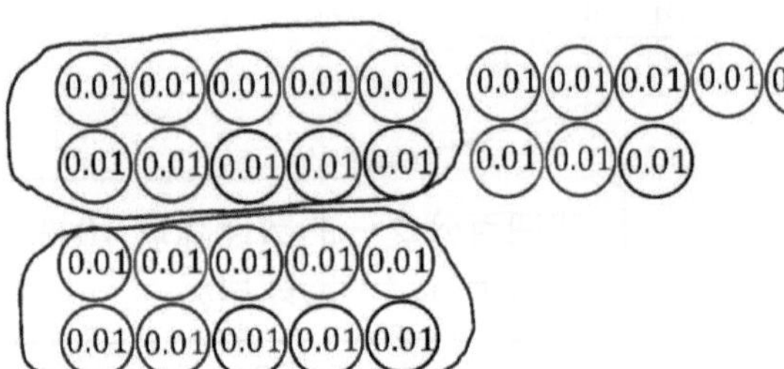

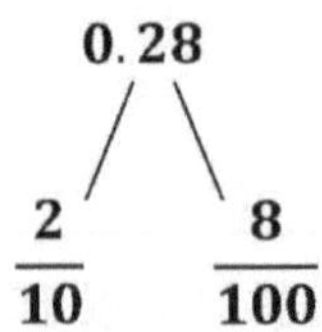

28 个百分之一 = **2** 个十分之一 + **8** 个百分之一

我建立 10 个百分之一来组成 1 个十分之一，因为 $\frac{1}{10}=\frac{10}{100}$。

4. 使用十分之一和百分之一百的位值磁盘来代表每个数字。用十进制，小数和单位形式写下等效数字。

a. $\frac{54}{100}=0.54$

0.1 0.1 0.1 0.1 0.1 0.01 0.01 0.01 0.01

54 百分之一

b. $\frac{60}{100}=\mathbf{0.60}$

0.1 0.1 0.1 0.1 0.1 0.1

60 百分之一

由于我知道 $\frac{6}{10}=\frac{60}{100}$，显示 6 个十分之一比显示 60 个百分之一容易。

姓名 ______________________ 日期 ______________

1. 使用乘法或除法查找等效分数。阴影区域模型以显示等效性。将其记录为小数。

a. $\frac{4\times}{10\times}=\frac{\quad}{100}$

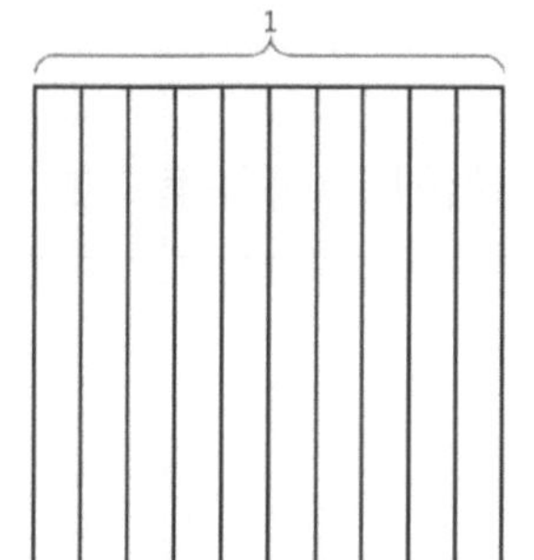

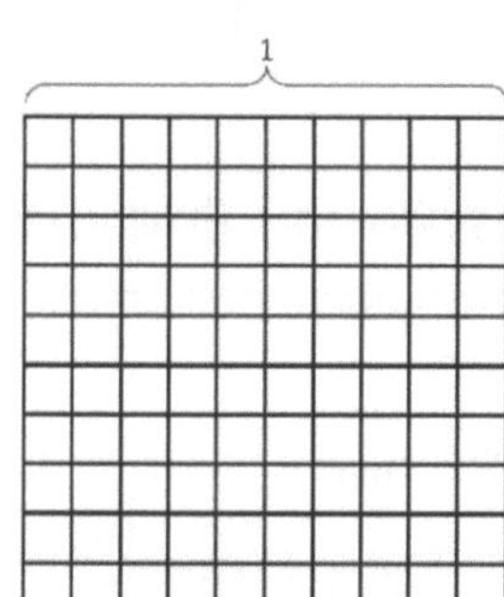

b. $\frac{60\div}{100\div}=\frac{\quad}{10}$

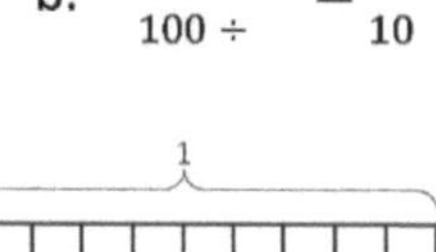

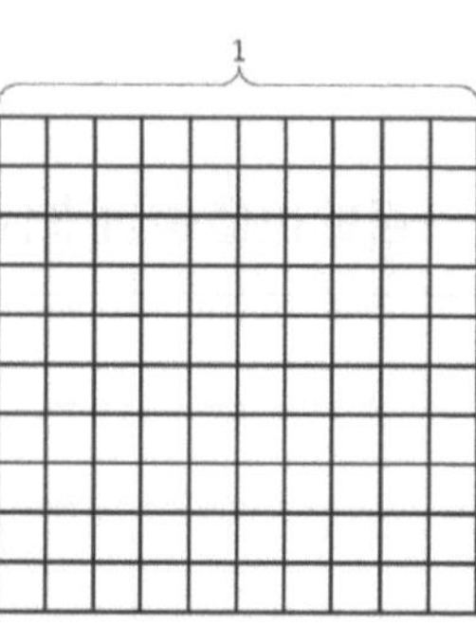

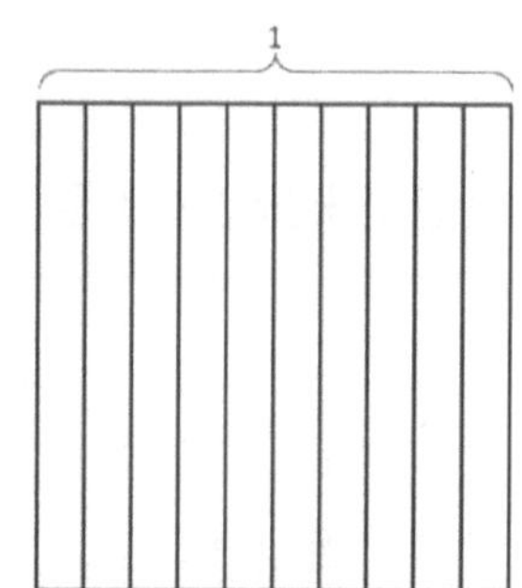

2. 完成算式。在面积模型上着色等效量，绘制水平线以成百分之一。

a. 36分 = _____ 十分之一 + _____ 百分之一

小数形式：________

分数形式：________

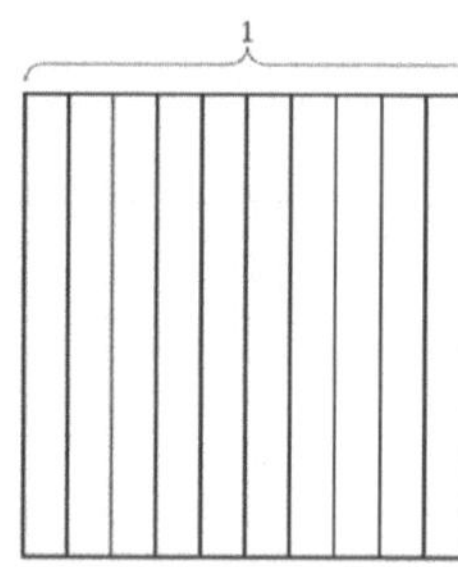

b. 82% = _____ 十分之一 + _____ 百分之一

小数形式：________

分数形式：________

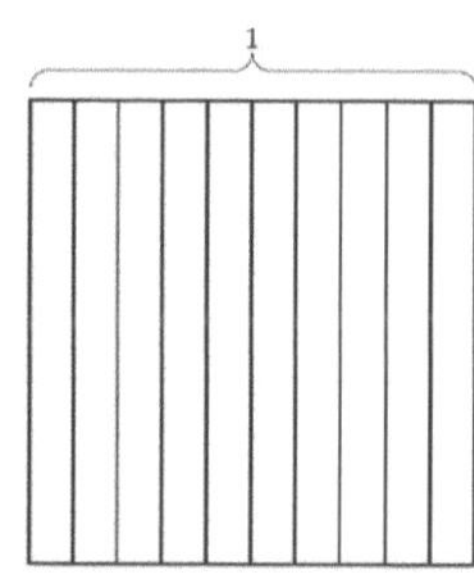

3. 圈出百分之一以组成尽可能多的十分之一。完成算式。如图所示，用数字键代表每个。

a. 0.01 0.01 0.01 0.01 0.01 0.01 0.01 0.01 0.01
0.01 0.01 0.01 0.01 0.01

0.14

$\frac{1}{10}$ $\frac{4}{100}$

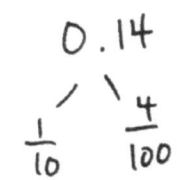

_____ 百分之一 = _____ 第十 + _____ 百分之一

b.

0.01 0.01 0.01 0.01 0.01 0.01 0.01 0.01 0.01
0.01 0.01 0.01 0.01 0.01

0.01 0.01 0.01 0.01 0.01
0.01 0.01 0.01 0.01 0.01

____个百分之一 =_____个十分之一 +_____个百分之一

4. 使用十分之一和百分之一百的位值磁盘来代表每个数字。用十进制，小数和单位形式写下等效数字。

a. $\frac{4}{100}$ = 0. ____ 百分之一	b. $\frac{13}{100}$ = 0. ____ 第十百分之一
c. —— = 0.41 百分之一	d. —— = 0.90 十分之一
e. —— = 0. ____ 十分之六	f. —— = 0. ____ 90分之一

1. 阴影区域模型以表示数字，绘制水平线以根据需要绘制百分之一。在数字线上找到相应的点。用点标记，并将混合数字记录为小数。

$3\frac{42}{100} = \underline{3.42}$

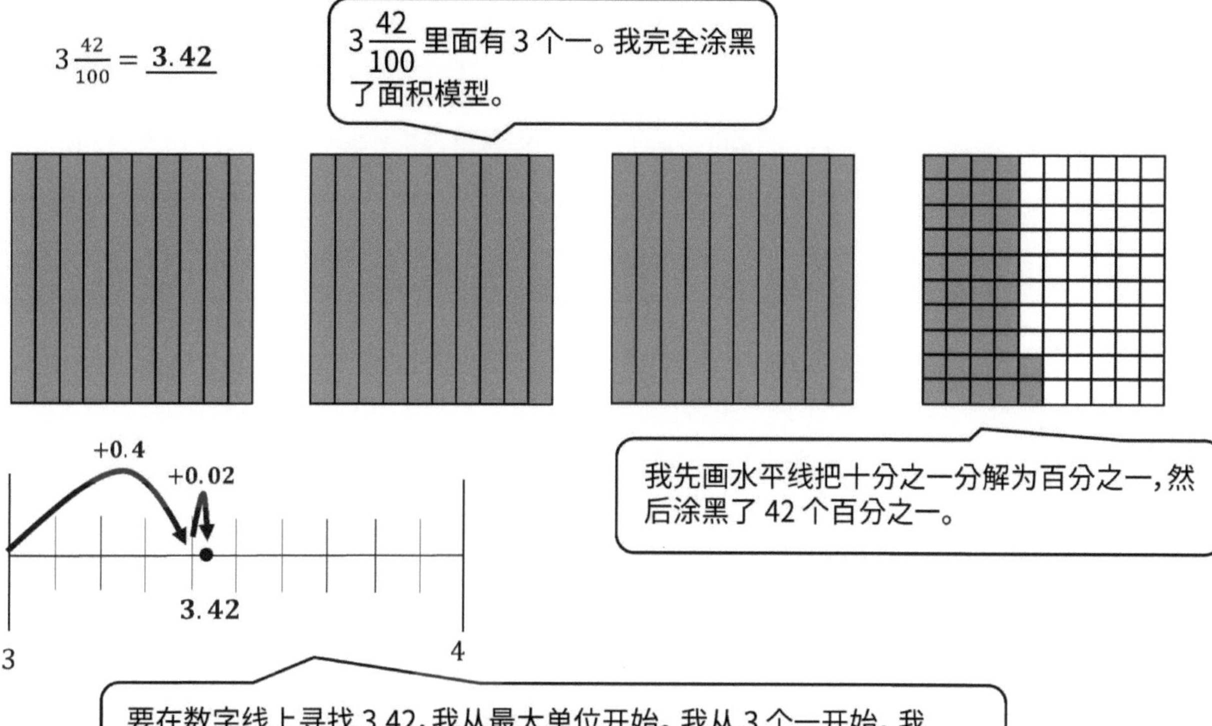

$3\frac{42}{100}$ 里面有 3 个一。我完全涂黑了面积模型。
+0.4
+0.02
3.42
3
4
我先画水平线把十分之一分解为百分之一，然后涂黑了 42 个百分之一。

要在数字线上寻找 3.42，我从最大单位开始。我从 3 个一开始。我滑动 4 个十分之一。然后，我估算 2 个百分之一应该在哪里。

2. 输入以下数字的等效分数和小数。

9 那些 7 百分之一

$9\frac{7}{100}$ 9.07

这个数字没有十分之一！我用零作为一个占位数来显示这一点。

要写下一个点数，我在个位和分数之间放一个小数点。

姓名 ________________________ 日期 ____________

1. 阴影区域模型以表示数字，绘制水平线以根据需要绘制百分之一。在数字线上找到相应的点。用点标记，并将混合数字记录为小数。

a. $2\frac{35}{100}$ = ___.___

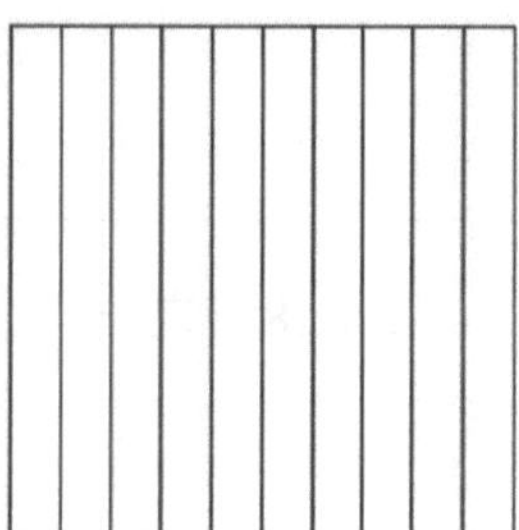
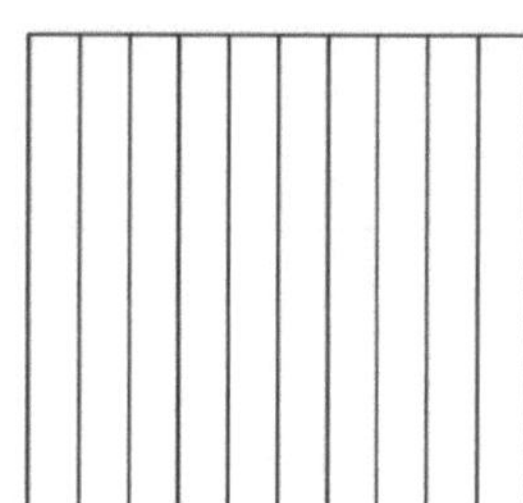
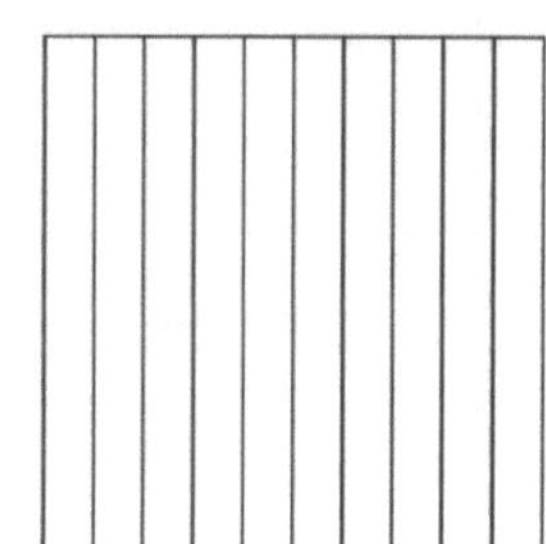

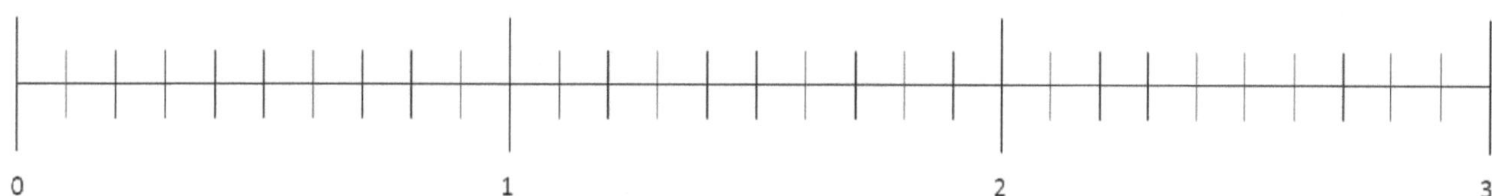

b. $3\frac{17}{100}$ = ___.___

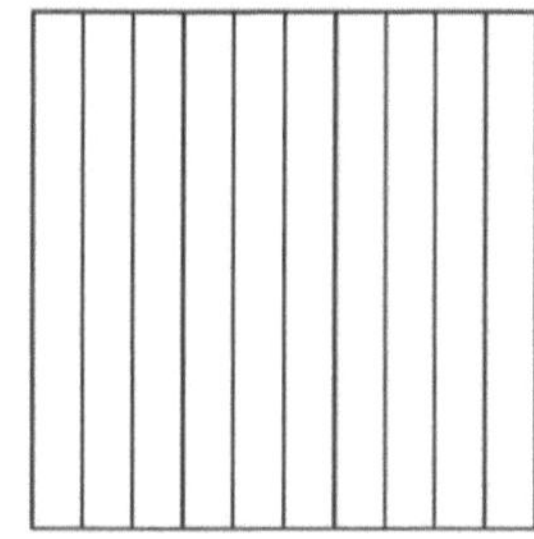
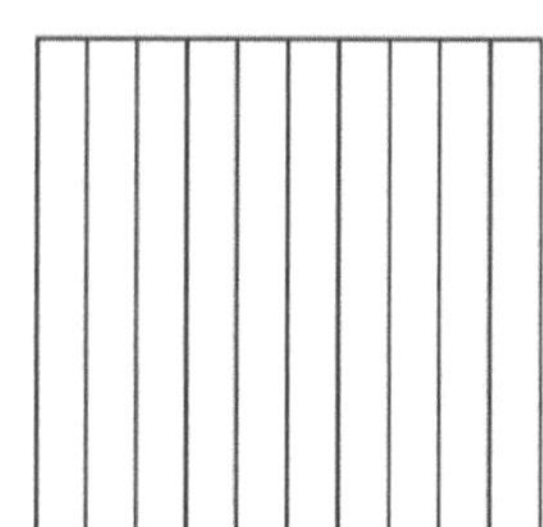
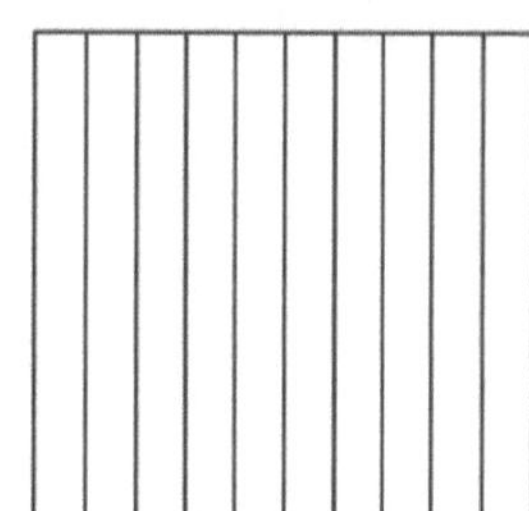
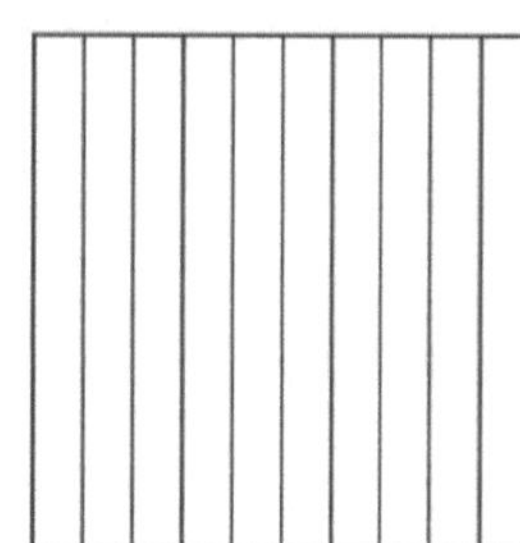

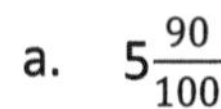

2. 估计以找到数字线上的点。

a. $5\frac{90}{100}$

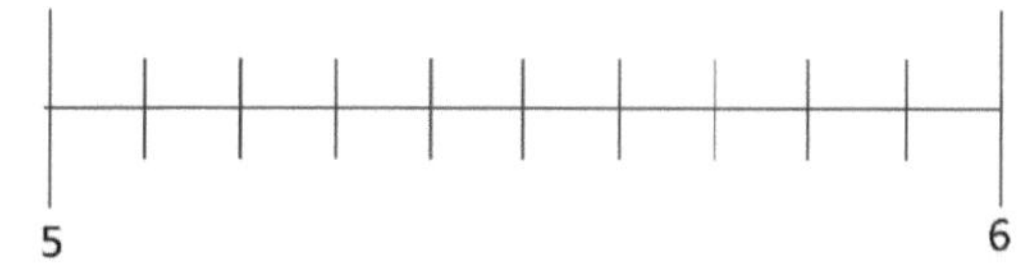

b. $3\frac{25}{100}$

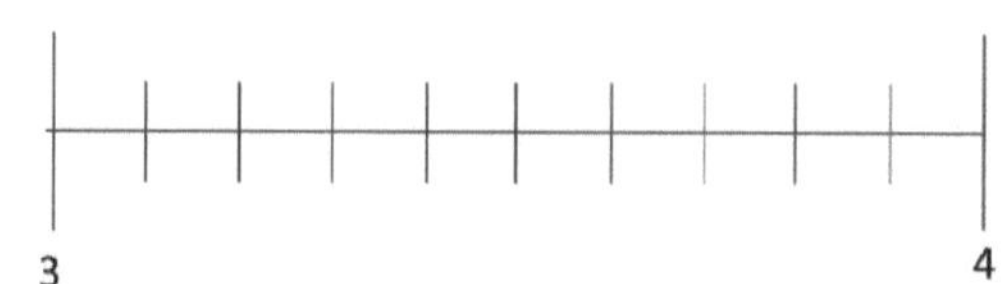

3. 为以下每个数字写下等效的分数和小数。

a. 2个2分之一	b. 2个百分之十六
c. 3个七分之一	d. 1 1 18分之一
e. 9个62分	f. 6个20分之一

4. 在点到点之间画线，以使十进制形式与单位形式和分数形式都匹配。所有单位形式和分数至少具有一个匹配项，而某些具有多个匹配项。

4个18分之一 ●	● 4.80 ●	● $4\frac{18}{100}$
4个八分之一 ●	● 4.8 ●	● 48
4个八十分之一 ●	● 4.18 ●	● $4\frac{8}{100}$
4 10 8 ●	● 4.08 ●	● $4\frac{80}{100}$
	● 48 ●	

1. 写一个十进制数的句子，以标识位值磁盘的总值。

(10)(10) (1) (0.1)(0.1)(0.1)(0.1)(0.1) (0.01)(0.01)(0.01)(0.01)

2 个十 1 个一 5 个十分之一 4 个百分之一

20 + **1** + **0.5** + **0.04** = **21.54**

我写出扩展形式。

2. 使用位置值图表来回答以下问题。以单位形式表示数字的值。

百	十	个	.	十分之一	百分位
3	5	1	.	8	2

a. 数字 **3** 在数百个地方。它的价值为 **3 几百**。

b. 数字 **5** 在十位。它的价值为 **5 十**。

我用单位形式写出 300 的数值。

3. 将小数写为等效分数。然后，使用十进制和小数表示法以扩展形式写数字。

点数和分数形式	扩展形式	
	分数符号	点数符号
$27.03 = \mathbf{27\frac{3}{100}}$	$\mathbf{(2 \times 10) + (7 \times 1) + \left(3 \times \frac{1}{100}\right)}$ $\mathbf{20 + 7 + \frac{3}{100}}$	$\mathbf{(2 \times 10) + (7 \times 1) + (3 \times 0.01)}$ $\mathbf{20 + 7 + 0.03}$
$400.80 = \mathbf{400\frac{80}{100}}$	$\mathbf{(4 \times 100) + \left(8 \times \frac{1}{10}\right)}$ $\mathbf{400 + \frac{8}{10}}$	$\mathbf{(4 \times 100) + (8 \times 0.1)}$ $\mathbf{400 + 0.8}$

这个数字有很多零！我在表达式中把百分之一位和十分之一位的一些数字显示为加数。

扩展形式有两种写法。我使用括号展示每一个数位的价值为什么是一个基础十单位的倍数（例如：4 x 100）。或者，我展示每一个数位的数值（例如：400）。

姓名 ______________________ 日期 ______________

1. 写一个十进制数的句子，以标识位值磁盘的总值。

a. (10) (10) (10) (0.1) (0.1) (0.1) (0.1) (0.01) (0.01)

3个十 4个十分之一 2个百分之一

_______ + _______ + _______ = _______

b. (100) (100) (100) (100) (0.01) (0.01) (0.01)

4个百 3个百分之一

_______ + _______ = _______

2. 使用位置值图表来回答以下问题。以单位形式表示数字的值。

百	十	个	.	十分之一	百分位
8	2	7		6	4

a. 数字在数百个地方。它的价值为 ______________。

b. 数字在十位。它的价值为 ______________。

c. 数字在第十位。它的价值为 ______________。

d. 数字在百分之一的地方。它的价值为 ______________。

百	十	个	.	十分之一	百分位
3	4	5		1	9

e. 数字在数百个地方。它的价值为 ______________。

f. 数字在十位。它的价值为 ______________。

g. 数字在第十位。它的价值为 ______________。

h. 数字在百分之一的地方。它的价值为 ______________。

3. 将每个十进制数写成等效分数。然后，使用十进制和小数表示法以扩展形式写入每个数字。第一个已经为您完成。

小数和分数形式	扩展形式	
	分数符号	十进制表示法
$14.23 = 14\frac{23}{100}$	$(1 \times 10) + (4 \times 1) + (2 \times \frac{1}{10}) + (3 \times \frac{1}{100})$ $10 + 4 + \frac{2}{10} + \frac{3}{100}$	$(1 \times 10) + (4 \times 1) + (2 \times 0.1) + (3 \times 0.01)$ $10 + 4 + 0.2 + 0.03$
25.3 = ______		
39.07 = ______		
40.6 = ______		
208.90 = ______		
510.07 = ______		
900.09 = ______		

1. 使用面积模型来表示 $\frac{140}{100}$。完成数字句子。

$\frac{140}{100}$ = **14** 十分之一 = **1** 之一 4 十分之一 = **1.4**

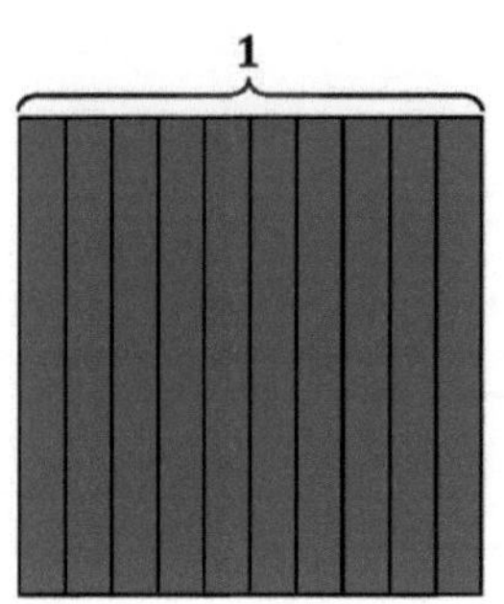

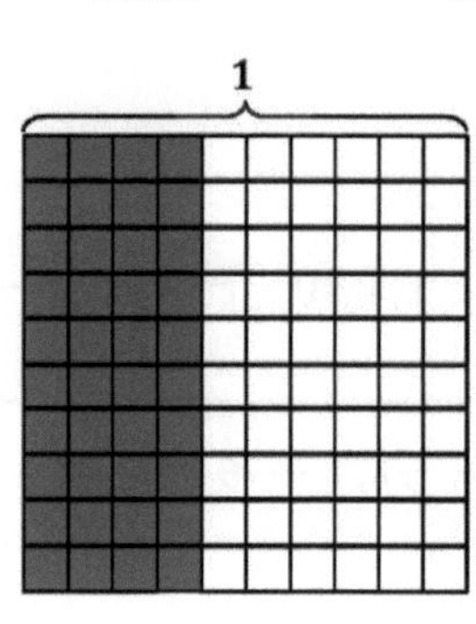

我可以画水平线来展示百分之一。1 个一等于 10 个十分之一或 100 个百分之一。4 个十等于 40 个百分之一。

我涂黑了 14 个十分之一。我的模型显示 14 个十分之一等于 1 个一和 4 个十分之一。

2. 绘制位置值磁盘以表示以下分解：

2 十分之一 3 百分之一 = 23 百分之一

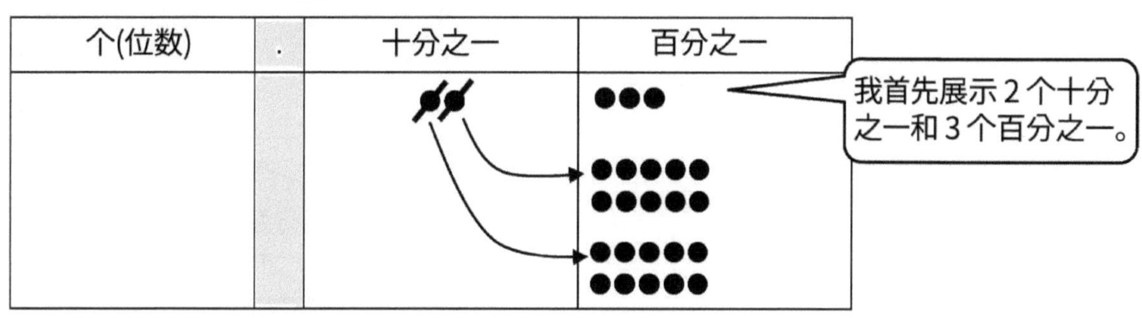

个(位数)
.
十分之一
百分之一
我首先展示 2 个十分之一和 3 个百分之一。

我把 2 个十分之一分解为 20 个百分之一。

3. 分解单位以将每个数字表示为十分之一。

   a. 1个 。3 = **13** 十分之一　　　b. 18 。3 = **183** 十分之一

4. 分解单位以将每个数字表示为百分之一。

   a. 1.3 = **130** 个百分之一　　　b. 18.3 = **1,830** 个百分之一

我注意到一个规律！百分之一比十分之一多 10 倍。

5. 完成图表。

小数	带分数	十分之一	百分之一
8.2	$8\frac{2}{10}$	82 个十分之一 $\frac{82}{10}$	820 个百分之一 $\frac{820}{100}$

我用分数和单位形式写出十分之一和百分之一。

姓名 ______________________ 日期 ______________

1. 使用面积模型来表示 $\frac{220}{100}$。完成数字句子。

 a. $\frac{220}{100}$ = _____十分之一 = _____ 那些十分之一 = _____。

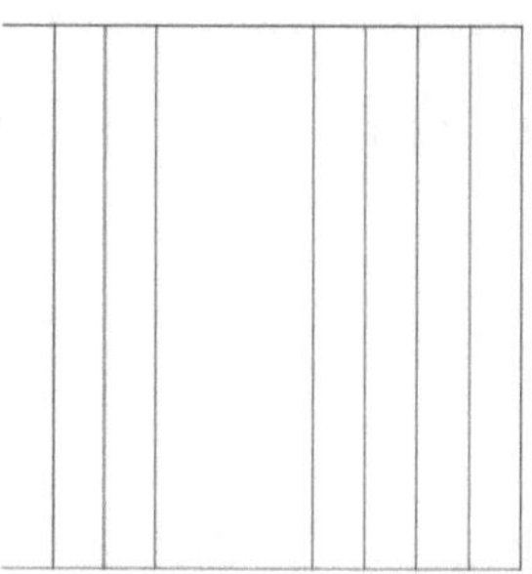
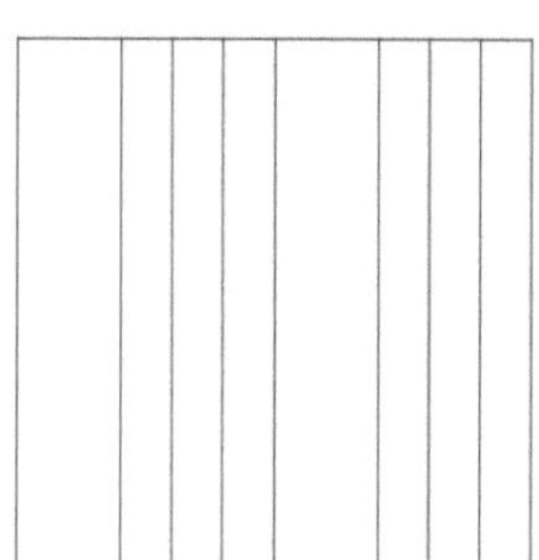
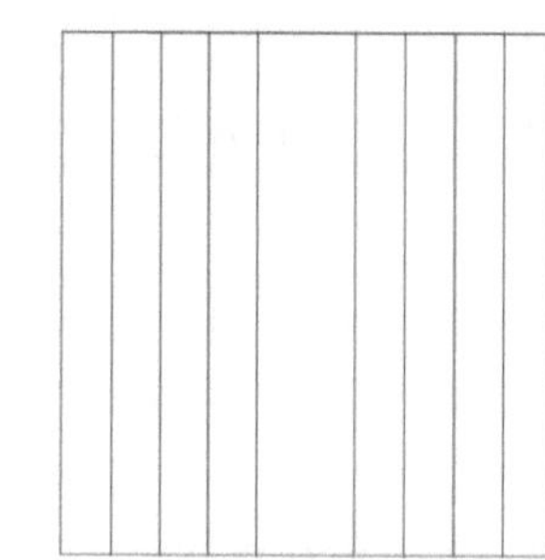

 b. 在下面的空白处，说明如何确定对(a)部分的答案。

2. 绘制位置值磁盘以表示以下分解：

3个 = _______ 十分之一

个	.	十分之一	百分位

十分之三 = _______ 百分之一

个	.	十分之一	百分位

2个三十分之一 = ____十分之一

个	.	十分之一	百分位

3分之三3分之三 = ____百分之一

个	.	十分之一	百分位

3. 分解单位以将每个数字表示为十分之一。

a. 1个 = ____ 十分之一

b. 2 = ____ 十分之一

c. 1.3 = ____ 十分之一

d. 2.6 = ____ 十分之一

e. 10.3 = ____ 十分之一

f. 20.6 = ____ 十分之一

4. 分解单位以将每个数字表示为百分之一。

a. 1个 = ____ 百分之一

b. 2 = ____百分之一

c. 1.3 = ____ 百分之一

d. 2.6 = ____ 百分之一

e. 10.3 = ____ 百分之一

f. 20.6 = ____ 百分之一

5. 完成图表。第一个已经为您完成。

小数	混合数字	十分位	百分位
4.1	$4\frac{1}{10}$	41个十分之一 $\frac{41}{10}$	410□ $\frac{410}{100}$
5.3			
9.7			
10.9			
68.5			

1. 用十进制形式表示阴影部分的长度。写一个比较两个长度的句子。使用表达式比。。。短要么长于用你的句子

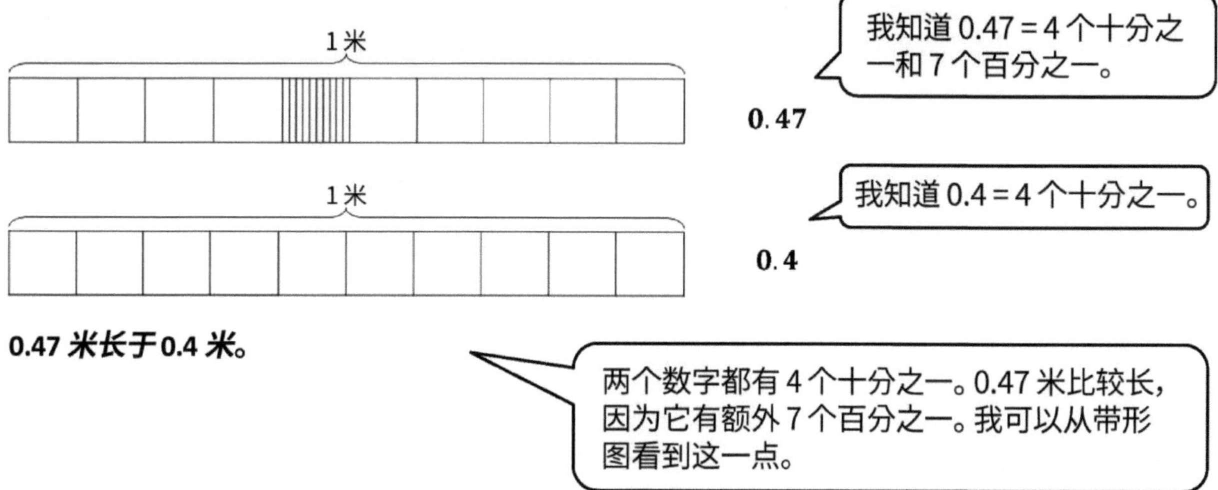

0.47 米长于0.4 米。

两个数字都有 4 个十分之一。0.47 米比较长，因为它有额外 7 个百分之一。我可以从带形图看到这一点。

2. 如下图所示，以1公斤为单位检查每个项目的质量。在项目上放一个X 比香蕉轻。

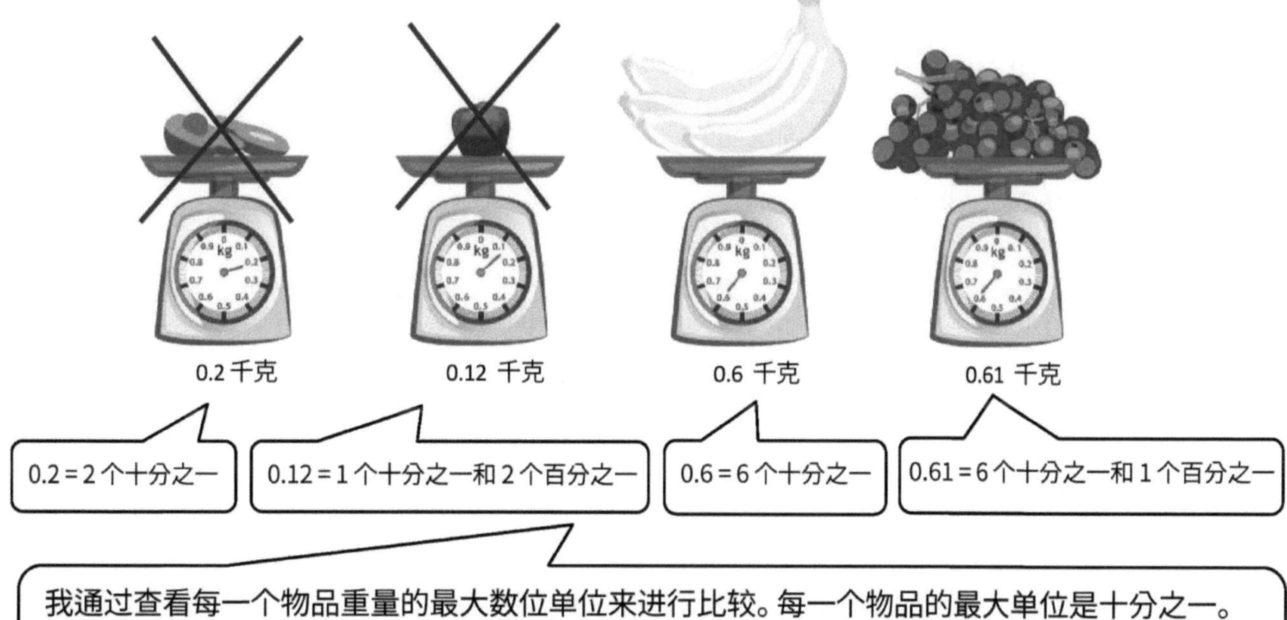

我通过查看每一个物品重量的最大数位单位来进行比较。每一个物品的最大单位是十分之一。鳄梨和苹果的十分之一比香蕉少。葡萄有相同的十分之一数量，但也有多 1 个百分之一。葡萄比香蕉重。

3. 在下面的位置值图表上记录每个量筒中的水量。

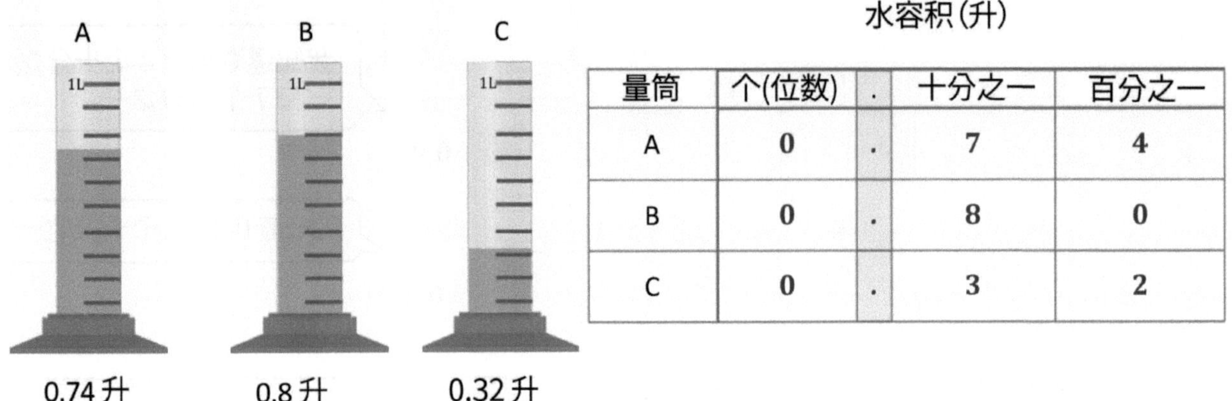

水容积(升)

量筒	个(位数)	.	十分之一	百分之一
A	0	.	7	4
B	0	.	8	0
C	0	.	3	2

用 >、< 比较数值，或

a. 0.74升 __>__ 0.32升

b. 0.32升 __<__ 0.8升

c. 0.8升 __>__ 0.74升

我查看这些图画和完成的表格来帮助我比较数值。十分之一是每一个数字的最大单位，所以我可以比较每一个数字的十分之一数量来判断哪一个较大和哪一个较小。

d. 从最小到最大，写出每一个量筒里面的水容积。

0.32升, 0.74升, 0.8升

姓名 ______________________ 日期 ______________

1. 用十进制形式表示阴影部分的长度。写一个比较两者的句子长度。使用表达式比。。。短要么长于用你的句子

a.

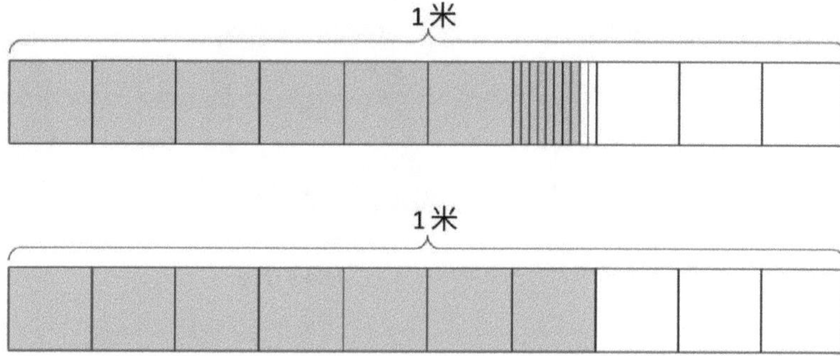

b.

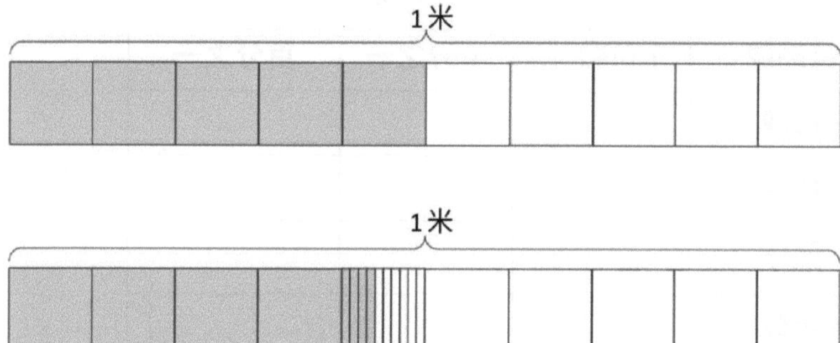

c. 列出所有四个长度(从最小到最大)。

2. a 如下图所示，以1公斤为单位检查每个项目的质量。在比排球重的物品上加上X

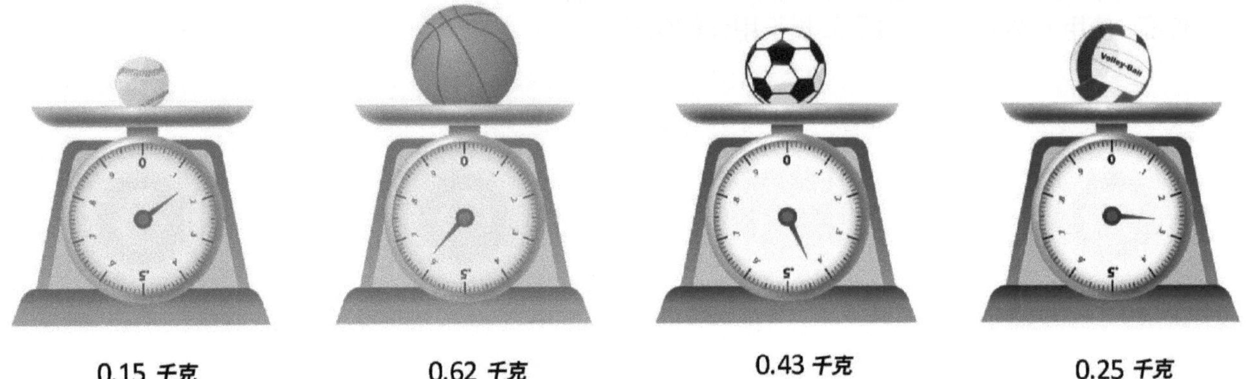

b. 在位置值图表上表示每个项目的质量。

运动球的质量（千克）

运动球	个位数	.	十分之一	百分之一
棒球				
排球				
篮球				
足球				

c. 使用以下文字填写以下声明比...更重要么比什么轻，明亮在您的陈述中。

足球是棒球。

排球是篮球。

3. 在下面的位置值图表上记录每个量筒中的水量。

A	B	C	D	E	F
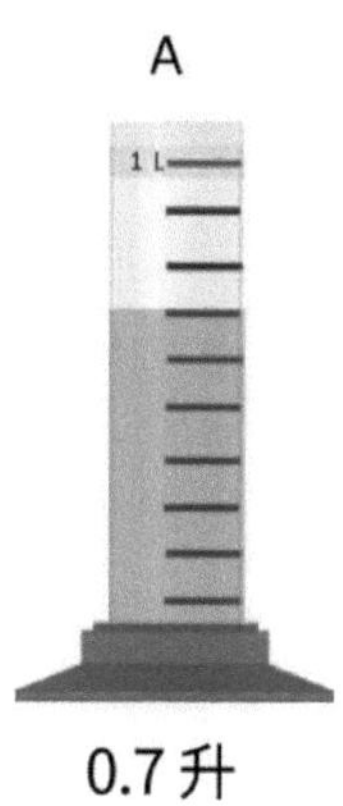	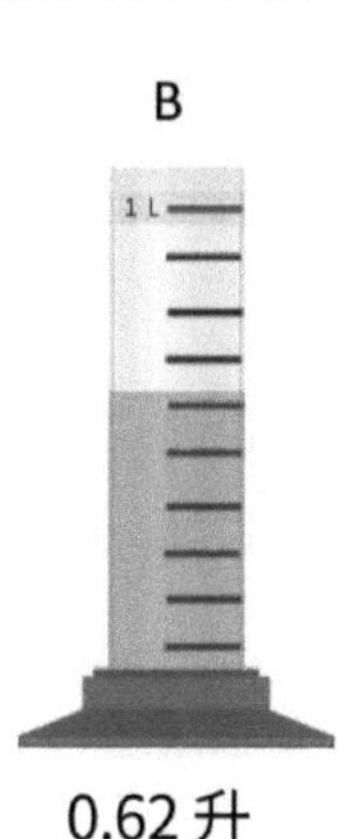	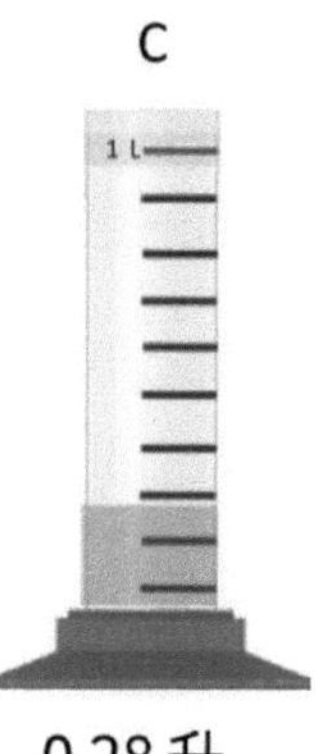	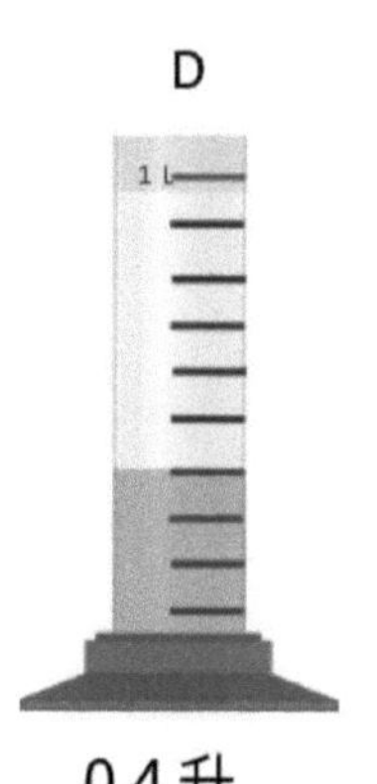	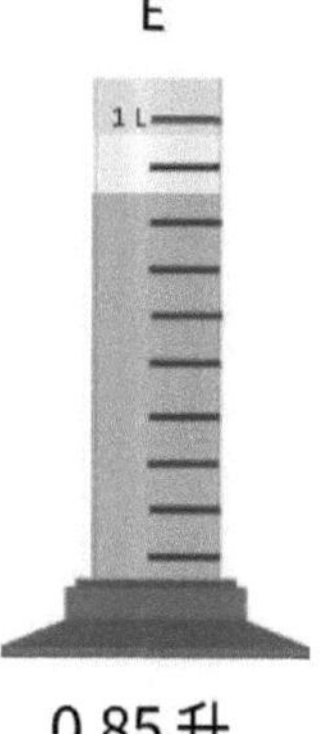	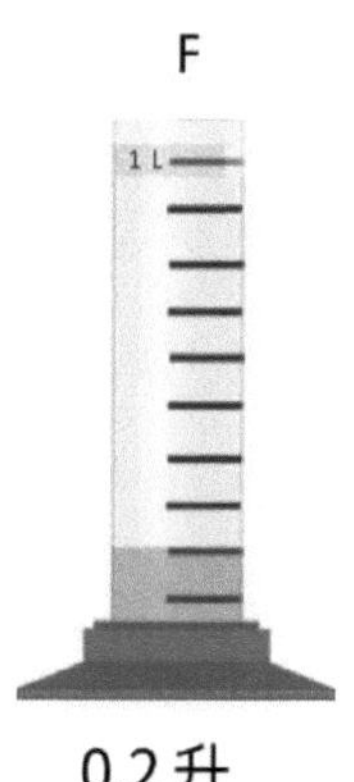
0.7 升	0.62 升	0.28 升	0.4 升	0.85 升	0.2 升

水量（升）

圆柱体	个	.	十分之一	百分位
A				
B				
C				
D				
E				
F				

使用比较值 >，<，要么 = 。

a. 0.4 L _____ 0.2 L

b. 0.62 L _____ 0.7 L

c. 0.2 L _____ 0.28 L

d. 写出每个水的量量筒从最小到最棒的

1. 遮蔽下面的区域模型，根据需要分解十分之几，以表示十进制数对。填写空白 < ， > ，要么 = 比较十进制数字。

0.4 __>__ 0.37

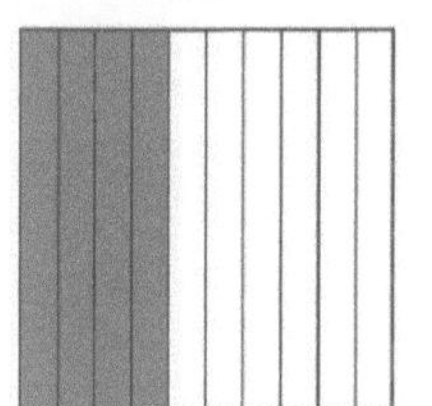

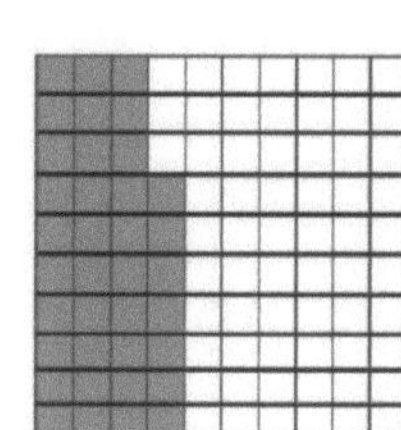

首先，我认为"37 大于 4"。但我记得这些数字的单位必须相同才可以 4 个十分之一等于 40 个百分之一，而 40 个百分之一大于 37 个百分之一。

2. 找到并标记数字行上每个十进制数字的点。填写空白 < ， > ，要么 = 比较十进制数字。

11.02 __<__ 11.21

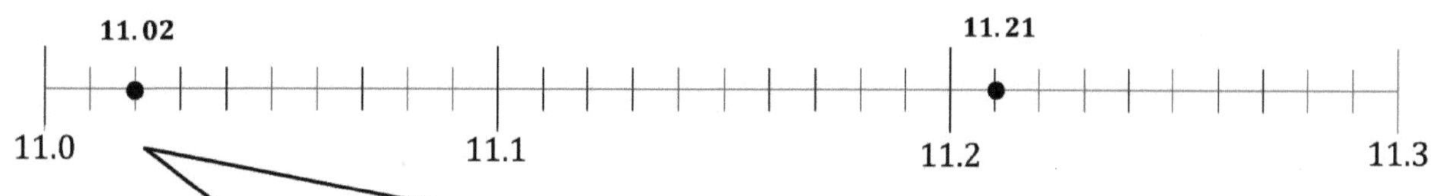

每一个刻度代表 1 个百分之一。11.0 等于 11 和 0 个百分之一。11.02 等于 11 和 2 个百分之一。11.21 等于 11 和 21 个百分之一。我用这个信息帮助我寻找和标签点号。

3. 使用符号 < ， > ，要么 = 比较。

1.7 __>__ 1.17

我知道 1.7 大于 1.17，因为 1.7 = 1.70 而 1.70 > 1.17。

4. 使用符号 < ， > ，要么 = 比较。根据需要使用图片来解决。

47 个十分之一 __>__ 4.6

我把 47 个十分之一重新命名为 4 和 7 个十分之一。
4.7 > 4.6

姓名 ________________________________ 日期 ____________________

1. 遮盖下面区域模型的各个部分，根据需要分解十分之一，以表示成对的十进制数。填写空白 < ， > ，要么 = 比较十进制数字。

a. 0.19 ________ 0.3

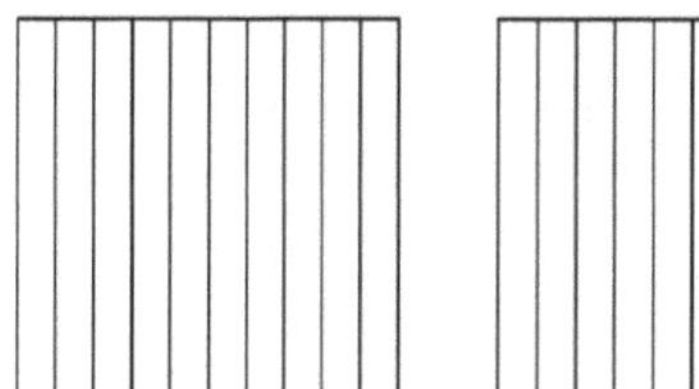

b. 0.6 ________ 0.06

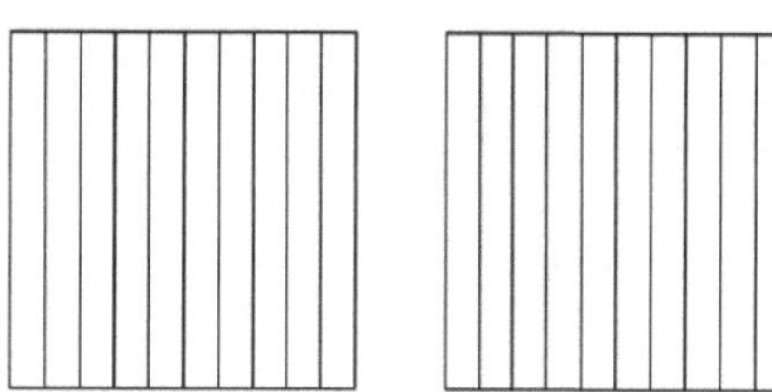

c. 1.8 ________ 1.53

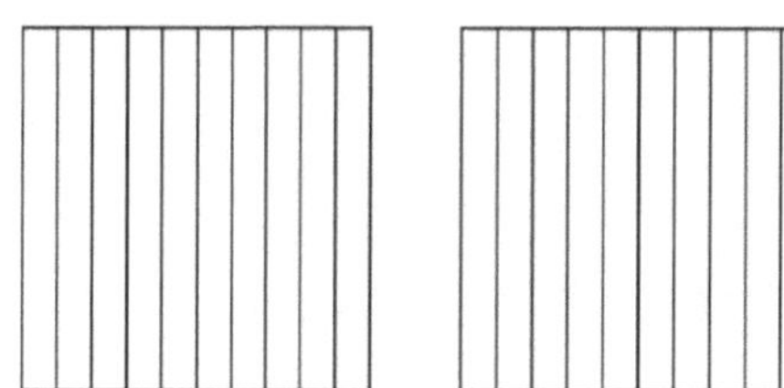

d. 0.38 ________ 0.7

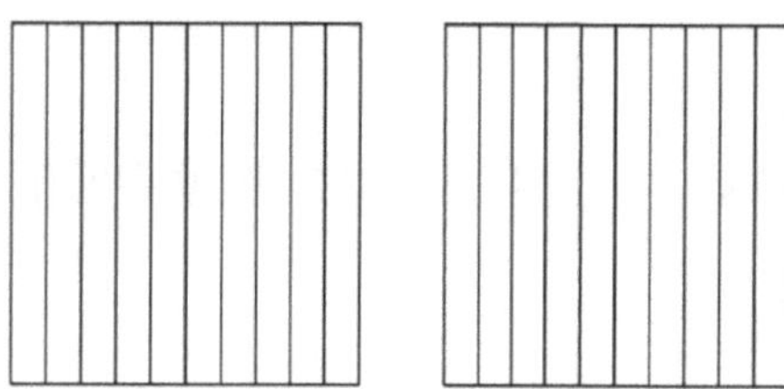

2. 找到并标记数字行上每个十进制数字的点。
填写空白 < ， > ，要么 = 比较十进制数字。

a. 7.2 ________ 7.02

b. 18.19 ________ 18.3

3. 使用符号 < ， > ，要么 = 比较。

a. 2.68 ________ 2.54

b. 6.37 ________ 6.73

c. 9.28 ________ 7.28

d. 3.02 ________ 3.2

e. 13.1 ________ 13.10

f. 5.8 ________ 5.92

4. 使用符号 < ， > ，要么 = 比较。根据需要使用图片来解决。

a. 57分之十 5.7

b. 6.2 六分之一和百分之二

c. 33个十分之一 33%

d. 8.39 ________ $8\frac{39}{10}$

e. $\frac{236}{100}$ ________ 2.36

f. 十分之三 22%

1. 在数字线上绘制以下点。

$1.56, 1\frac{6}{10}, \frac{163}{100}, \frac{17}{10}$, 1.62, 1 个一和 75 个百分之一。

$1\frac{56}{100}$ $1\frac{60}{100}$ $1\frac{63}{100}$ $1\frac{70}{100}$ $1\frac{62}{100}$ $1\frac{75}{100}$

我把所有这些数字重新命名为相同单位的分数--而相同单位是百分之一。我知道每一个刻度代表 1 个百分之一。

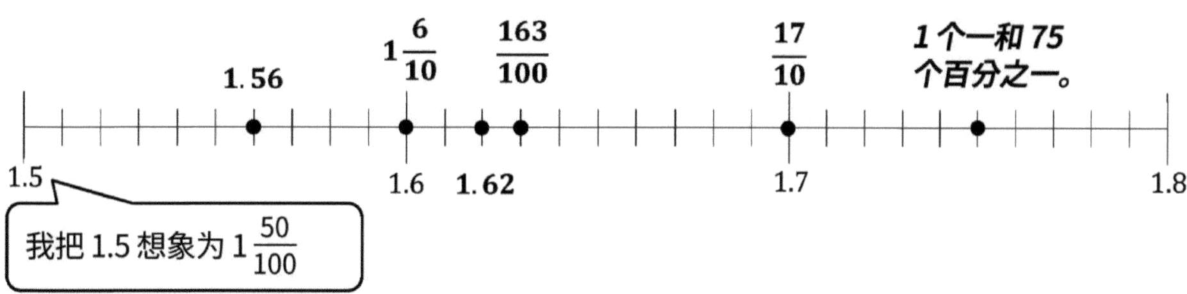

我把 1.5 想象为 $1\frac{50}{100}$

2. 使用十进制形式按从大到小的顺序排列以下数字。使用 > 每个数字之间的符号。

7 个一和 23 个百分之一, $\frac{725}{100}$, 7.4, $7\frac{52}{100}$, $8\frac{2}{10}$, $7\frac{4}{100}$

$8.2 > 7.52 > 7.4 > 7.25 > 7.23 > 7.04$

我把所有数字重新命名为小数形式。为了帮助我排列数字，我把 $8\frac{2}{10}$ 想象为 8.20，把 7.4 想象为 7.40。

3. 在跳蛙比赛中，玛丽的青蛙跳了起来 1.04 米。凯利的青蛙跳了起来 1.4 米和卡特里娜飓风青蛙跳 1.14 米。谁的青蛙跳得最远？谁的青蛙跳得最短距离？

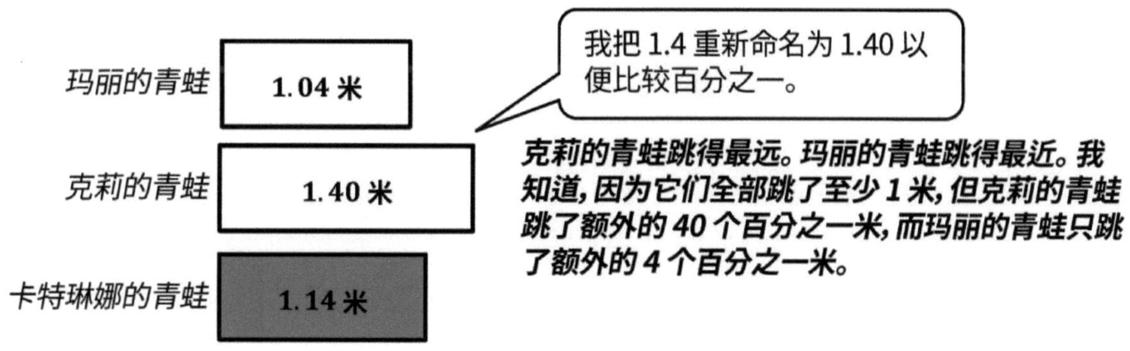

我把 1.4 重新命名为 1.40 以便比较百分之一。

克莉的青蛙跳得最远。玛丽的青蛙跳得最近。我知道，因为它们全部跳了至少 1 米，但克莉的青蛙跳了额外的 40 个百分之一米，而玛丽的青蛙只跳了额外的 4 个百分之一米。

姓名 ________________________ 日期 ____________

1. 使用小数形式在数字行上绘制以下点。

a. 0.6, $\frac{5}{10}$, 0.76, $\frac{79}{100}$, 0.53, $\frac{67}{100}$

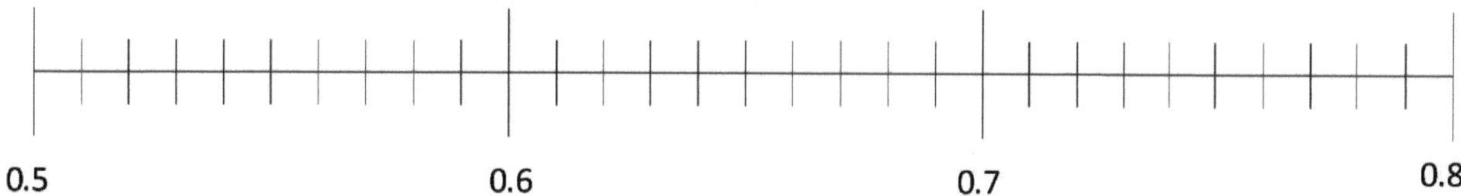

b. 8个和百分之十五 $\frac{832}{100}$, 8$\frac{27}{100}$, $\frac{82}{10}$, 8.1

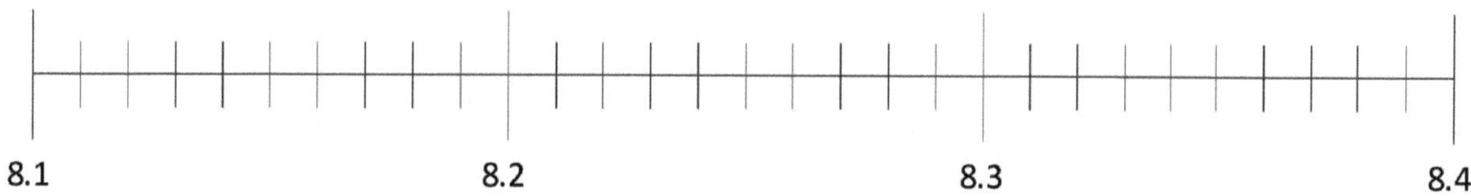

c. 13$\frac{12}{100}$, $\frac{130}{10}$,13和十分之三,13.21，13$\frac{3}{100}$

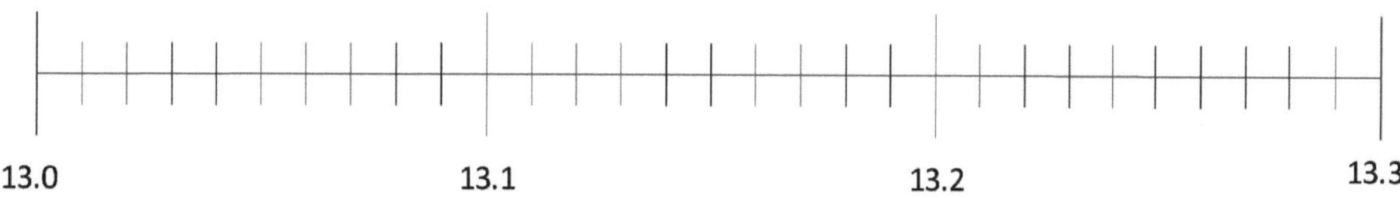

2. 使用十进制形式按从大到小的顺序排列以下数字。使用 > 每个数字之间的符号。

a. 4.03、4和33百分之一 $\frac{34}{100}$, $4\frac{43}{100}$, $\frac{430}{100}$, 4.31

____

b. $17\frac{5}{10}$,17.55, $\frac{157}{10}$,百分之十七和百分之五 15.71, $15\frac{75}{100}$

____

c. 8个和百分之十九 $9\frac{8}{10}$, 81, $\frac{809}{100}$, 8.9, $8\frac{1}{10}$

____

3. 在纸飞机竞赛中,马特(Matt)的飞机飞行了9.14米。珍娜的飞机飞了 $9\frac{4}{10}$ 米。本的飞机飞 $\frac{904}{100}$ 米。利亚的飞机飞了9.1米。谁的飞机飞得最远?

4. 贝基喝 $1\frac{41}{100}$ 周一的水,周二的1.14升,周三的1.04升, $\frac{11}{10}$周四升,以及 $1\frac{40}{100}$ 周五升。贝基哪一天喝得最多?贝基哪一天喝得最少?

1. 用百分数表示每个部分来完成数字句子。使用地方价值图表建模。

个(位数)	●	十分之一	百分之一

1 个十分之一 + 12 个百分之一 = **22** 个百分之一

10 个百分之一 + 12 个百分之一 = 22 个百分之一

要变成相似单位，我把 1 个十分之一变成 10 个百分之一。10 个百分之一 + 12 个百分之一 = 22 个百分之一。

2. 通过在解决之前将所有加数转换为百分之一来解决。

a. 6 个十分之一 + 21 个百分之一 = **60** 个百分之一 + **21** 个百分之一 = **81** 个百分之一

这就像题目 1。我不是画数位盘，而是在脑海里把十分之一变成百分之一。每个十分之一等于 10 个百分之一。

b. 27 个百分之一 + 3 个十分之 = **27** 个百分之一 + **30** 个百分之一 = **57** 个百分之一

我不可以相加，因为这些单位不相似。我不可以把 1 只猫加 2 只狗；我要重新命名为相似单位。我可以把 1 只动物加 2 只动物。

3. 解题。用十进制形式写下答案。

a. $\frac{3}{10} + \frac{21}{100}$

$\frac{30}{100} + \frac{21}{100} = \frac{51}{100} = \mathbf{0.51}$

要解题，我把单位变成相似的百分之一。我相加，然后我把答案从分数形式改变为小数形式。

b. $\frac{14}{100} + \frac{7}{10}$

$\frac{14}{100} + \frac{70}{100} = \frac{84}{100} = 0.84$

姓名 ________________________ 日期 ____________

1. 用百分数表示每个部分来完成数字句子。使用位置值图表建模，如(a)部分所示。

个(位数)	●	十分之一	百分之一
		•	• • • • • • • • (8 dots) + circled group of 10

a. 十分之一 + 百分之八 = 百分之一

个(位数)	●	十分之一	百分之一

b. 2个十分之一 + 百分之三 = 百分之一

个(位数)	●	十分之一	百分之一

c. 十分之一 + 14分之一 = 百分之一

2. 通过在解决之前将所有加数转换为百分之一来解决。

a. 四分之一 + 百分之一 = 百分之一 + 百分之一 = 百分之一

b. 四分之一 + 百分之一 = 百分之一 + 百分之一 = 百分之一

c. 十分之八 + 25个百分点 = 百分之一 + 百分之一 = 百分之一

d. 43个百分点 + 十分之六 = 百分之一 + 百分之一 = 百分之一

3. 求和。根据需要将十分之一转换为百分之一。用十进制形式写下答案。

a. $\frac{3}{10}+\frac{7}{100}$

b. $\frac{16}{100}+\frac{5}{10}$

c. $\frac{5}{10}+\frac{40}{100}$

d. $\frac{20}{100}+\frac{8}{10}$

4. 解题。用十进制形式写下答案。

a. $\frac{5}{10}+\frac{53}{100}$

b. $\frac{27}{100}+\frac{8}{10}$

c. $\frac{4}{10}+\frac{78}{100}$

d. $\frac{98}{100}+\frac{7}{10}$

5. 卡梅伦测量 $\frac{65}{100}$ 四月一日的降雨量只有一英寸。在四月的第二天，他被测 $\frac{83}{100}$ Ĵ英寸的雨水。卡梅伦在第一时间测量了多少英寸的雨水四月的两天?

课程笔记

在4年级，学生首先通过以小数形式编写加数，然后再将小数相加得出总数，从而增加小数。这样可以增强学生对分数和小数关系的理解，提高他们灵活思考的能力，并为他们在5年级时取得分数和小数做好更大的准备。

1. 解题。在找到和之前，将十分之一转换为百分之一。改写完整的数字句子十进制形式。

   a. $2\frac{31}{100}+\frac{4}{10}$

   > 我把 4 个十分之一转换成 40 个百分之一。我相加相似单位。

   $$2\frac{31}{100}+\frac{4}{10}=2\frac{31}{100}+\frac{40}{100}=2\frac{71}{100}$$

   > 小数形式是表达数字的另一个方法。

   $$2.31+0.40=2.71$$

   b. $4\frac{42}{100}+2\frac{7}{10}$

   > 我让个位相加，让百分之一相加。

   $$4\frac{42}{100}+2\frac{7}{10}=4\frac{42}{100}+2\frac{70}{100}=6\frac{112}{100}=7\frac{12}{100}$$

   $1 \quad \frac{12}{100}$

   > 我用一个数字链来显示 $\frac{112}{100}=1+\frac{12}{100}$，因为 $\frac{100}{100}=1$。

   $$4.42+2.70=7.12$$

2. 通过以分数形式重写表达式来解决。解决后，以十进制形式重写完整的数字语句。

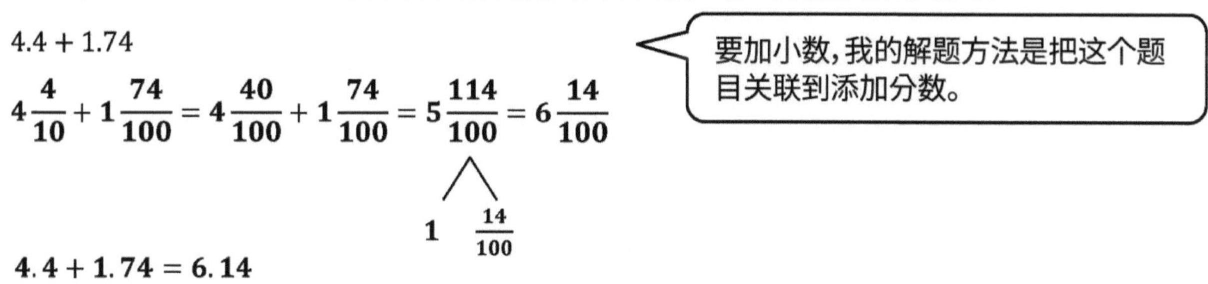

4.4 + 1.74
要加小数，我的解题方法是把这个题目关联到添加分数。

$$4\frac{4}{10}+1\frac{74}{100}=4\frac{40}{100}+1\frac{74}{100}=5\frac{114}{100}=6\frac{14}{100}$$

$1 \quad \frac{14}{100}$

$$4.4+1.74=6.14$$

姓名 ________________________ 日期 ______________

1. 解题。在找到和之前，将十分之一转换为百分之一。用十进制形式重写完整的数字语句。问题1 (a) 和1 (b) 已为您部分完成。

a. $5\frac{2}{10} + \frac{7}{100} = 5\frac{20}{100} + \frac{7}{100} =$ ________ $5.2 + 0.07 =$ ______	b. $5\frac{2}{10} + 3\frac{7}{100} = 8\frac{20}{100} + \frac{7}{100} =$ ________
c. $6\frac{5}{10} + \frac{1}{100}$	d. $6\frac{5}{10} + 7\frac{1}{100}$

2. 解题。然后，以十进制形式重写完整的数字语句。

a. $4\frac{9}{10} + 5\frac{10}{100}$	b. $8\frac{7}{10} + 2\frac{65}{100}$
c. $7\frac{3}{10} + 6\frac{87}{100}$	d. $5\frac{48}{100} + 7\frac{8}{10}$

3. 通过以分数形式重写表达式来解决。解决后，将数字句子改写为十进制形式。

a. $2.1 + 0.87 = 2\frac{1}{10} + \frac{87}{100}$	b. 7.2 + 2.67
c. 7.3 + 1.8	d. 7.3 + 1.86
e. 6.07 + 3.93	f. 6.87 + 3.9
g. 8.6 + 4.67	h. 18.62 + 14.7

1. 2014年初，乔丹的身高为 1个 。3 米。如果乔丹总共增长了 0 。04 米在2014年，到年底时他的身高是多少？

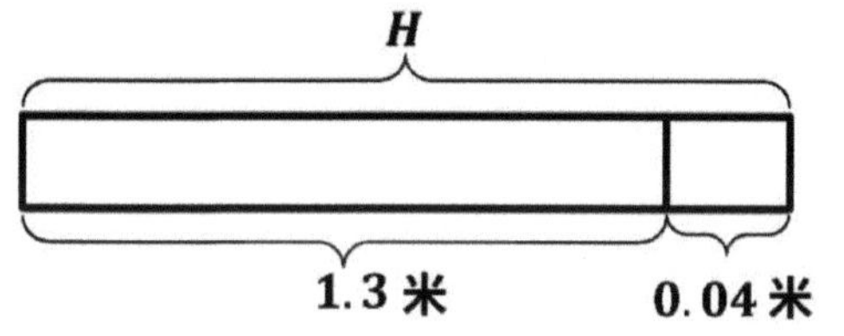

$H = 1.3$ 米 $+ 0.04$ 米

$= 1\frac{30}{100}$ 米 $+ \frac{4}{100}$ 米

$= 1\frac{34}{100}$ 米

$= 1.34$ 米

乔丹在年末的身高是 1.34 米。

带形图帮助我看到我须要进行加法来计算 H，也就是乔丹在年末的身高。我用分数形式写下小数并使用相似单位，然后解题。

2. 泰勒完成了数学题 20 。74 秒。他击败了他妈妈的时间 10 。03 秒。他们的总时间是多少？

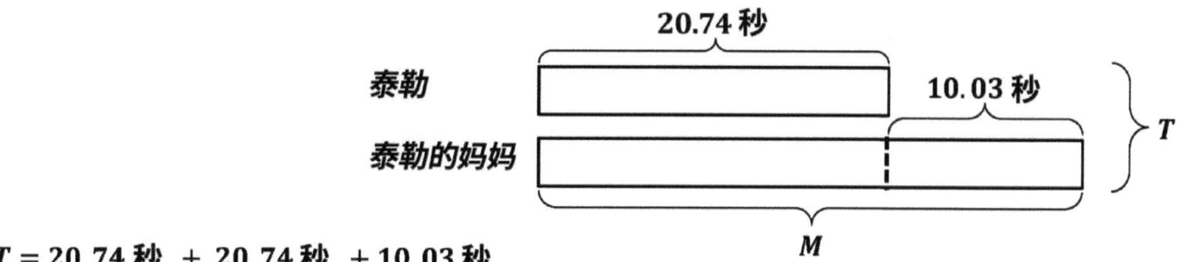

$T = 20.74$ 秒 $+ 20.74$ 秒 $+ 10.03$ 秒

$= 20\frac{74}{100}$ 秒 $+ 20\frac{74}{100}$ 秒 $+ 10\frac{3}{100}$ 秒

$= 50\frac{151}{100}$ 秒

1 秒　$\frac{51}{100}$ 秒

$= 51\frac{51}{100}$ 秒

$T = 51.51$ 秒

他们的总时间是 51.51 秒。

姓名 ______________________ 日期 ______________

1. 第一年的降雪量为2.03米。第2年的降雪量为1.6米。第1年和第2年共降了多少米雪?

2. 熟食店一周切成22.6公斤烤牛肉,下一周切成13.54公斤。在两周内,熟食店切成多少公斤烤牛肉?

3. 学校食堂星期一提供的牛奶为125.6升，星期二提供的牛奶比星期一多了5.34升。星期一和星期二提供了多少公升的牛奶？

4. Max，Maria和Armen参加了接力赛。麦克斯在17.3秒内完成了自己的任务。玛丽亚比麦克斯慢0.7秒。Armen比Maria慢1.5秒。团队总共花了多少时间？

课程笔记

在四年级，学生可以通过以单位形式表示金额，并添加类似的单位来找到金额总和（即美元 + 美元和美分 + 美分），然后用带美元符号的十进制形式写答案。以单位形式和分数形式书写金额为十进制表示法奠定了坚实的概念基础。向学生介绍了在5年级时添加小数的方法。

1. 4 分钱 = \$<u>0</u>.<u>04</u>　　　$4¢ = \frac{4}{100}$ 美元

2. 8 角钱 = \$ <u>0</u>.<u>80</u>　　　$80¢ = \frac{8}{10}$ 美元

3. 2 个 25 美分 = \$<u>0</u>.<u>50</u>　　　$50¢ = \frac{50}{100}$ 美元

1 分钱 = $\frac{1}{100}$ 美元
1 角钱 = $\frac{1}{10}$ 美元
1 个 25 美分 = $\frac{25}{100}$ 美元

解题。以小数和十进制形式给出总金额。

4. 7 角钱和 23 便士

$(\mathbf{7} \times \mathbf{10¢}) + (\mathbf{23} \times \mathbf{1¢}) = \mathbf{70¢} + \mathbf{23¢} = \mathbf{93¢}$

$93¢ = \frac{93}{100}$ 美元

$\frac{93}{100}$ 美元 = \$0.93

93 分钱是 93 个百分之一美元。把那个数值想象为一个分数帮助我把它写成一个小数。

5. 1个 25美分硬币 3 角钱和 6 便士

$(\mathbf{1} \times \mathbf{25¢}) + (\mathbf{3} \times \mathbf{10¢}) + (\mathbf{6} \times \mathbf{1¢}) = \mathbf{25¢} + \mathbf{30¢} + \mathbf{6¢} = \mathbf{61¢}$

$\mathbf{61¢}$ □ $\frac{\mathbf{61}}{\mathbf{100}}$ ***dollar***

$\frac{\mathbf{61}}{\mathbf{100}}$ ***dollar*** □ **\$0.61**

6. 173 美分是一美元的几分之一？

$\frac{173}{100}$ **美元**

我知道 1 分钱 $=\frac{1}{100}$ 美元.

解题。用十进制形式表示答案。

7. 2 美元 3 角钱 24 便士 + 3 美元 1个 25美分硬币

2 美元 54 分钱 + 3 美元 25 分钱 = 5 美元 79 分钱

5 美元 79 分钱 = 5 $\frac{79}{100}$ 美元 = \$5.79

我把每一个加数重新写成美元和分钱。我相加相似单位，然后用小数形式表达金额。

8. 7 美元 5 角钱 2 便士 + 1个美元 3 宿舍

7 美元 52 分钱 + 1 美元 75 分钱 = 8 美元 127 分钱 = 9 美元 27 分钱

1 美元 27 分钱

9 美元 27 分钱 = 9 $\frac{27}{100}$ 美元 = \$9.27

姓名 ______ 日期 ______

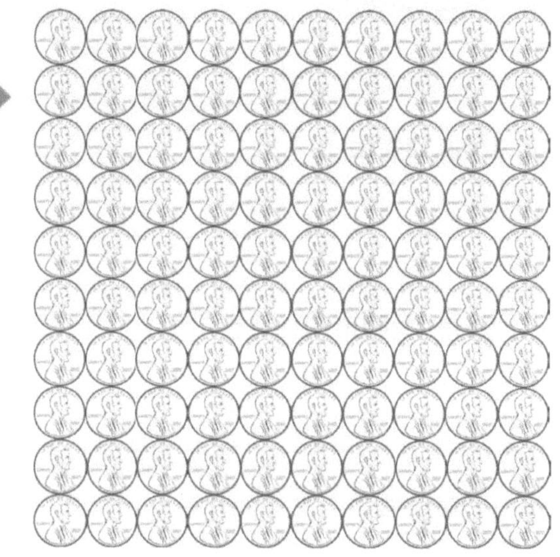

1. 100便士 = $ ___。___ 100 ¢ = $\frac{\quad}{100}$ 美元

2. 1便士 = $___。___ 1个 ¢ = $\frac{\quad}{100}$ 美元

3. 3便士 = $___。___ 3 ¢ = $\frac{\quad}{100}$ 美元

4. 20便士 = $___。___ 20¢ = $\frac{\quad}{100}$ 美元

5 37便士 = $___。___ 37¢ = $\frac{\quad}{100}$ 美元

6. 10角钱 = $___。___ 100 ¢ = $\frac{\quad}{10}$ 美元

7. 2角钱 = $___。___ 20 ¢ = $\frac{\quad}{10}$ 美元

8. 4角钱 = $___。___ 40 ¢ = $\frac{\quad}{10}$ 美元

9. 6角钱 = $ ___。___ 60 ¢ = $\frac{\quad}{10}$ 美元

10. 9角钱 = $___。___ 90 ¢ = $\frac{\quad}{10}$ 美元

11. 3个季度 = $___。___ 75¢ = $\frac{\quad}{100}$ 美元

12. 2个季度 = $ ___。___ 50¢ = $\frac{\quad}{100}$ 美元

13. 4个季度 = $ ___。___ 100¢ = $\frac{\quad}{100}$ 美元

14. 1季度 = $ ___。___ 25¢ = $\frac{\quad}{100}$ 美元

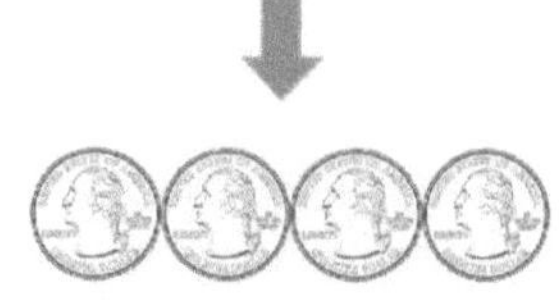

解题。以小数和十进制形式给出总金额。

15. 5角钱和8便士

16. 3季度13便士

17. 3季度7角硬币和16便士

18. 187美分等于一美元的几分之一？

解题。用十进制形式表示答案。

19. 1美元2角钱13便士 + 2美元3季度

20. 2美元6角钱 + 2美元2季度16便士

21. 8美元8角钱 + 7美元1季度8角钱

使用RDW流程解题。用十进制形式写下答案。

1. 秀珍的需求 4 美元 15 钱买学校午餐。在背包的底部，她发现 2 美元的钞票，5 宿舍和 4 便士。秀珍需要多少钱来购买学校午餐？

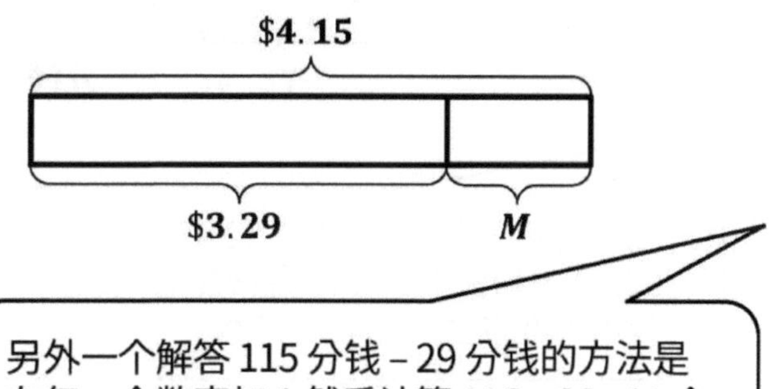

M = 4 美元 15 分钱 - 3 美元 29 分钱

= 1 美元 15 分钱 – 29 分钱

100 分钱　15美分

= 86 分钱

= $0.86

素瑾需要多$0.86 来买学校午饭。

另外一个解答 115 分钱 – 29 分钱的方法是在每一个数字加 1 然后计算 116 – 30。11 个十和 6 个一 – 3 个十 = 8个十和 6 个一。

2. 凯利有 2 宿舍和 3 角钱。杰克有 5 美元，4 角钱，和 7 便士。艾玛有 3 美元，1个季度和 1个十分钱。他们想花钱买一个比萨饼，价格为$ 11.00。他们有足够的吗？如果没有，他们还需要多少呢？

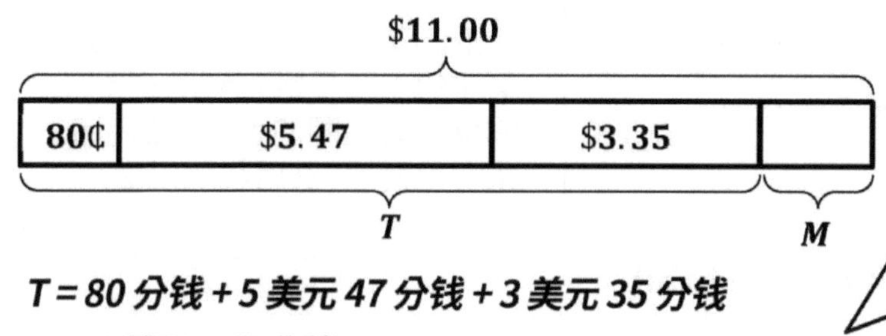

我判断克莉、杰克和艾玛每一个人有多少钱。我用加法来寻找他们总共有多少钱。然后，我从比萨饼的价格减去那个金额来寻找他们还需要多少钱，M。

T = 80 分钱 + 5 美元 47 分钱 + 3 美元 35 分钱

= 8 美元 162 分钱

1 美元　62 分钱

= 9 美元 62 分钱

克莉、杰克和艾玛有 $9.62。

M = 11 美元 – 9 美元 62 分钱

10 美元　100 分钱

= 1 美元 38 分钱

他们没有足够的钱买比萨饼。他们还需要 $1.38。

3. 一品脱冰淇淋的成本 $ 2.49 。一盒冰淇淋杯圣代冰淇淋的价格是一品脱冰淇淋的两倍。布兰登购买了一品脱冰淇淋和一盒冰淇淋杯圣代冰淇淋。他花多少钱？

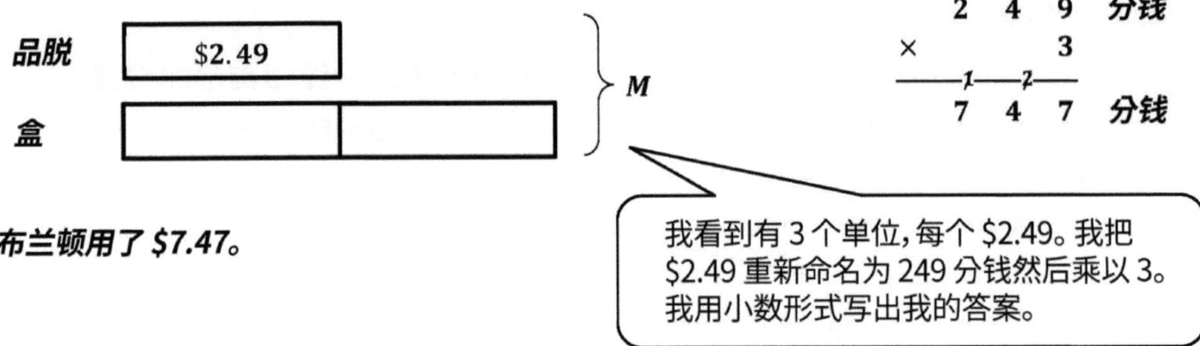
品脱
$2.49
盒
M
2 4 9 分钱
× 3
7 4 7 分钱
我看到有 3 个单位，每个 $2.49。我把 $2.49 重新命名为 249 分钱然后乘以 3。我用小数形式写出我的答案。

布兰顿用了 $7.47。

4. 卡特里娜飓风有 3 美元 28 美分。盖尔有 7 美元 52 美分。盖尔需要给卡特里娜飓风多少钱，以便他们每个人都拥有相同的钱数？

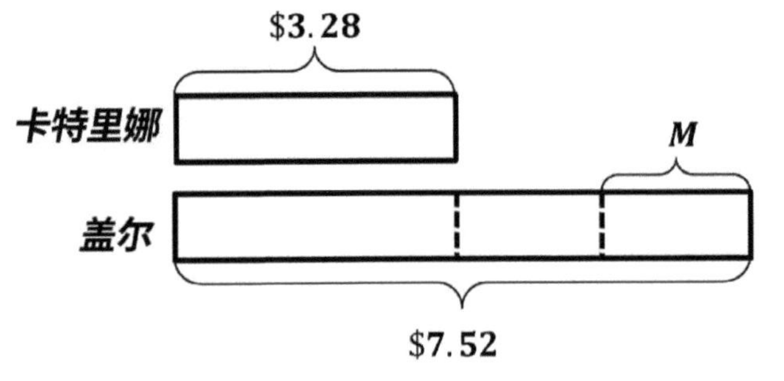
$3.28
卡特里娜
M
盖尔
$7.52

带形图帮助我解题。我看到如果盖尔给卡特里娜差额的一半，他们就会有相同的金额。我用减法来寻找差额，然后我除以 2。

7 美元 52 分钱 – 3 美元 28 分钱 = 4 美元 24 分钱

= 424 分钱

$$\begin{array}{r} 212 \\ 2\,\overline{)\,424} \\ -\,4 \\ \hline 02 \\ -\,2 \\ \hline 04 \\ -\,4 \\ \hline 0 \end{array}$$

212 分钱 = $2.12

M = $2.12

盖尔需要给卡特里娜飓风 $ 2 。12 这样他们每个人都有相同的钱数。

姓名 ________________________ 日期 ____________

使用RDW流程解题。用十进制形式写下答案。

1. 玛丽亚有2美元，3个角钱和4个便士。丽莎有1美元和5个季度。这两个女孩总共有多少钱？

2. 美菱需要5美元35美分才能买到演出票。在钱包里，她发现2美元的钞票，11角钱和5便士。美菱需要多少钱才能买票？

3. 乔有5角钱和4便士。贾马尔（Jamal）有2美元，4个角钱和5个便士。吉米有6美元和4角钱。他们想花钱买一本价值10美元的书。他们有足够的吗？如果没有，他们还需要多少呢？

4. 一包自动铅笔的价格为4.99美元。一包笔的价格是一包铅笔的两倍。一包笔和一包铅笔合计多少钱?

5. 卡洛斯有8美元和48美分。Alissa有4美元和14美分。卡洛斯需要给艾丽莎多少钱,以便他们每个人都拥有相同的金额?

四年级
模组7

1. 完成表格。

a.

码	英尺
1	**3**
4	**12**
10	**30**

1 码 = 3 英尺 我把码数乘以 3 来寻找英尺数。

b.

英尺	英寸
1	**12**
3	**36**
9	**108**

1 英尺 = 12 英寸 我把英尺数乘以 12 来寻找英寸数。

c.

码	英寸
1	**36**
2	**72**
4	**144**

1 码 = 3 英尺，而 1 英尺 = 12 英寸。要寻找 1 码有多少英寸，我可以相乘，3 x 12 = 36。现在我把码数乘以 36 来寻找英寸数。

2. 解题。

a. 3 码 2 英寸 = **110** 英寸

1 码有 36 英寸。3 x 36 英寸 = 108 英寸。

b. 12 码 4 英尺 = **40** 英尺

1 码有 3 英尺。12 x 3 英尺 = 36 英尺。

c. 3 码 1 尺 = **120** 英寸

我可以用两种方法解题：把码和英尺转换成英寸，或者把码转换成英尺然后把英尺转换成英寸。

3. 完成这个表。

磅	盎司
1	**16**
3	**48**
5	**80**

1 磅 = 16 盎司。我把磅数乘以 16 来寻找盎司数。

4. 罗纳德的猫重 9 磅 3 盎司。他的猫重几盎司?

9 磅 3 盎司

16盎司	16盎司	16盎司	16盎司	16盎司	16盎司	16盎司	16盎司	16盎司	3盎司

T

我可以画一个带形图,图上有 9 个 16 盎司的单位和 1 个 3 盎司的单位,因为那只猫体重 9 磅 3 盎司,而每一磅等于 16 盎司。

1 个单位:16 盎司

9 个单位:144 盎司

T = 144 盎司 + 3 盎司

T = 147 盎司

朗诺特的猫体重 147 盎司。

$$\begin{array}{r} 16 \\ \times\ \ 9 \\ \hline 144 \end{array}$$

我可以相乘 9 x 16 来寻找 9 磅有多少盎司。让我多加 3 盎司来寻找总共有多少盎司。

5. 回答真正要么假对于以下语句。如果该语句为假,则更改比较的右侧以使其为真。

2 千克 < ~~1,900~~ 克 ***false***

2,001 克

这个陈述是错的,因为 2,000 克不是小于 1,900 克。右边的数字必须大于 2,000。

1 千克 = 1,000 克
2 X 1,000 克 = 2,000 克
2 千克 = 2,000 克

姓名 ______________________ 日期 ______________

1. 完成表格。

a.

码	脚
1	
2	
3	
5	
10	

b.

脚	英制
1	
2	
5	
10	
15	

c.

码	英制
1	
3	
6	
10	
12	

2. 解题。

a. 2码2英寸 = 英寸

b. 9码10英寸 = 英寸

c. 4码2英尺 = 脚

d. 13码1英尺 = 脚

e. 17英尺2英寸 = 英寸

f. 11码1英尺 = 脚

g. 15码2英尺 = 脚

h. 5码2英尺 = 英寸

3. 盟友有一条长6码2英尺的绳子。她有几英寸的绳子？

4. 完成这个表。

磅	盎司
1	
2	
4	
10	
12	

5. 蕾妮的小妹妹重7磅2盎司。她妹妹重几盎司?

6. 回答真正要么假对于以下语句。如果该语句为假,则更改比较的右侧以使其为真。

a. 4公斤 < 4,100克 ________________

b. 10码 < 360英寸 ________________

c. 10升 = 100,000毫升 ________________

使用RDW过程解决问题1和2。

1. 露西买 2 加仑的牛奶。她要买几杯牛奶？

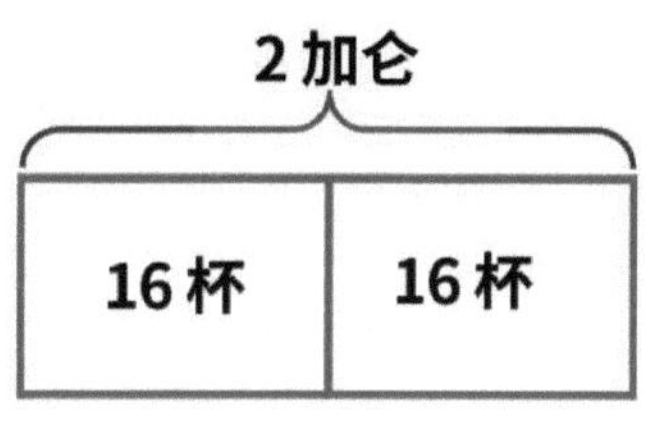

我可以画一个带形图，图上有 2 个 16 杯的单位，因为露茜买了 2 加仑牛奶，而每加仑等于 16 杯。

1 个单位：16 杯

2 个单位：2 X 16 杯 = 32 杯

露茜有 32 杯牛奶。

我相乘 2 X 16 杯来寻找 2 加仑有多少杯。

2. 马修喝 2 今天升水，这是 320 毫升的水量比今天莎拉喝的水还多。莎拉今天喝了多少水？

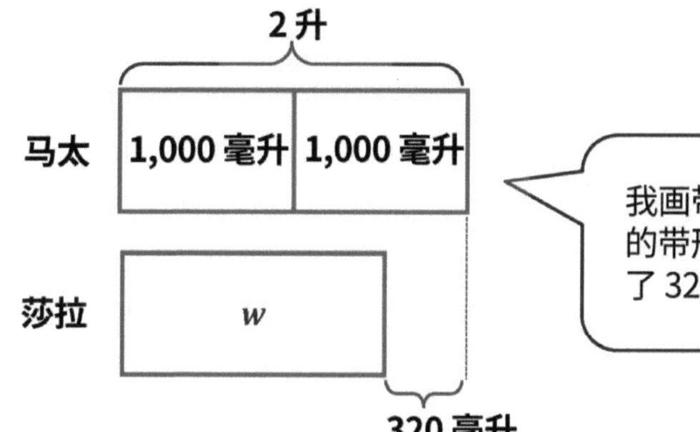

我画带形图来表示马太和莎拉喝的水量。马太的带形图比莎拉的带形图长，因为他比她多喝了 320 毫升水。

$1\ \mathrm{L} = 1{,}000$ 毫升

$2\ \mathrm{L} = 2{,}000$ 毫升

$w = 2{,}000$ 毫升 $- \ 320$ 毫升

$w = 1{,}680$ 毫升

莎拉今天喝了 1,680 毫升 水。

我把马太所喝的水量，也就是 2 升，转换成毫升。然后，我从 2,000 毫升减去马太所喝的额外的水量，也就是 320 毫升。这告诉我莎拉喝了多少水。

3. 完成表格。

a.

加仑	夸脱
1	**4**
3	**12**
5	**20**

1 加仑 = 4 夸脱 我把加仑数乘以 4 来寻找夸脱数。

b.

夸脱	品脱
1	**2**
4	**8**
8	**16**

1 夸脱 = 2 品脱。我把夸脱数乘以 2 来寻找品脱数。

4. 解题。

a. 5 加仑 3 夸脱 = __23__ 夸脱

1 加仑有 4 夸脱。5 x 4 夸脱 = 20 夸脱。

b. 25 加仑 2 夸脱 = __**408**__ 杯

我可以用两种方法解题：把加仑和夸脱转换成杯，或者把加仑转换成夸脱然后把夸脱转换成杯。

5. 回答真正要么假对于以下语句。如果答案是否定的，请通过以下方式使陈述为真纠正比较的右边。

6 品 > ~~脱杯~~ __**错**__

2 夸脱 1 杯

2 品脱 = 1 夸脱
3 x 2 品脱 = 6 品脱
3 夸脱 1 杯 = 6 品脱 1 杯

这个陈述是错的，因为 6 品脱不大于 6 品脱 1 杯。右边的数字必须小于 3 夸脱。

姓名 ______________________ 日期 ______________

使用RDW过程解决问题1-3。

1. 黎明需要将3加仑的水倒入鱼缸中。她只有一个1杯量杯。怎么样她应该在水箱里放几杯水吗?

2. 朱莉娅有4加仑2夸脱的水。盟友需要等量的水,但只有12夸脱。艾莉需要多少水?

3. 肖恩今天喝了2升水,比他昨天喝的水多了280毫升。他昨天喝了多少水?

4. 完成表格。

a.

加仑	宿舍
1	
2	
4	
12	
15	

b.

宿舍	品脱啤酒
1	
2	
6	
10	
16	

5. 解题。

a. 6加仑3季度 = __________ 夸脱

b. 12加仑2季 = __________夸脱

c. 5夸脱1品脱 = __________ 品脱啤酒

d. 13夸脱3品脱 = __________杯子

e. 17加仑2夸脱 = __________品脱啤酒

f. 27加仑3夸脱 = __________ 杯子

6. 说明您如何解决问题5(f)。

7. 对以下陈述回答是或否。如果答案是否定的，请通过以下方式使陈述为真纠正比较的右边。

a. 2夸脱 > 10品脱 ____________________

b. 6升 = 6,000毫升 ____________________

c. 16杯 < 4夸脱1杯 ____________________

8. 乔伊需要买3夸脱的巧克力牛奶。商店仅以品脱容器出售商品。他应该买几品脱巧克力牛奶？
解释你怎么知道的。

9. 史密斯奶奶发了拳。她使用了2品脱的姜汁汽水，3品脱的果汁饮料和1品脱的橙汁。她打了一拳，容量为1杯。她可以装几杯？

使用RDW解决问题1。

1. 本杰明的足球练习在下午5:00结束 如果练习从下午3:00开始，那么需要多少分钟实践？使用数轴展示你的操作。

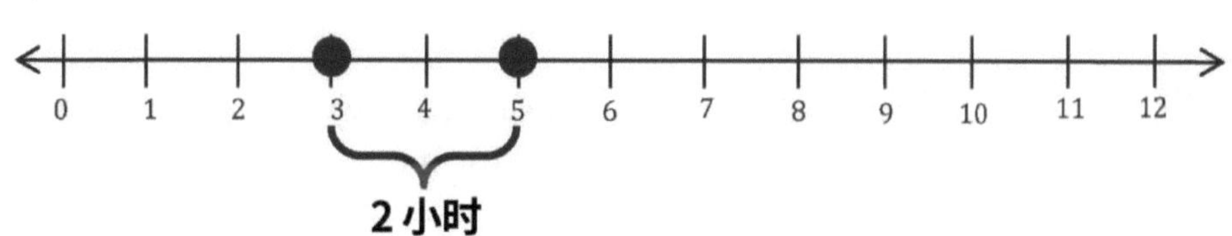

2 小时

1 小时 = 60 分钟

2 小时 = 120 分钟

我在数字线上画时间。然后，我把小时转换成分钟。

本杰明的练习长 120 分钟。

2. 完成以下转换表。

a.

小时	分钟
1	**60**
3	**180**
6	**360**

1 小时 = 60 分钟
我把小时数乘以 60 来寻找分钟数。

b.

天	小时
1	**24**
2	**48**
4	**96**

1 天 = 24 小时
我把天数乘以 24 来寻找小时数。

3. 解题。

a. 9 小时 20 分钟 = **560** 分钟

1 小时有 60 分钟。9 x 60 分钟 = 540 分钟。

b. 5 分钟 45 秒 = **345** 秒

1 分钟有 60 秒。5 x 60 秒 = 300 秒。

c. 3 天 15 小时 = **87** 小时

1 天有 24 小时。3 x 24 小时 = 72 小时。

4. 在1860年代，1个周 2 天穿越大西洋。那里有几个小时 1个周 2 天？

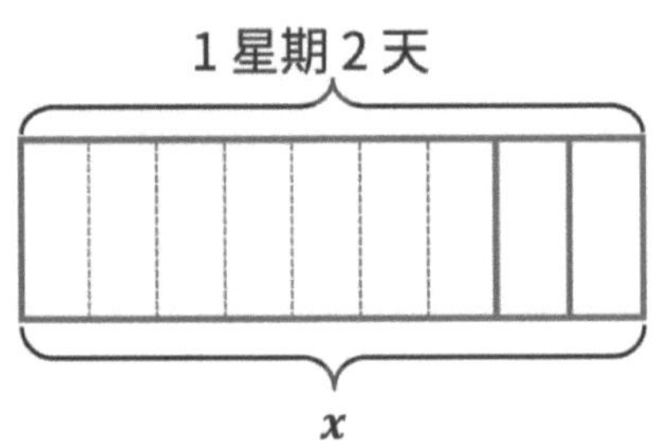

我可以画一个带形图来代表 1 星期 2 天。我知道 1 星期有 7 天，所有 1 星期 2 天 = 9 天。我可以把我的带形图等分为 9 个单位来代表 9 天。

1 个单位：1 天 = 24 小时

9 个单位：9 x 24 小时 =216 小时

x = 216 小时

$$\begin{array}{r} 24 \\ \times \quad 9 \\ \hline 216 \end{array}$$

我可以相乘 9 x 24 来寻找 9 天或 1 星期 2 天的总小时数。

216 小时等于 1 星期 2 天。

姓名 ______________________ 日期 ______________

使用RDW解决问题1-2。

1. Jeffrey从4:00 pm到7:00 pm练习鼓 他练习了多少分钟? 使用数轴展示你的操作。

2. 周末,Isla用了5个小时的电脑。她花了多少分钟电脑?

3. 完成以下转换表,并将规则写在每个表下。

a.

小时	分钟
1	
2	
5	
9	
12	

将小时转换为分钟的规则是

______________________。

b.

天	小时
1	
3	
6	
8	
20	

将天转换为小时的规则是

______________________。

4. 解题。

a. 10小时30分钟 = ________ 分钟

b. 6分15秒 = ________ 秒

c. 4天20小时 = ________ 小时

d. 3分45秒 = ________ 秒

e. 23天21小时 = ________ 小时

f. 17小时5分钟 = ________ 分钟

5. 说明您如何解决问题4（f）。

6. 航天飞机花了8分36秒发射并到达外层空间。多少秒了需要什么？

7. 阿波罗16号的任务只持续了1个星期4天。1周4天有多少小时？

使用RDW解决以下问题。

1. 丽贝卡把她的浴室涂在 2 小时。她花了两倍的时间给她的厨房粉刷。丽贝卡花了多少分钟来画她的浴室和厨房？

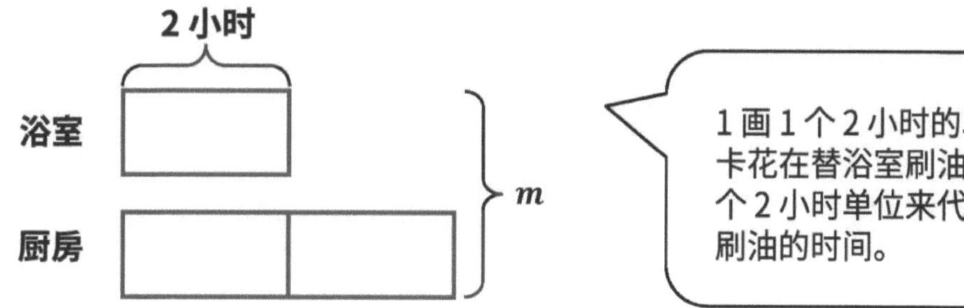

1 单元：2 小时

3 单元：3 × 2 小时 = 6 小时

米 = 6 × 60 分钟

米 = 3 60 分钟

丽贝卡花了 360 分钟绘画她的浴室和厨房。

2. 梅森的妹妹称重 7 磅 9 出生时盎司。在她 6 个月的检查，梅森的妹妹称重 16 磅。梅森的妹妹得了多少盎司？

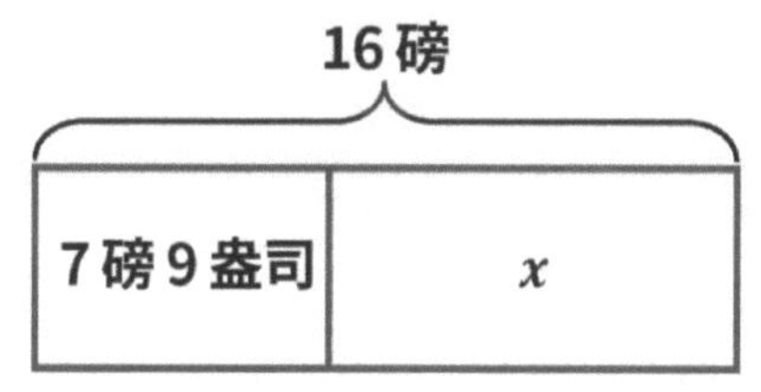

我画一个带形图来代表题目。我知道一个部分和整体。我用减法来寻找未知的部分。然后，我把 8 磅转换成盎司并多加上 7 盎司。

16 磅 —7 磅 9 盎司 = 8 磅 7 盎司

x = 8 磅 7 盎司 =（ 8 × 16 盎司 ）+ 7 盎司 = 128 盎司 + 7 盎司 = 1 35 盎司

梅森的妹妹得了 1 3 5 盎司。

3. 梅利莎股票 16 杂货店的冷藏盒中放入一夸脱的巧克力牛奶。她把两倍在这种情况下，可以将许多夸脱的全脂牛奶作为巧克力牛奶。梅利莎股票 7 少夸脱的杏仁奶比全脂牛奶的情况。

   a. 梅利莎在冷藏柜中储存了多少夸脱杏仁奶？

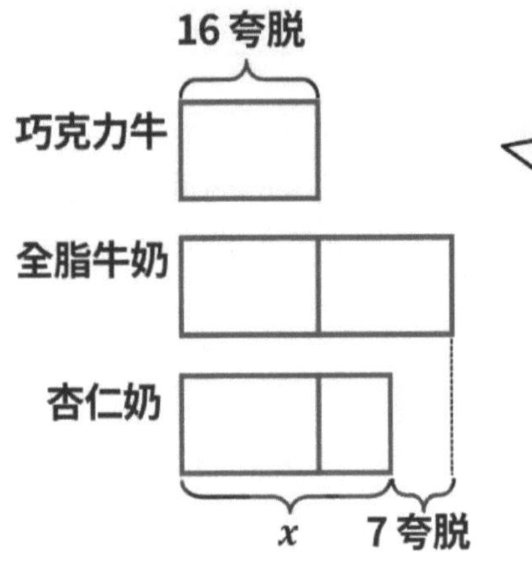

带形图显示米莉撒库存的各种奶类的不同份量之间的关系。牛奶的份量等于 2 单位巧克力牛奶。杏仁奶的份量比全脂奶的份量少 7 夸脱。

1 个单位：16 夸脱

2 个单位：2 x 16 夸脱 = 32 夸脱

X = 32 夸脱 – 7 夸脱

X = 25 夸脱

米莉萨库存了 25 夸脱杏仁奶。

我寻找全脂牛奶份量的方法是把巧克力牛奶的份量乘二。我寻找杏仁奶份量的方法是从全脂牛奶的份量减 7 夸脱。

   b. 夸脱的巧克力牛奶，全脂牛奶和杏仁牛奶的总数是否超过18 加仑的冷藏箱中的脱脂牛奶？解释 你的答案 [R 。

$$\textbf{16 夸脱} + \textbf{32 夸脱} + \textbf{25 夸脱} = \textbf{73 夸脱}$$

$$\textbf{18 加仑} = 18 \times \textbf{4 夸脱} = \textbf{72 夸脱}$$

是的，每夸脱的全脂牛奶，巧克力牛奶和杏仁牛奶的数量超过18 加仑脱脂牛奶。 18 加仑等于 72 夸脱，以及其他类型的总量牛奶是 73 夸脱。有 1 每夸脱脱脂牛奶比其他类型的牛奶加起来少

姓名 ______________________ 日期 ______________

使用RDW解决以下问题。

1. 桑迪乘火车去了纽约市。此行花了3个小时。杰基坐了公车，坐了两倍长。杰基的行程花了多少分钟？

2. 科尔顿的小狗出生时重3磅8盎司。兽医在6个月后再次给小狗称重，小狗重7磅。幼犬获得了多少盎司？

3. 杰西买了一瓶2升的果汁。她姐姐喝了650毫升。剩下多少毫升瓶子？

4. 哈德森的链条长1码。Myah的链长3倍。多少英尺的链子他们有吗?

5. 一个盒子重8盎司。一箱箱子重7磅。装运中有几盒?

6. 特雷西的雨桶容量为27夸脱。贝丝的雨桶的容量是特雷西的雨水桶的水量。特雷弗(Trevor)的雨桶可容纳的水比贝丝(Beth)少9夸脱桶。

   a. 特雷弗的雨桶的容量是多少?

   b. 如果Tracy,Beth和Trevor的雨桶装满了水,然后将所有水倒入30加仑的水桶中,是否有足够的空间?说明。

绘制胶带图以解决以下问题。

1. 桑迪买了 3 磅的面粉袋。使用了Adriana 11 盎司的面粉做饼干。戴夫使用 4 制作香蕉面包所需的面粉比阿德里亚纳州（Adriana）还多盎司。剩下多少盎司面粉桑迪的包？

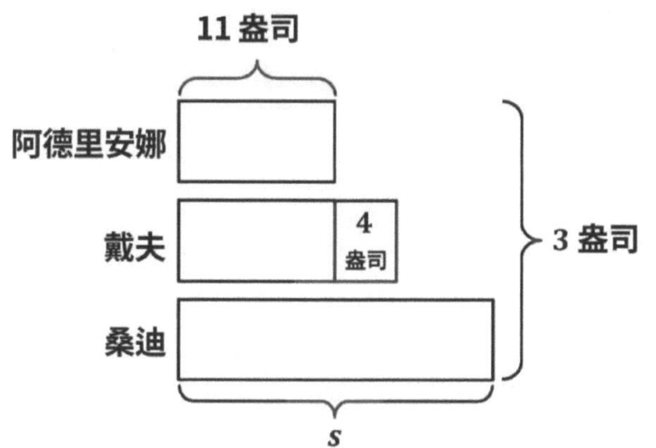

我可以画带形图来代表阿德里安娜和戴夫所用的面粉份量以及桑迪仍然有的面粉份量。

11 盎司 + 11 盎司 + 4 盎司 = 26 盎司

3 磅 = 3 x 16 盎司 = 48 盎司

s = 48 盎司 – 26 盎司

s = 22 盎司

桑迪剩下了 22 盎司面粉。

我找到戴夫和阿德里安娜所用的面粉份量后，也就是 2 个 11 盎司单位加额外 4 盎司，我把 3 磅转换成盎司然后减去。

2. 使用下图创建您自己的问题,并解决未知问题。

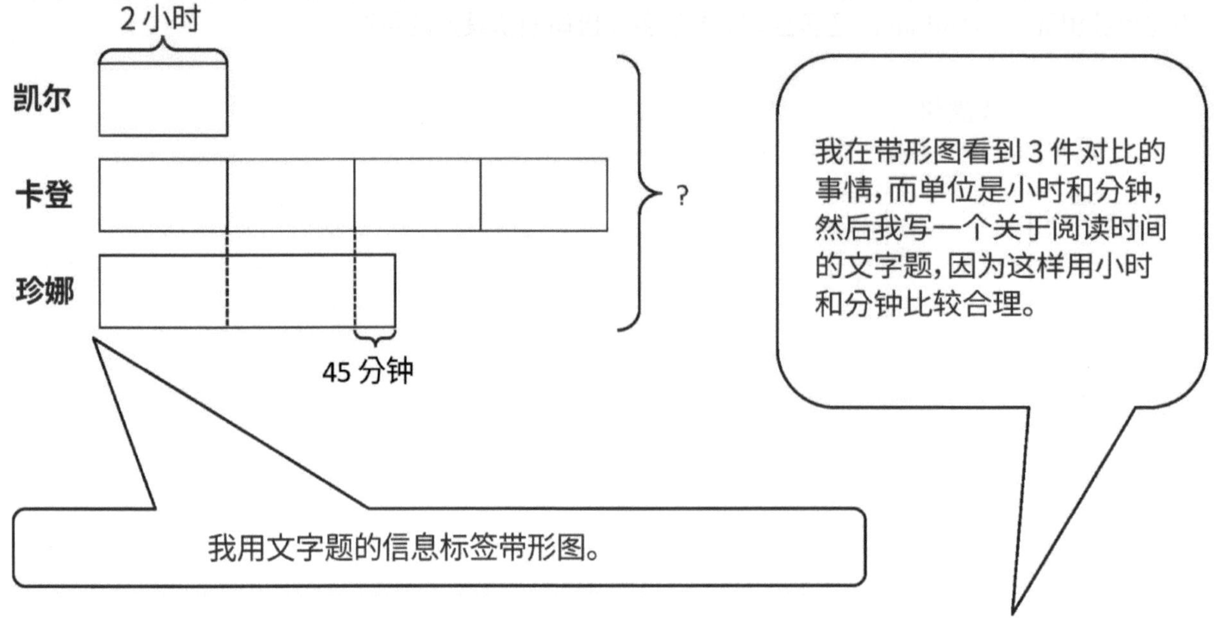

2 小时
凯尔
卡登
珍娜
45 分钟
?
我在带形图看到 3 件对比的事情,而单位是小时和分钟,然后我写一个关于阅读时间的文字题,因为这样用小时和分钟比较合理。
我用文字题的信息标签带形图。

凯尔上星期阅读了 2 小时。卡登上星期的阅读时间是凯尔的四倍。珍娜的阅读时间比卡登的一半阅读时间多 45 分钟。他们上星期总共阅读了多少分钟?

7 x 2 小时 = 14 小时

14 小时 45 分钟 = (14 x 60 分钟) + 45 分钟 = 840 分钟 + 45 分钟 = 885 分钟;凯尔、卡登和珍娜上星期总共阅读了 885 分钟。

带形图显示 7 个单位,每单位是 2 小时加 45 分钟,等于 14 小时 45 分钟。我相乘 14 x 60 来把小时转换成分钟。然后,我加 45 分钟来寻找总分钟数,885 分钟。

姓名 ________________________________ 日期 ________________

绘制胶带图以解决以下问题。

1. 蒂米昨天喝了2夸脱水。他今天喝的水是昨天喝的两倍。提米在两天内喝了几杯水？

2. 丽莎录制了2小时的电视节目。观看时，她跳过了广告。她花了84分钟观看了表演。她跳过了广告，节省了多少分钟？

3. 杰森(Jason)买了2磅腰果。莎拉吃了9盎司。大卫比莎拉多吃2盎司。杰森(Jason)的腰果包里剩下多少盎司？

4. a. 在下面的磁带图上贴上标签。解决未知。

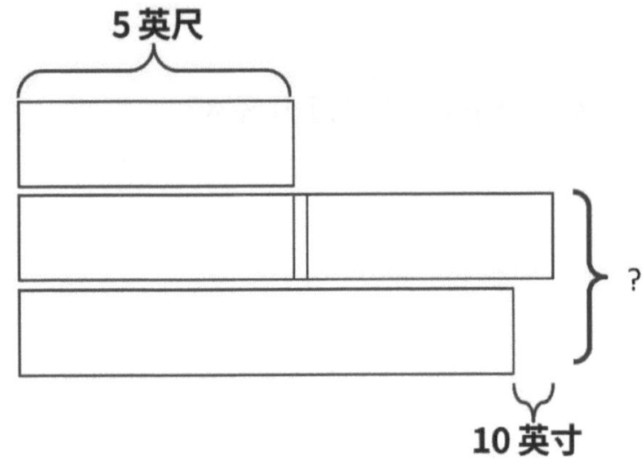

b. 编写自己的问题，可以使用上图解决。

---

5. 使用下图创建您自己的问题，并解决未知问题。

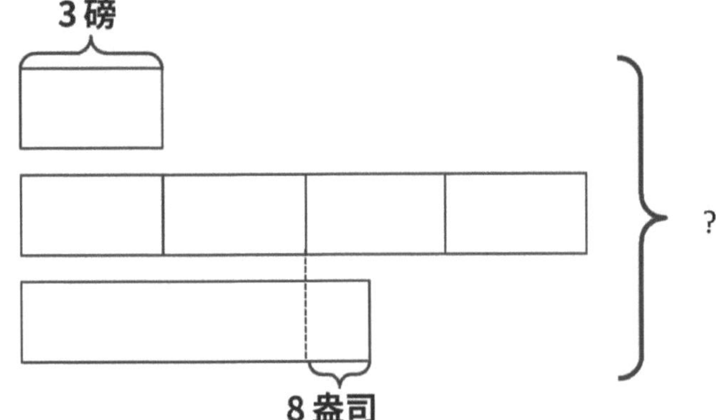

1 gal = 8 pt
1 gal = 4 qt
1 qt = 2 pt
1 pt = 2 c

1. 确定以下总和和差异。展示你的解题方法。

a. 2 加仑 3 夸脱 + 2 夸脱 = **3** 加仑 **1** 夸脱

1 夸脱 1 夸脱

我分解和重新命名单位来帮助我解题。然后，我加或减相似的单位。

b. 5 夸脱 – 3 品脱 = **3** 夸脱 **1** 品脱 **3** 品脱 $\xrightarrow{+1\text{ 品脱}}$ **2** 夸脱 $\xrightarrow{+3\text{ 夸脱}}$ **5** 夸脱

1 夸脱 **1** 品脱

我用箭头方法往上计数，从 5 夸脱到 3 品脱。我把 3 品脱重新命名为 1 夸脱 1 品脱，然后加 1 品脱来达到 2 夸脱。最后，我加 3 夸脱来达到 5 夸脱。答案是加上的数量的总和。

c. 7 加仑 1 品脱 — 2 品脱 = **6** 加仑 **7** 品脱

6 加仑 **9** 品脱

我把 1 加仑重新命名为 8 品脱。

d. 2 夸脱 3 杯 + 3 杯 = 3 夸脱 2 杯

2 夸脱 3 杯 + 3 杯 = 2 夸脱 6 杯 = 3 夸脱 2 杯

1 夸脱 2 杯

2. 容器的容量是 4 加仑 2 夸脱的液体。马上，1个加仑 3 夸脱的液体在容器。容器将容纳多少液体?

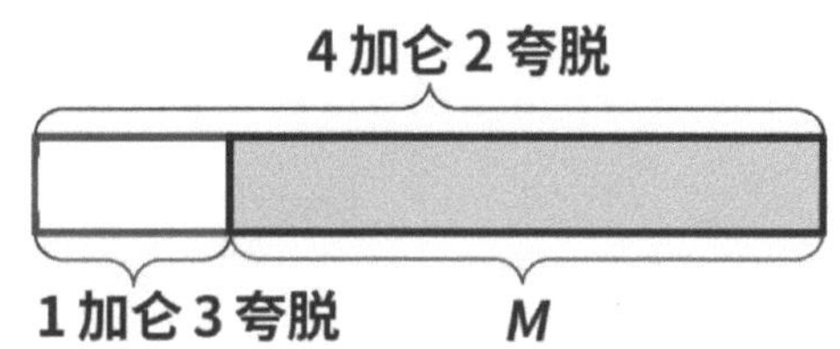

4 加仑 2 夸脱 — 1 加仑 3 夸脱 = 2 加仑 3 夸脱

3 加仑 6 夸脱

***M* = 2 加仑 3 夸脱**

我把 4 加仑 2 夸脱重新命名为 3 加仑 6 夸脱，让我有足够的夸脱来减去 3 夸脱。

容器可以多容纳 2 加仑 3 夸脱的液体。

3. 格兰特(Grant)和艾玛(Emma)遵循表格中的食谱进行制作。

潘趣酒做法	
成分	量
果汁饮料	1 gal 1 pt
干姜	2 qt 1 c
菠萝汁	1 gal 1 pt
橙色果子露	2qt

a. 食谱能打多少次?

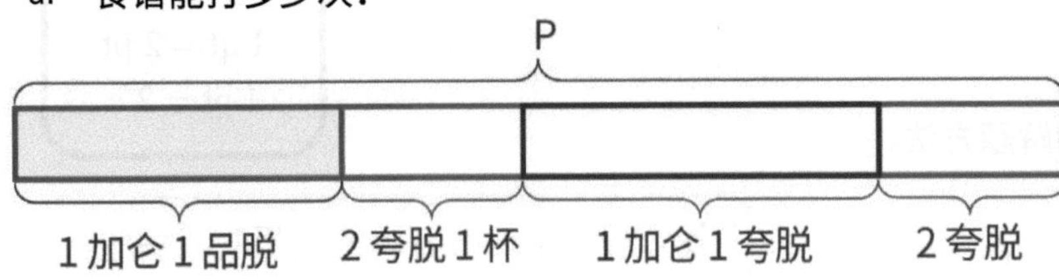

P = 1 加仑 1 品脱 + 2 夸脱 1 杯 + 1 加仑 1 夸脱 + 2 夸脱
= 2 加仑 5 夸脱 1 品脱 1 杯
1 加仑 4 杯 2 杯
= 3 加仑 7 杯

食物制作 3 加仑 7 杯饮料。

我可以把这个重新命名为 3 加仑 1 夸脱 3 杯,但把一个测量值重新命名为 3 个单位并不寻常。我想象其他有 2 个单位测量值:小时和分钟,星期和天,英尺和英寸,磅和盎司,及美元和分钱。

b. 他们需要多少杯液体才能装满 5 -加仑的容器?

3 加仑7 杯 $\xrightarrow{+9\text{ 杯}}$ 4 加仑 $\xrightarrow{+16\text{ 杯}}$ 5 加仑

他们要多 25 杯液体来充满一个 5 加仑的容器。

1 加仑有 16 杯。我往上计数 9 杯来达到 9 加仑,然后我加 16 杯,或 1 加仑,来达到 5 加仑。

姓名 ______________________________ 日期 ______________

1. 确定以下总和和差异。展示你的解题方法。

a. 5 qt + 3 qt = ______ gal

b. 1 gal 2 qt + 2 qt = ______ gal

c. 1 gal − 3 qt = ______ qt

d. 3 gal − 2 qt = ______ gal ______ qt

e. 1 c + 3 c = ______ qt

f. 2 qt 3 c + 5 c = ______ qt

g. 1 qt − 1 pt = ______ pt

h. 6 qt − 5 pt = ______ qt ______ pt

2. 找到以下总和和差异。展示你的解题方法。

a. 4 gal 2 qt + 3 qt = ______ gal ______ qt

b. 12 gal 2 qt + 5 gal 3 qt = ______ gal ______ qt

c. 7 gal 2 pt − 3 pt = ______ gal ______ pt

d. 11 gal 3 pt − 4 gal 6 pt = ______ gal ______ pt

e. 12 qt 5 c + 6 c = ______ qt ______ c

f. 8 gal 6 pt + 5 gal 4 pt = ______ gal ______ pt

3. 铲斗的容量为5加仑。现在，它包含3加仑2夸脱的液体。桶可以容纳多少液体？

4. 格蕾丝(Grace)和乔伊斯(Joyce)按照表中的配方制作自制的气泡解决方案。

a. 配方能解决多少问题？

自制气泡解决方案	
成分	量
水	2加仑3品脱
洗碗剂	2夸脱1杯
玉米糖浆	2杯

b. 他们需要再加多少杯溶液才能填充4加仑的容器？

1 ft = 12 in
1 yd = 3 ft

1. 确定以下总和和差异。展示你的解题方法。

a. **3 码 1 英尺 + 4 英尺 = __4__ 码 __2__ 英尺**

3 码 1 英尺 + 4 英尺 = 3 码 5 英尺 = 4 码 2 英尺

1 码 2 英尺

我相加相似单位，然后把 5 英尺重新命名为 1 码 2 英尺。我把 1 码加到 3 码。

b. 5 码 — 2 英尺 = __4__ 码 __1__ 英尺

4 码 3 英尺

我把 5 码重新命名为 4 码 3 英尺来减去 2 英尺。

c. **3 英尺 7 英尺 — 8 英尺 = __2__ 英尺 __11__ 英尺**

2 英尺 19 英尺

我尝试减去相似单位，但我不能从 7 英尺减去 8 英寸。我把 3 英尺 7 英寸重新命名为 2 英尺 19 英寸，方法是从 3 英尺取 1 英尺然后把它重新命名为 12 英寸，然后加 7 英寸。然后我就可以减去 8 英寸。

d. **3 英尺 8 英寸 + 4 英尺 8 英寸 = __8__ 英尺 __4__ 英寸**

3 英尺 8 英寸 + 4 英尺 8 英寸 = 7 英尺 16 英寸 = 8 英尺 4 英寸

1 英尺 4 英寸

2. 树的高度是 13 脚 8 英寸。灌木丛的高度是 3 脚 10 英寸比树的高度短。灌木丛的高度是多少？

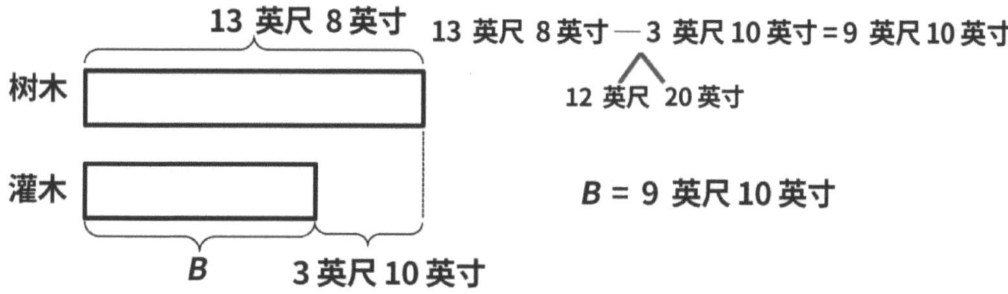

灌木的高度是 9 英尺 10 英寸。

3. Saisha的矩形树屋的宽度为7英尺6英寸。树屋的周长是 35英尺。

 a. Saisha树屋的长度是多少？

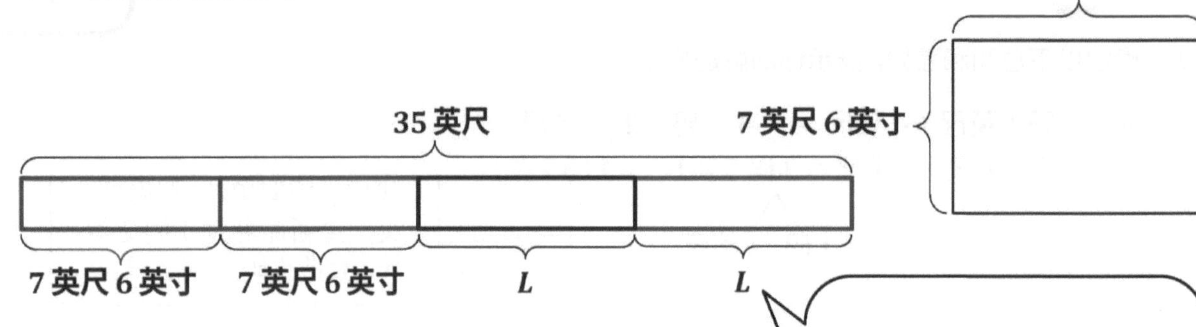

带形图帮助我解答这个题目。我看到如果我从周长减去宽度，差距会是长度的两倍。

7 英尺 6 英寸 + 7 英尺 6 英寸 + L + L = 35 英尺
14 英尺 12英寸 + L + L = 35 英尺
15 英尺 + L + L = 35 英尺
L + L = 20 英尺
L = 10 英尺

我知道周长是 35 英尺。我从周长减去两个宽度来得到两个长度的总和。

35 英尺 − 15 英尺 = 20 英尺
10 英尺 + 10 英尺 = 20 英尺

赛莎的树屋的高度是 10 英尺

 b. Saisha树屋的长度比宽度的长度长多少？

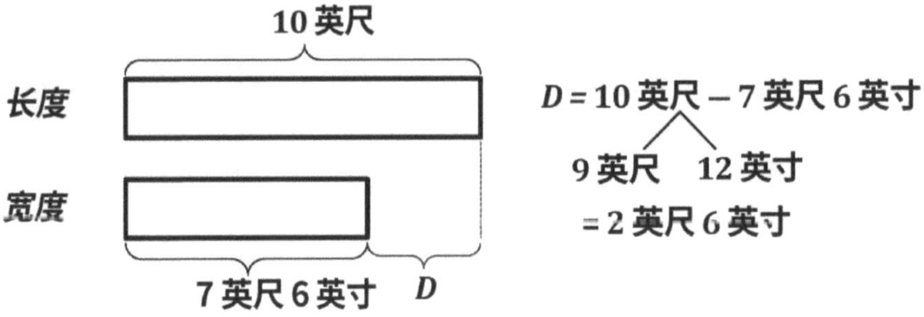

D = 10 英尺 − 7 英尺 6 英寸
9 英尺 12 英寸
= 2 英尺 6 英寸

赛莎的树屋长度比宽度长 2 英尺 6 英寸。

姓名 ______________________ 日期 ______________

1. 确定以下总和和差异。展示你的解题方法。

a. 2 yd 2 ft + 1 ft = ______ yd

b. 2 yd – 1 ft = ______ yd ______ ft

b. 2 ft + 2 ft = ______ yd ______ ft

d. 5 yd – 1 ft = ______ yd ______ ft

e. 7 in + 5 in = ______ ft

f. 7 in + 7 in = ______ ft ______ in

g. 1 ft – 2 in = ______ in

h. 2 ft – 6 in = ______ ft ______ in

2. 找到以下总和和差异。展示你的解题方法。

a. 4 yd 2 ft + 2 ft = ______ yd ______ ft

b. 6 yd 2 ft + 1 yd 1 ft = ______ yd ______ ft

c. 5 yd 1 ft – 2 ft = ______ yd ______ ft

d. 7 yd 1 ft – 5 yd 2 ft = ______ yd ______ ft

e. 7 ft 8 in + 5 in = ______ ft ______ in

f. 6 ft 5 in + 5 ft 9 in = ______ ft ______ in

g. 32 ft 3 in – 7 in = ______ ft ______ in

h. 8 ft 2 in – 3 ft 11 in = ______ ft ______ in

3. 劳里(Laurie)购买了9英尺5英寸的蓝丝带。她还购买了6英尺4英寸的绿丝带。她总共买了几根缎带?

4. 房间的长度是11英尺6英寸。房间的宽度比长度短2英尺9英寸。房间的宽度是多少?

5. 蒂姆的卧室宽12英尺6英寸。矩形卧室的周长为50英尺。

   a. 蒂姆的卧室有多长?

   b. 蒂姆的房间的长度比宽度的长多少倍?

1 lb = 16 oz

1. 确定以下总和与差。展示你的解题方法。

a. 6 磅 7 盎司 + 4 磅 9 盎司 = 10 磅16 盎司 = 11 磅

6 磅 7 盎司 + 4 磅 9 盎司 = 10 磅16 盎司 = 11 磅

就像相加容量或长度的单位，我相加相似单位然后重新命名。

b. 10 磅 4 盎司 — 4 磅 9 盎司 = 5 磅 11 盎司

4 磅 9 盎司 $\xrightarrow{+7\text{ 盎司}}$ 5 磅 $\xrightarrow{+5\text{ 磅}}$ 10 磅 $\xrightarrow{+4\text{ 盎司}}$ 10 磅 4 盎司

我选择使用箭头方法来解题。我往上计数来达到下一个整数磅。我相加来寻找我总共往上计数多少。那和差距是相同的。

2. 在她的第一个生日，格温称重 23 磅 12 盎司。在她的第二个生日，格温 30 磅 8 盎司。Gwen在她的第一个和第二个生日之间增加了多少体重？

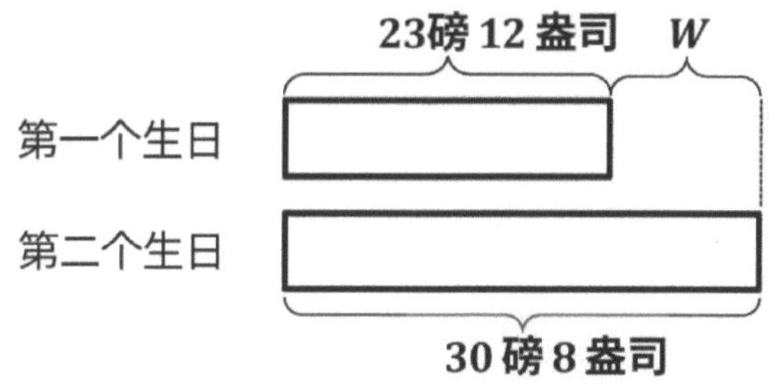

W = 30 磅 8 盎司 − 23 磅 12 盎司

29 磅　24 盎司

= 6 磅 12 盎司

我把 30 磅 8 盎司想象为 29 磅 16 盎司加 8 盎司。我减去相似单位来得出答案。

格温在第一个和第二个生日之间重了 6 磅 12 盎司。

3. 使用图表中有关海登学校用品的信息来回答下列问题：

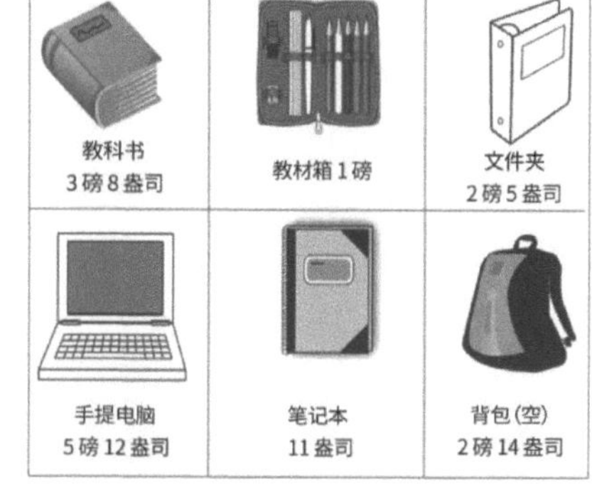

教科书
3 磅 8 盎司
教材箱 1 磅
文件夹
2 磅 5 盎司
手提电脑
5 磅 12 盎司
笔记本
11 盎司
背包（空）
2 磅 14 盎司

周一，海登（Hayden）打包了她的手提箱，一本笔记本和一本课本放到她空的背包里。海顿吃饱了多少星期一的背包重吗？

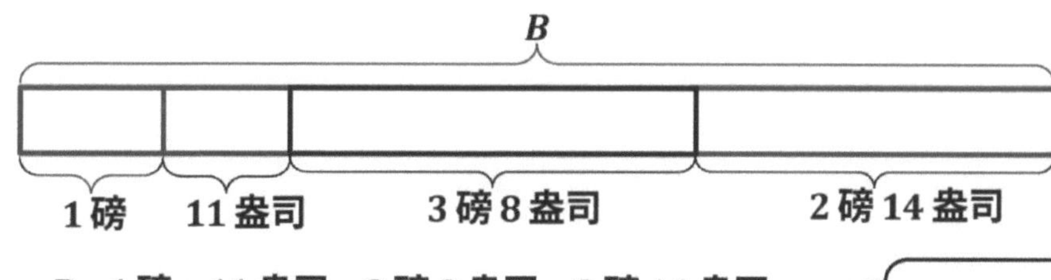

B = 1 磅 + 11 盎司 + 3 磅 8 盎司 + 2 磅 14 盎司
= 6 磅 33 盎司

2 磅　1 盎司

= 8 磅 1 盎司

我画一个数字链来把 33 盎司展示为 2 磅 1 盎司。

海登满满的背包重量在星期一是 8 磅 1 盎司。

姓名 ______________________ 日期 ______________

1. 确定以下总和和差异。展示你的解题方法。

a. 11 oz + 5 oz = ______ lb

b. 1 lb 7 oz + 9 oz = _____ lb

c. 1 lb – 11 oz = _____ oz

d. 12 lb – 8 oz = _____ lb _____ oz

e. 5 lb 8 oz + 9 oz = _____ lb _____ oz

f. 21 lb 8 oz + 6 lb 9 oz = _____ lb _____ oz

g. 23 lb 1 oz – 15 oz = _____ lb _____ oz

h. 89 lb 2 oz – 16 lb 4 oz = _____ lb _____ oz

2. 当大卫在12月将他的狗罗基(Rocky)带到兽医那里时，罗基(Rocky)重29磅9盎司。当他三月份将洛基带回兽医，洛基重34磅4盎司。洛基体重增加了多少？

3. 比安卡(Bianca)有6个相同的罐装泡泡浴。她把它们全部放在一个重2盎司的袋子里。装有六个罐子的袋子的总重量为1磅4盎司。每个罐子的重量是多少？

4. 使用图表中有关的信息梅利莎(Melissa)的学校用品可以回答以下问题:

    a. 在星期三,Melissa仅打包两个笔记本和一个活页夹放到她的背包里。她的完整背包在星期三重多少?

    b. 星期四,梅利莎(Melissa)将她的笔记本电脑,文具盒,两本教科书和一本笔记本放在背包中。星期四她满满的背包多少重量?

    c. 3册教科书和一本笔记本的背包比仅1册教科书和储物盒的重量多了多少?

1天 = 24小时
1小时 = 60分钟
1分钟 = 60秒

1. 确定以下总和与差。展示你的解题方法。

   a. 6 小时 26 分 + 4 小时 41 分 = **11** 小时 **7** 分

   6 小时 26 分钟 + 4 小时 41 分钟 = 10 小时 67 分钟 = 11 小时 7 分钟

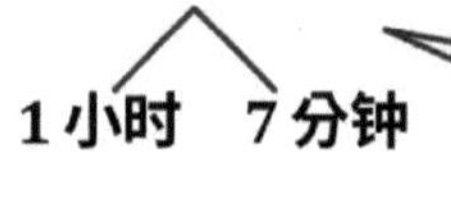

我相加相似单位，就像分数和其他测量单位。

   b. 36分42秒 -- 24分56秒 = **11** 矿 **46** 秒

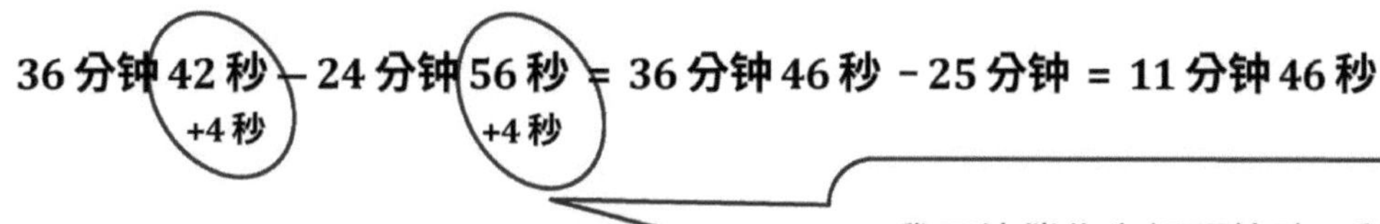

36 分钟 42 秒 – 24 分钟 56 秒 = 36 分钟 46 秒 – 25 分钟 = 11 分钟 46 秒
+4 秒
+4 秒

我用补偿作为解题策略。我在每一个时间加 4 秒。差距维持相同。仅减去一个单位，也就是分钟，比减去混合单位容易。

2. Ciera在3分钟31秒内完成了比赛。她以47秒的速度击败了Sarah的时间。莎拉是什么时间？

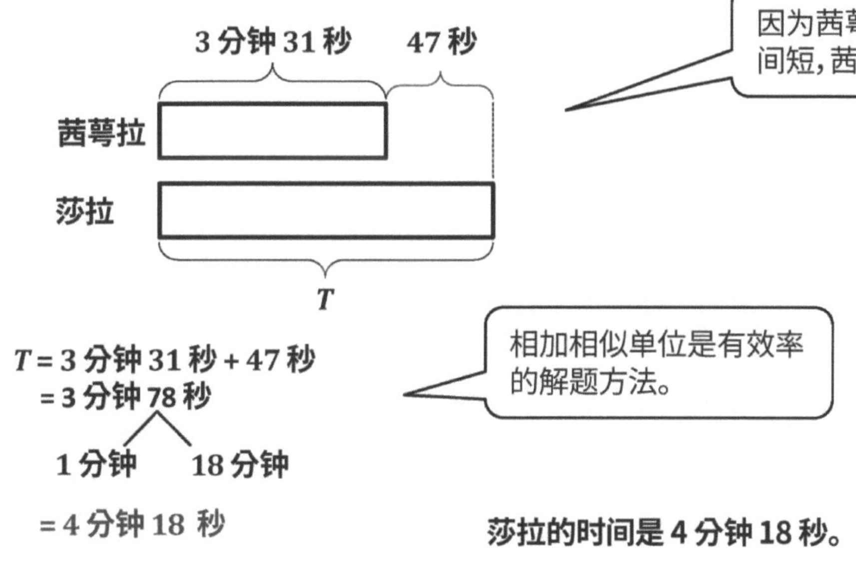

因为茜萼拉的时间比莎拉的时间短，茜萼拉的带子会比较短。

相加相似单位是有效率的解题方法。

莎拉的时间是 4 分钟 18 秒。

姓名 ________________ 日期 ________________

1. 确定以下总和和差异。展示你的解题方法。

a. 41分钟 + 19分钟 = ______ 小时

b. 2小时21分钟 + 39分钟 = ______ 小时

c. 1小时 -- 33分钟 = ______我的

d. 3小时 -- 33分钟 = ______小时分

e. 31秒 + 29秒 = ______ 矿

f. 5分钟 -- 15秒 = ______ 矿秒

2. 找到以下总和和差异。展示你的解题方法。

a. 5小时30分钟 + 35分钟 = ______小时我的

b. 3小时15分钟 + 5小时55分钟 = ______ 小时分

c. 4小时4分钟 -- 38分钟 = ______小时我的

d. 7小时3分钟 -- 4小时25分钟 = ______ 小时分

e. 3分20秒 + 49秒 = ______ 矿秒

f. 22分37秒 -- 5分58秒 = ______ 矿秒

3. 梅利莎的烤箱花了5分34秒将烤箱预热到350度。那慢了27秒比Ryan的烤箱将其预热到相同的温度要高。瑞安的烤箱花了多长时间预热?

4. 乔安娜读了三本书。她的目标是在总共7个小时内完成所有三本书。她完成了它们分别在2小时37分钟,3小时9分钟和1小时51分钟内显示。

   a. 乔安娜实现了她的目标吗?撰写声明以说明原因或原因。

   b. 乔安娜在一个晚上完成了两本最短的书。她那天晚上读了多长时间?考虑到她的目标,这让她读了多长时间了?

1. 在星期六，安德鲁使用 1个品脱 1个从满加仑的容器中倒出一杯油漆来绘制门廊台阶。上星期日，他用的油漆量是星期六的两倍。周日之后容器中还剩下多少油漆？

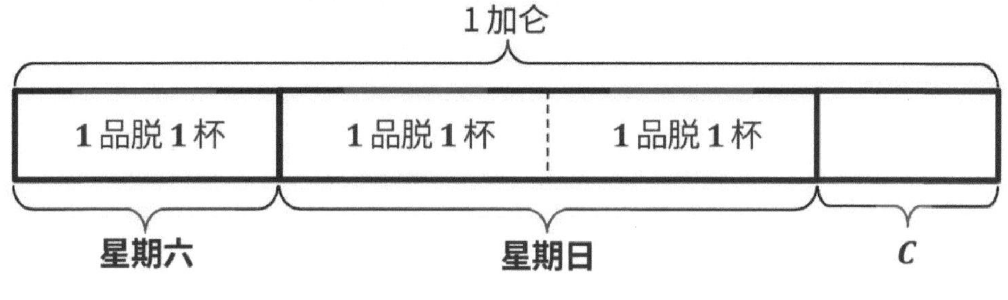

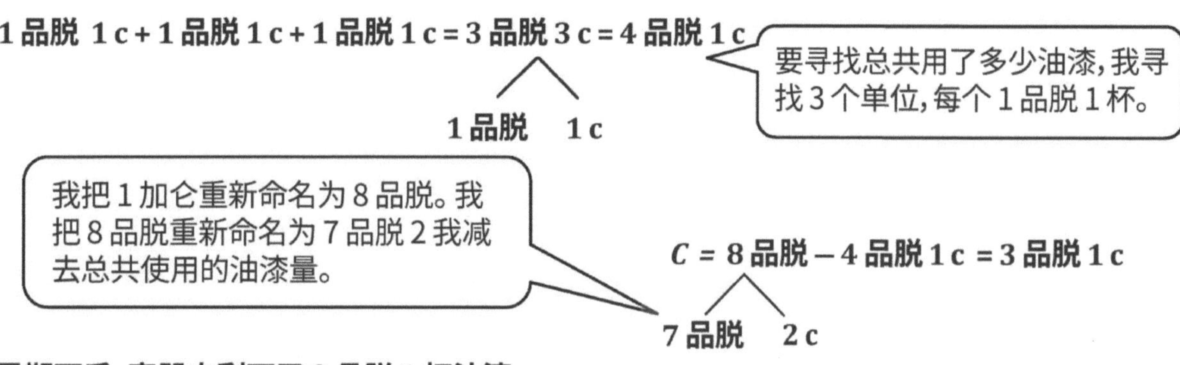

星期天后，容器内剩下了 3 品脱 1 杯油漆。

2. 夏恩是 4 脚 7 英寸高。她的兄弟是 1个脚丫子 5 比她高1英寸，而姐姐的身高是她的一半。她的弟弟。夏恩的姐姐多高？

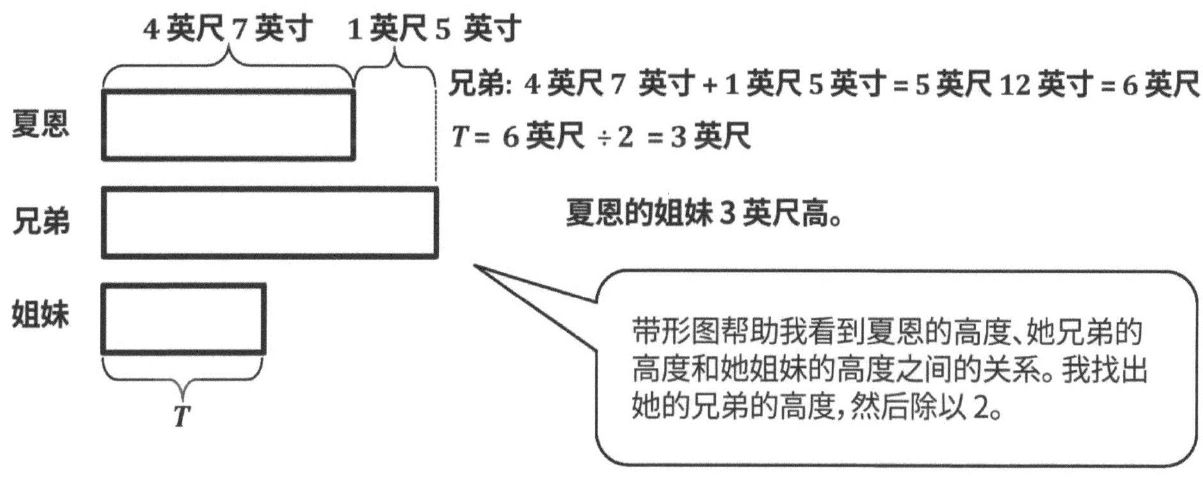

姓名 ______________________ 日期 ______________

使用RDW解决以下问题。

1. 星期六，杰夫用2夸脱的水加了满满一加仑的水加了1杯水，以补充一些从鱼缸漏出的水。周日，他用了3品脱加仑水。周日之后，加仑还剩多少水？

2. 为了发挥作用，朱莉娅向碗中倒入1夸脱3杯姜汁，然后加入两倍的果汁。她总共打了多少拳？

3. 帕蒂星期一去游泳了1小时15分钟。在星期二，她游泳的时间是她的两倍星期一游泳。在星期三游泳的时间比在星期二游泳的时间少50分钟。在这三天内，她花了多少时间游泳？

4. 玛雅高4英尺2英寸。她的姐姐Ally高10英寸。他们的小弟弟的身高是同盟的一半。他们的弟弟身高和脚高多少？

5. 里克和劳里有三只狗。柴油重89磅12盎司。乌木比柴油轻33磅14盎司。Luna最小，重10磅2盎司。这三只狗的总重量为磅和盎司？

1. 矩形人行道是 2 脚 9 英寸宽。它的长度是宽度的三倍加上 5 更多英寸。人行道多长时间?

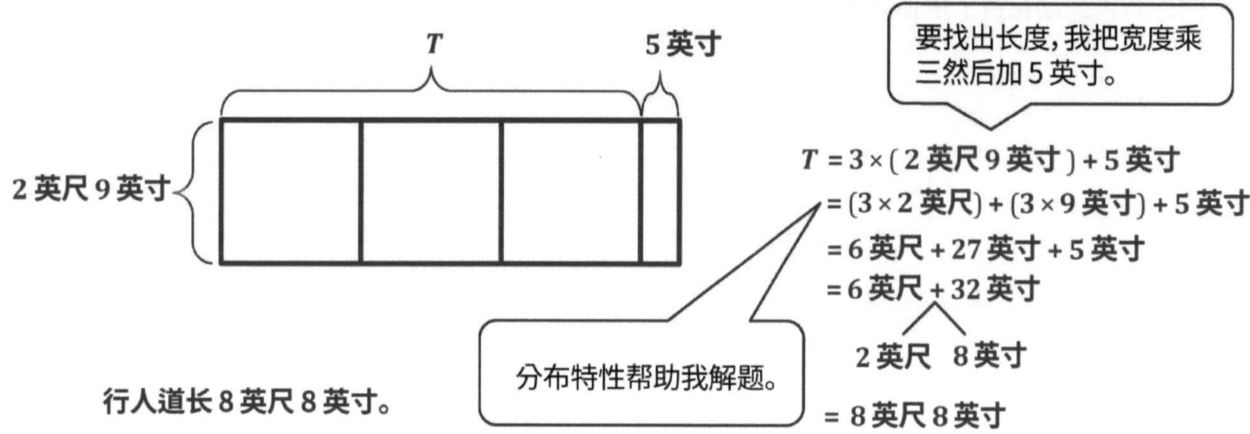

2. 拉隆德先生计划制作他举世闻名的饼干。他有 2 磅 3 盎司的红糖。这是 $\frac{1}{3}$ 所需的红糖总量的百分之一。如果他使用 7 每批曲奇每盎司盎司红糖,他可以做几批饼干?

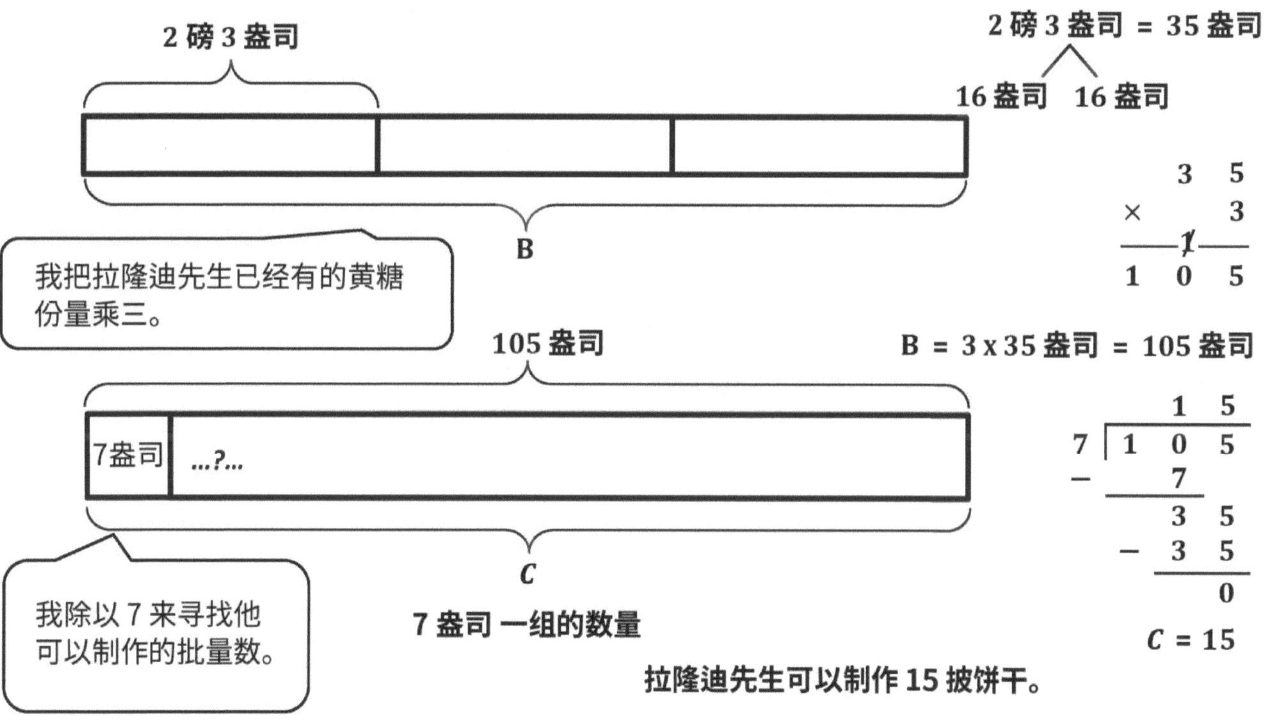

3. 火箭行使 2 小时 27 每天分钟 5 天。他在下半身，上半身和有氧运动上花费了相同的时间。他在五天内的有氧运动花费了多长时间？

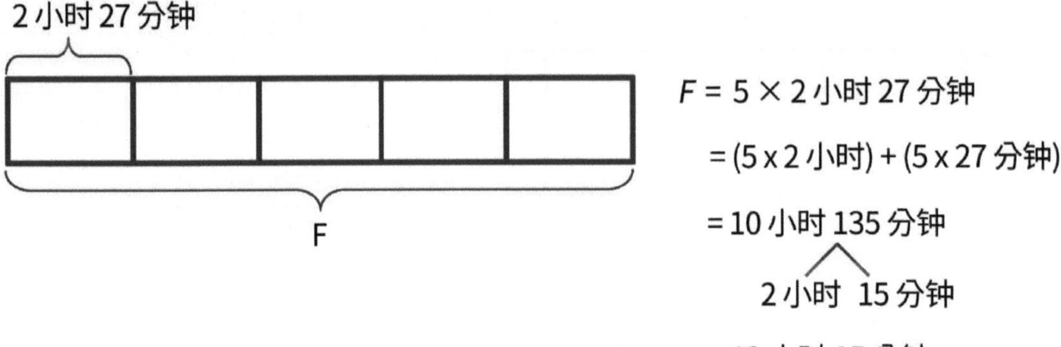

$F = 5 \times$ 2 小时 27 分钟

= (5 x 2 小时) + (5 x 27 分钟)

= 10 小时 135 分钟

2 小时 15 分钟

= 12 小时 15 分钟

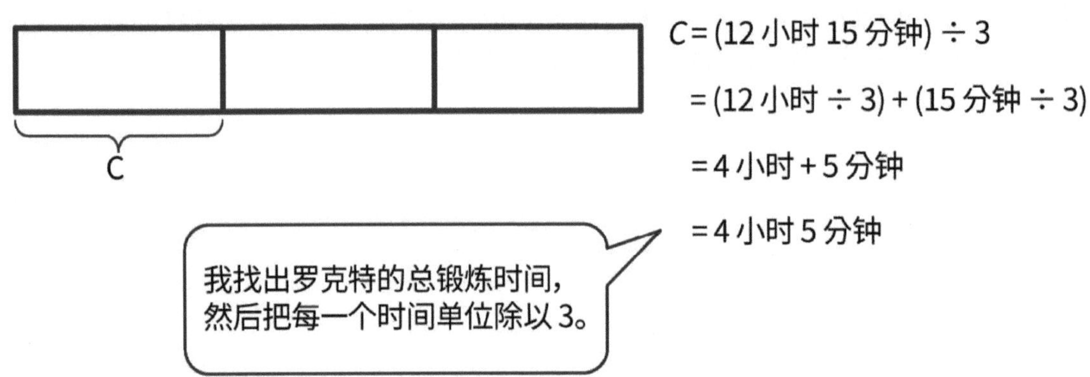

C
我找出罗克特的总锻炼时间，
然后把每一个时间单位除以 3。

C = (12 小时 15 分钟) ÷ 3

= (12 小时 ÷ 3) + (15 分钟 ÷ 3)

= 4 小时 + 5 分钟

= 4 小时 5 分钟

火箭花了 4 小时 5 在五天内的有氧运动分钟数。

姓名 ______________________ 日期 ______________

使用RDW解决以下问题。

1. 阿什利(Ashley)参加了一场马拉松比赛,在PJ比赛结束1小时40分钟后完成比赛,比赛时间为2小时15分钟。克里在阿什利之前12分钟完成比赛。克里参加马拉松比赛需要多长时间?

2. 富特先生的甲板宽12英尺6英寸。它的长度是宽度的两倍加上3英寸。甲板多长时间?

3. 洛伦兹夫人买了12磅8盎司的糖。这是 $\frac{1}{4}$ 她本周将在面包店用来做糖饼干的糖的百分比。如果她每批糖饼干使用10盎司糖,一周内将制作几批糖饼干?

4. 贝丝·安每天练习钢琴1小时5分钟，持续1周。她有五首歌要练习花了相同的时间练习每首歌。在练习期间，她练习每首歌曲多长时间了周？

5. 特许摊位有18加仑的冲头。如果总共有240名学生想每个购买1杯打孔机，那么每个人都有足够的打孔机吗？

1. 绘制胶带图以显示 $1\frac{2}{3}$ 码 = 5英尺。

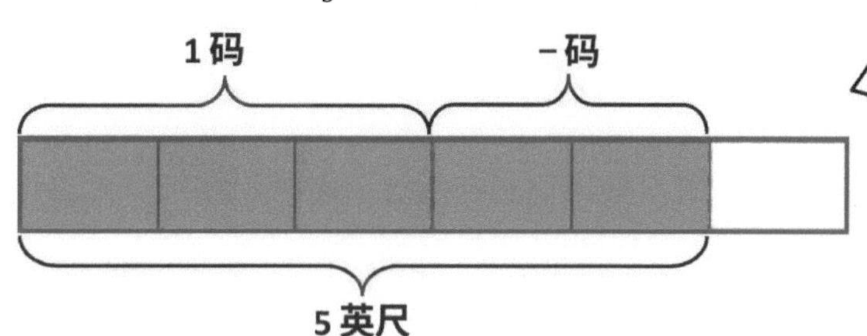

我知道 1 码 = 3 英尺，因此我可以把带形图的每一码分解为 3 英尺。我可以涂黑 $1\frac{2}{3}$ 码，而且由于每一个单位是 $\frac{1}{3}$ 码 或 1 英尺，我可以看到 $1\frac{2}{3}$ 码等于 5 英尺。

2. 使用最适合您的工具解决问题。

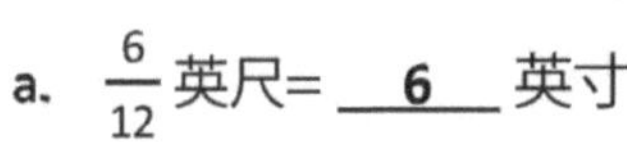

a. $\frac{6}{12}$ 英尺= __6__ 英寸

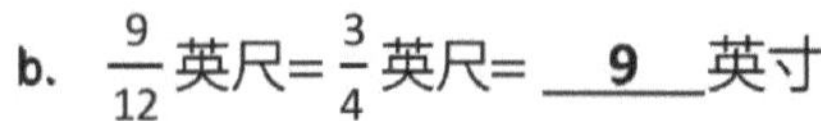

b. $\frac{9}{12}$ 英尺= $\frac{3}{4}$ 英尺= __9__ 英寸

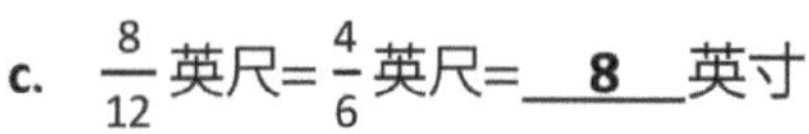

c. $\frac{8}{12}$ 英尺= $\frac{4}{6}$ 英尺= __8__ 英寸

1 英尺

0 1 2 3 4 5 6 7 8 9 10 11 12

英寸

在 (a) 部分，我知道 $\frac{6}{12}$ 英尺 = $\frac{1}{2}$ 英尺，而且我知道半英尺是 6 英寸。在 (b) 和 (c) 部分，我可以制作当量分数然后寻找英寸数。3X3/4X3 = $\frac{9}{12}$。$\frac{9}{12}$ 英尺等于 9 英寸。

3. 解题。

a. $5\frac{1}{3}$ 码 = **16** 英尺	b. $4\frac{3}{4}$加仑 = **19** 夸脱	c. $3\frac{1}{3}$ 英尺 = **40** 英寸
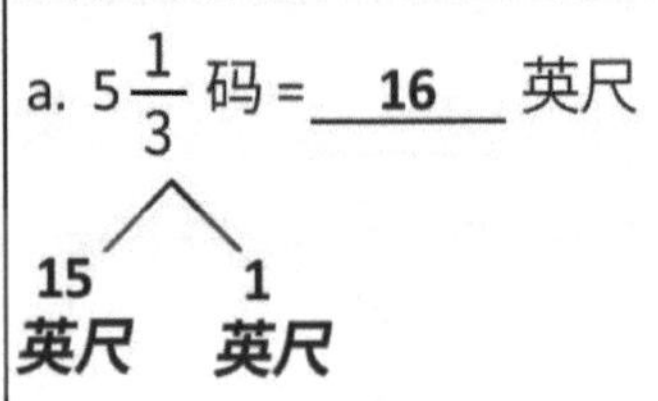 15 英尺 1 英尺	16 夸脱 3 夸脱	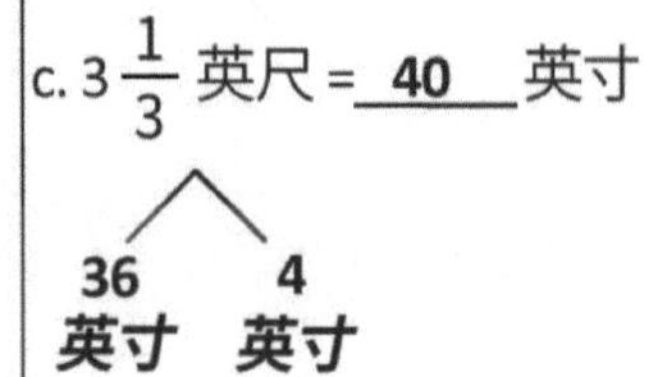 36 英寸 4 英寸

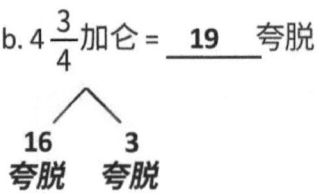

1 码 = 3 英尺，所以 5 码 = 5x3 英尺 = 15 英尺。而 $\frac{1}{3}$ 码 = 1 英尺。15 英尺 + 1 英尺 = 16 英尺。

1 加仑 = 4 夸脱，所以 4 加仑 = 4x4 夸脱 = 16 夸脱。而$\frac{1}{4}$加仑 = 1 夸脱，所以$\frac{3}{4}$加仑 = 3 夸脱。16 夸脱 + 3 夸脱 = 19 夸脱。

1 英尺 = 12 英寸，所以 3 英尺 = 3 x 12 英寸= 36 英寸。而 $\frac{1}{12}$ 英尺 = 1 英寸，所以 $\frac{1}{3}$ = $\frac{1 \times 4}{3 \times 4}$ =$\frac{4}{12}$.$\frac{4}{12}$ 英尺等于 4 英寸。36 英寸 + 4 英寸 = 40 英寸。

姓名 ________________________ 日期 ______________

1. 绘制胶带图以显示 $1\frac{1}{3}$ 码 = 4英尺。

2. 绘制胶带图以显示 $\frac{1}{2}$ 加仑 = 2夸脱。

3. 绘制胶带图以显示 $1\frac{3}{4}$ 加仑 = 7夸脱。

4. 使用最适合您的工具解决问题。

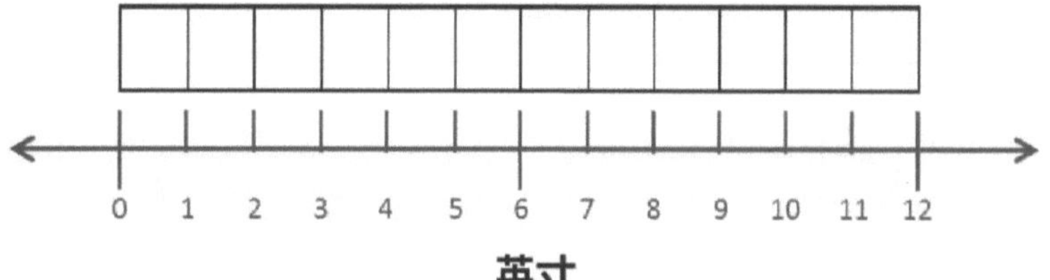

a. $\frac{1}{2}$ 脚丫子 = ______ 英寸

b. $\frac{\_\_}{12}$ 脚丫子 = $\frac{1}{4}$ 脚丫子 = ______ 英寸

c. $\frac{\_\_}{12}$ 脚丫子 = $\frac{1}{6}$ 脚丫子 = ______ 英寸

d. $\frac{\_\_}{12}$ 脚丫子 = $\frac{1}{3}$ 脚丫子 = ______ 英寸

e. $\frac{\_\_}{12}$ 脚丫子 = $\frac{2}{3}$ 脚丫子 = ______ 英寸

f. $\frac{\_\_}{12}$ 脚丫子 = $\frac{5}{6}$ 脚丫子 = ______ 英寸

5. 解题。

a. $2\frac{2}{3}$ yd = ________ ft	b. $3\frac{1}{3}$ yd = ________ pie
c. $3\frac{1}{2}$ gal = ________ qt	d. $5\frac{1}{4}$ gal = ________ qt
e. $6\frac{1}{4}$ ft = ________ in	f. $7\frac{1}{3}$ ft = ________ in
g. $2\frac{1}{2}$ ft = ________ in	h. $5\frac{3}{4}$ ft = ________ in
i. $9\frac{2}{3}$ ft = ________ in	j. $7\frac{5}{6}$ ft = ________ in

1. 解题。

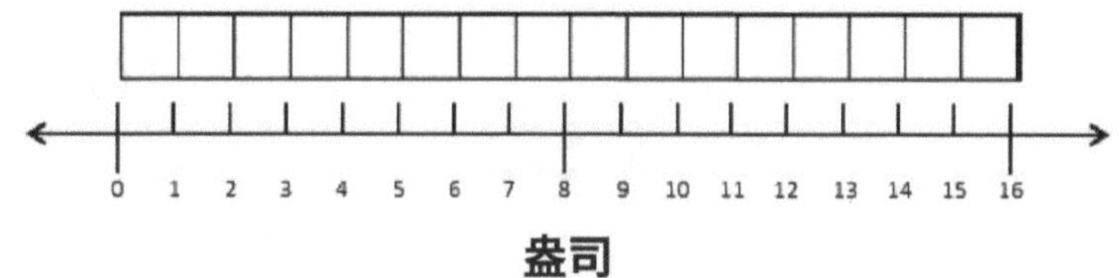

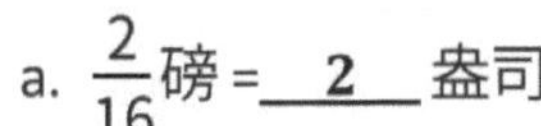

a. $\frac{2}{16}$磅 = __2__ 盎司

b. $\frac{2}{16}$磅 = $\frac{2}{16}$磅 = __8__ 盎司

c. $\frac{6}{16}$磅 = $\frac{3}{8}$磅 = __6__ 盎司

在(a)部分，我知道$\frac{1}{16}$磅 = 1 盎司，所以$\frac{2}{16}$磅 = 2 盎司。在(b)部分，我知道$\frac{2}{4}$磅 = $\frac{1}{2}$磅，等于$\frac{8}{16}$磅或 8 盎司。在(c)部分，我可以制作当量分数。= $\frac{3 \times 2}{8 \times 2}$ = $\frac{6}{16}$。而$\frac{6}{16}$磅 = 6 盎司。

2. 绘制胶带图以显示 $1\frac{1}{8}$ 磅 = 18盎司

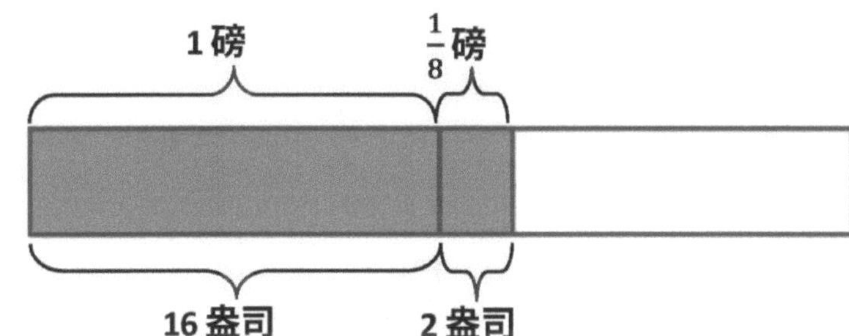

16 盎司 + 2 盎司 = 18 盎司

我可以画一个带形图来显示 $1\frac{1}{8}$ 磅。然后我可以把磅转换成盎司。
1 磅 = 16 盎司。我可以用一个当量分数来计算$\frac{1}{8}$磅里有多少盎司。
$\frac{1 \times 2}{8 \times 2} = \frac{2}{16}$，所以$\frac{1}{8}$磅 = 2 盎司。

3. 解题。

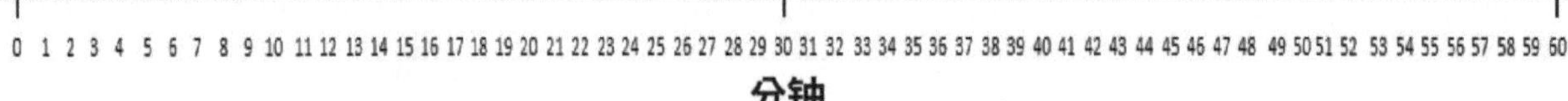

a. $\frac{45}{60}$ 小时 = $\frac{3}{4}$ 小时 = **45** 分钟

b. $\frac{45}{60}$ 小时 = $\frac{2}{3}$ 小时 = **40** 分钟

在 (a) 部分，我知道 $\frac{1}{4}$ 小时 = 15 分钟，所以 $\frac{3}{4}$ 小时 = 45 分钟 = $\frac{45}{60}$ 小时。
在 (b) 部分，我知道 $\frac{1}{3}$ 小时 = 20 分钟，所以 $\frac{2}{3}$ 小时 = 40 分钟 = $\frac{40}{60}$ 小时。

4. 解题。

a. $3\frac{5}{8}$ 磅 = **58** 盎司	b. $4\frac{1}{4}$ 磅 = **68** 盎司	c. $2\frac{3}{4}$ 小时 = **165** 分钟
48 盎司 **10 盎司**	**64 盎司** **4 盎司**	**120 分钟** **45 分钟**

1 磅 = 16 盎司，所以 3 磅所= 3 x 16 盎司 = 48 盎司。而 $\frac{1}{8}$ 磅 = 2 盎司，所以 $\frac{5}{8}$ 磅 = 10 盎司。48 盎司 + 10 盎司 = 58 盎司。

4 磅 = 4x16 盎司 = 64 盎司。而 $\frac{1}{4}$ 磅 = 4 盎司。64 盎司 + 4 盎司 = 68 盎司。

1 小时 = 60 分钟，所以 2 小时 = 2 x 60 分钟 = 120 分钟。而 $\frac{1}{4}$ 小时 = 15 分钟，所以 $\frac{3}{4}$ 小时 = 45 分钟。120 分钟 + 45 分钟 = 165 分钟。

姓名 ________________________ 日期 ____________

1. 解题。

盎司

a. $\frac{1}{16}$磅 = ________ 盎司

b. $\frac{}{16}$磅 = $\frac{1}{2}$磅 = ________ 盎司

c. $\frac{}{16}$磅 = $\frac{1}{4}$磅 = ________ 盎司

d. $\frac{}{16}$磅 = $\frac{3}{4}$磅 = ________ 盎司

e. $\frac{}{16}$磅 = $\frac{1}{8}$磅 = ________ 盎司

f. $\frac{}{16}$磅 = $\frac{5}{8}$磅 = ________ 盎司

2. 绘制胶带图以显示 $1\frac{1}{4}$磅 = 20盎司

3. 解题。

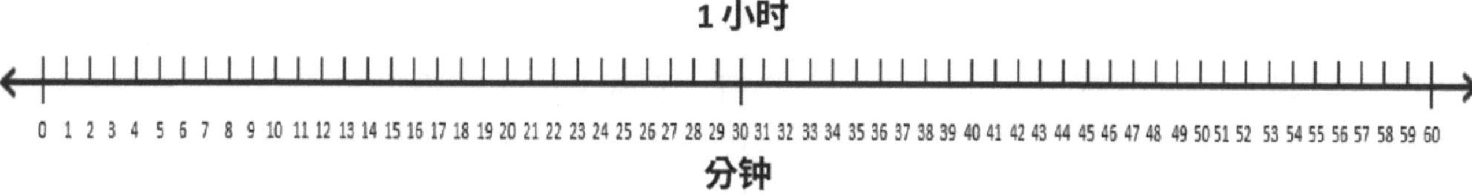

a. $\frac{1}{60}$小时 = ________ 分钟

b. $\frac{}{60}$小时 = $\frac{1}{2}$小时 = ________ 分钟

c. $\frac{}{60}$小时 = $\frac{1}{4}$小时 = ________ 分钟

d. $\frac{}{60}$小时 = $\frac{1}{3}$小时 = ________ 分钟

4. 画一个胶带图以表明 $2\frac{1}{4}$小时 = 135分钟

5. 解题。

一个。$2\frac{1}{4}$磅 = ________盎司	b. $4\frac{7}{8}$磅 = ________盎司
c. $6\frac{3}{4}$lb = ________ oz	d. $4\frac{1}{8}$ lb = ________ oz
e. $1\frac{3}{4}$小时 = ________ 分钟	f. $4\frac{1}{2}$小时 = ________分钟
G. $3\frac{3}{4}$小时 = ________分	h. $5\frac{1}{3}$小时 = ________ 分
i. $4\frac{2}{3}$码 = ________ 脚	j. $6\frac{1}{3}$yd = ________ ft
k. $4\frac{1}{4}$加仑 = 夸脱	l. $2\frac{3}{4}$ gal = ________ qt
m. $6\frac{1}{4}$脚 = ________ 英寸	n. $9\frac{5}{6}$ ft = ________ in

使用RDW解决以下问题。

1. 道格为 1个小时和 50 星期一的分钟。在星期二，他为 25 比星期一少分钟。道格在星期一和星期二练习了多少分钟？

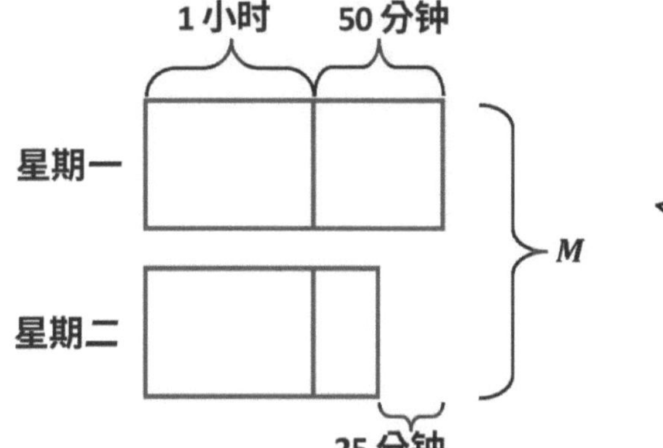

我可以画一个带形图来代表道格每天练习钢琴的时间量。星期一的带子比星期二的长，因为他在星期二少练习了 25 分钟。

1 小时 50 分钟 — 25 分钟 = 1 小时 25 分钟

我从星期一的时间减去 25 分钟来计算道格在星期二练习了多长。

1 小时 50 分钟 + 1 小时 25 分钟 = 2 小时 75 分钟

2 小时 75 分钟 = 120 分钟 + 75 分钟 = 195 分钟

M = 195 分钟

道格在星期一和星期二练习了 195 分钟。

我相加星期一和星期二的时间来寻找总时间。然后我把小时转换成分钟。1 小时 = 60 分钟，所以 2 小时 = 120 分钟。

2. 埃拉可以 15 从一个手镯 105 英寸的线。

a. 制作60条手链需要多少英寸的绳子？

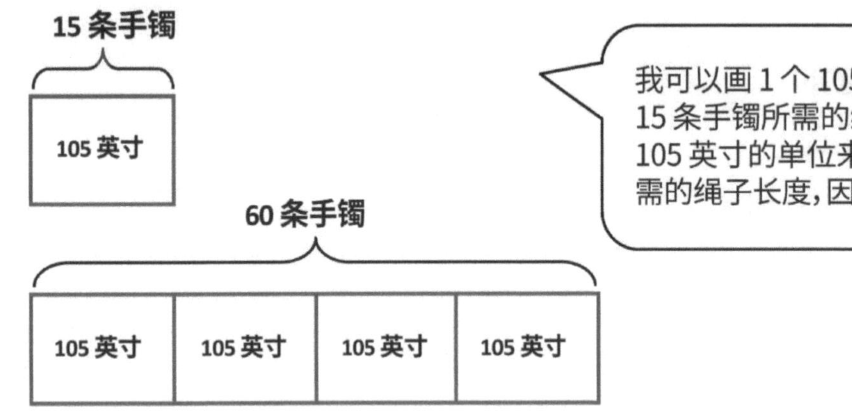

我可以画 1 个 105 英寸的单位来代表制作 15 条手镯所需的绳子长度。我可以画 4 个 105 英寸的单位来代表制作 60 条手镯所需的绳子长度，因为 4x15 = 60

4 x 105 英寸 = 420 英寸

$$\begin{array}{r} 1\ 0\ 5 \\ \times \quad\quad 4 \\ \hline 4\ 2\ 0 \end{array}$$

要寻找雅拉制作 60 条手镯所需的绳子英寸数，我可以相乘 4 x 105 英寸。

雅拉小于 420 英寸的绳子来制作 60 条手镯。

b. 扩展：Ella用来制作手链的绳子也出售 $8\frac{1}{3}$ 脚包。剩下了包装需要制作60条手镯？

$8\frac{1}{3}$ 英尺 = 100 英寸

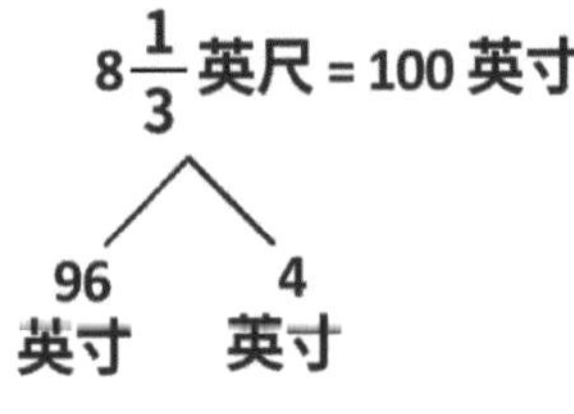

我可以把 $8\frac{1}{3}$ 英尺转换成英寸。8 x 12 英寸 = 96 英寸，而 $\frac{1}{3}$ 英尺 = 4 英寸。96 英寸 + 4 英寸 = 100 英寸。雅拉将需要买 5 包绳子，因为 4 包只有 400 英寸绳子，而她需要 420 英寸绳子。

5 x 100 英寸 = 500 英寸

雅拉将需要 5 包绳子来制作 60 条手镯。

姓名 ______________________ 日期 ______________

使用RDW解决以下问题。

1. 莫莉烤了一个饼1小时45分钟。然后，她烤香蕉面包的时间比馅饼少35分钟。烤馅饼和面包花了多少分钟？

2. 操场上的一张幻灯片是$12\frac{1}{2}$一英尺长。它比小滑梯长3英尺7英寸。有多长小幻灯片？

3. 鱼缸可容纳8加仑2夸脱的水。杰弗里倒了$1\frac{3}{4}$加仑到空的坦克。他还需要倒多少水倒入水箱中才能充满水？

4. 糖果店在每个盒子里放10盎司的软糖熊。如果有的话，他们需要装多少盒 $21\frac{1}{4}$ 磅的软糖熊？

5. 妈妈可以用12盎司的包装制作10个布朗尼蛋糕。

a. 要制作50个布朗尼蛋糕，需要多少盎司的布朗尼蛋糕混合物？

b. 扩展：布朗尼混合物也以 $1\frac{1}{2}$ 磅袋。制作120个布朗尼蛋糕需要多少袋？

1. 找到图中阴影区域。

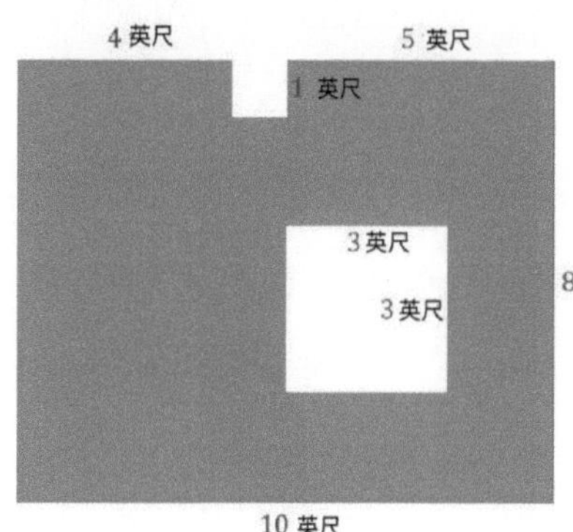

3 英尺 × 3 英尺 = 9 平方英尺

1 英尺 × 1 英尺 = 1 平方英尺

9 平方英尺 + 1 平方英尺 = 10 平方英尺

10 英尺 × 8 英尺 = 80 平方英尺

80 平方英尺 − 10 平方英尺 = 70 平方英尺

涂黑图形的面积是 70 平方英尺

我寻找涂黑图形里面的白色部分的面积，以及剪出部分的面积。

我把涂黑面积想象为一个没有剪出部分的矩形，并寻找它的面积。

我从较大的矩形面积减去剪出部分的面积来寻找涂黑图形的面积。

2. 墙是 10 脚高，12 英尺宽。宽度为 2 英尺，高度4英尺位于墙的中心。找到可以粉刷墙壁的区域。

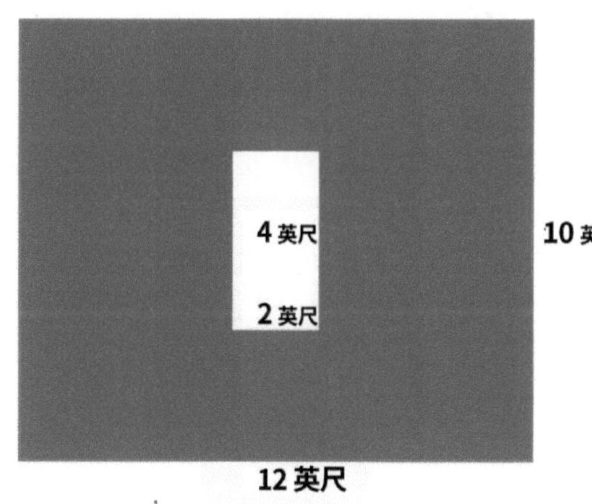

12 英尺 x 10 英尺 = 120 平方英尺

2 英尺 x 4 英尺 = 8 平方英尺

120 平方英尺 — 8 平方英尺 = 112 平方英尺

可以刷油的墙面积是 112 平方英尺。

姓名 ______________________________ 日期 ____________________

对于家庭作业，请完成每页的顶部。这将成为您参考的答案键在夏季，将底部作为迷你个人白板活动完成时。

找到图中阴影区域。

1.

2.

11 码
7 码
24 码
20 码
9 码
16 码

找到图中阴影区域。

1.

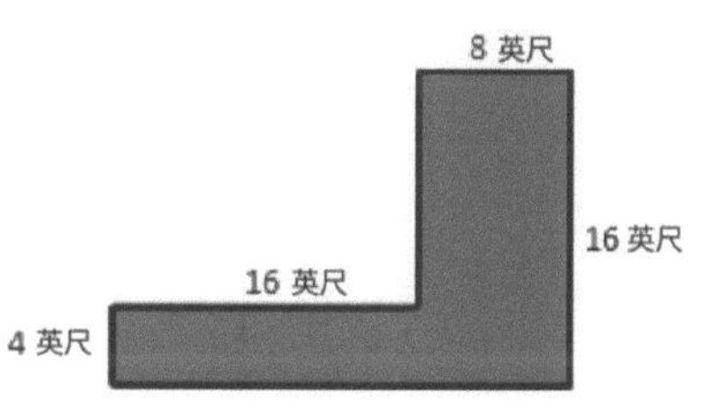

2.

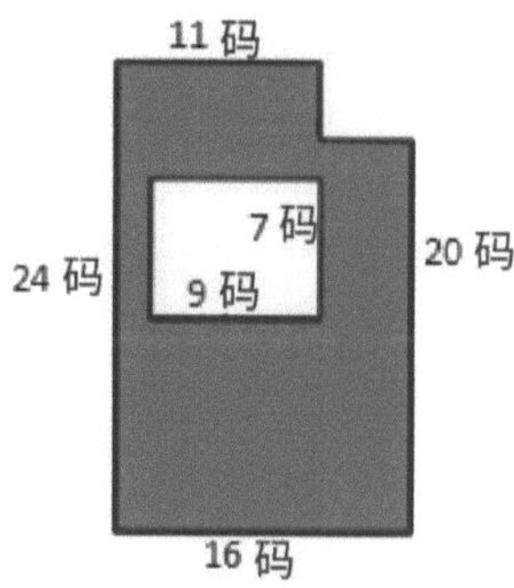

挑战：用不同的尺寸替换给定的尺寸，然后再次求解。

3. 一堵墙高8英尺，宽19英尺。将7英尺高8英尺宽的开口切成墙。门口。找到墙剩余部分的面积。

3. 一堵墙高8英尺，宽19英尺。将7英尺高8英尺宽的开口切成墙。门口。找到墙剩余部分的面积。

1. 使用标尺和量角器根据说明创建和着色图形：
画一个矩形 15 厘米长，5 厘米宽。在矩形内，绘制一个较小的矩形，即 10 厘米长，4 厘米宽。在较小的矩形内，绘制一个边长为 2 厘米。遮盖较大的矩形和正方形。
找到阴影空间的区域。

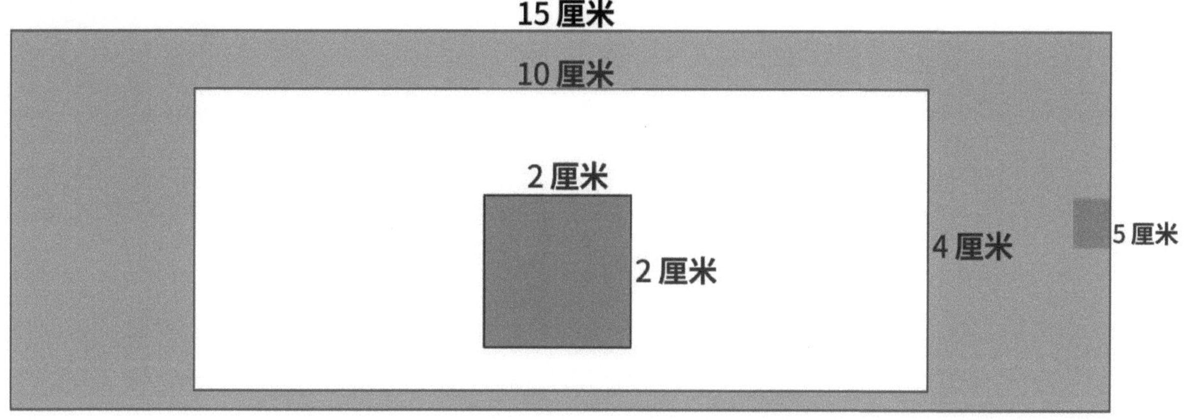

较大的矩形：15 厘米 X 10 厘米 = 150 平方厘米
小矩形：10 厘米 x 4 厘米 = 40 平方厘米
150 平方厘米 - 40 平方厘米 = 110 平方厘米

正方形：2 厘米 x 2 厘米 = 4 平方厘米
110 平方厘米 + 4 平方厘米 = 114 平方厘米

要寻找涂黑空间的面积，我从较大的涂黑矩形面积减去较小的不涂黑矩形面积，然后把正方形的面积加回去。

涂黑空间的面积是 114 平方厘米。

2. 扎卡里（Zachary）挂着一台电视 4 脚长，2 脚在墙上宽 10 脚长，8 脚高。电视机没有覆盖多少墙？

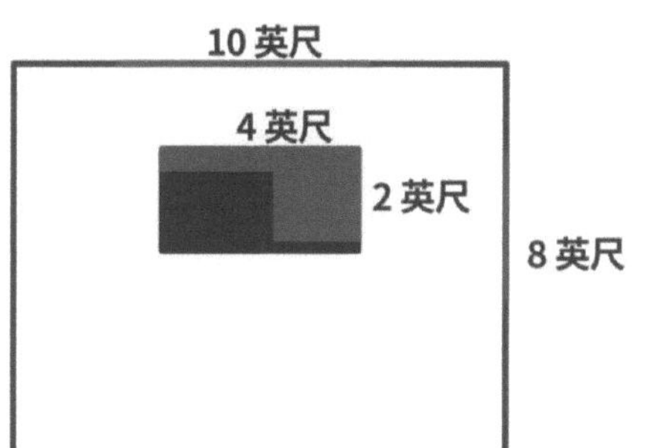

墙：8 英尺 x 10 英尺 = 80 平方英尺
电视：2 英尺 x 4 英尺 = 8 平方英尺

80 平方英尺 — 8 平方英尺 = 72 平方英尺

墙壁有 72 平方英尺没有被电视所覆盖。

姓名 ________________________ 日期 ____________

对于家庭作业，请完成每页的顶部。这将成为您参考的答案键在夏季，将底部作为迷你个人白板活动完成时。

使用标尺和量角器根据说明创建和着色图形。然后，找到图中未阴影部分的区域。

1. 画一个长18厘米，宽6厘米的矩形。在矩形内，绘制一个较小的矩形，即长8厘米，宽4厘米。在较小的矩形内，绘制一个边长为3 cm的正方形。在较小的矩形中阴影，但不遮挡正方形。找到未阴影空间的区域。

---

1. 画一个长18厘米，宽6厘米的矩形。在矩形内，绘制一个较小的矩形，即长8厘米，宽4厘米。在较小的矩形内，绘制一个边长为3 cm的正方形。在较小的矩形中阴影，但不遮挡正方形。找到未阴影空间的区域。

2. 伊曼纽尔的科学项目显示板长42英寸，宽48英寸。他在棋盘内部的边缘周围放置了6英寸的边框，并在棋盘的中央放置了一个标题，该标题长22英寸，宽6英寸。伊曼纽尔的木板上还剩下多少平方英寸的开放空间？

---

2. 伊曼纽尔的科学项目显示板长42英寸，宽48英寸。他在棋盘内部的边缘周围放置了6英寸的边框，并在棋盘的中央放置了一个标题，该标题长22英寸，宽6英寸。伊曼纽尔的木板上还剩下多少平方英寸的开放空间？

挑战：用不同的尺寸替换给定的尺寸，然后再次求解。

1. 在下面的数字线上绘制并标记每个点，然后完成图表。

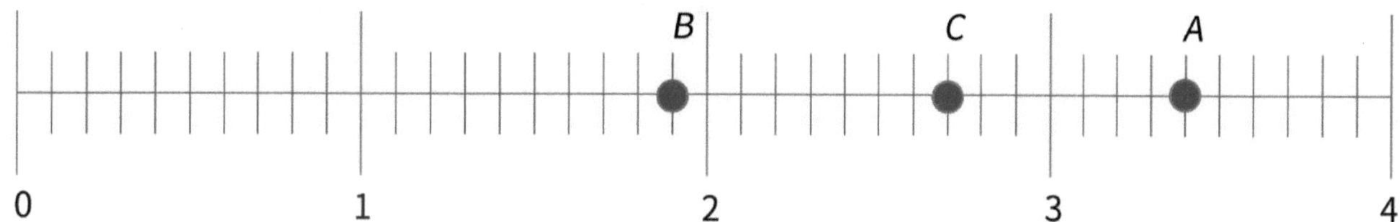

点	单位形式	小数形式	带分数 (个位和分数形式)	还需要多少才能达到下一个整数？
A	3 个一 4 个十分之一	3.4	$3\frac{4}{10}$	0.6
B	**1 个一 9 个十分之一**	1.9	$1\frac{9}{10}$	0.1
C	2 个一 7 个十分之一	2.7	$2\frac{7}{10}$	$\frac{3}{10}$ 或0.3

要解答 C点，我命名了二和七个十分之一，但我也可以命名任何距离零和四之间的整数三个十分之一的小数：0.7、1.7 或 3.7。

2. 完成图表。

小数	带分数	十分之一	百分之一
5.8	$5\frac{8}{10}$	58 个十分之一或 $\frac{58}{10}$	580 个百分之一或 $\frac{580}{100}$
9.2	$9\frac{2}{10}$	92 个十分之一或 $\frac{92}{10}$	920 个百分之一或 $\frac{920}{100}$

我把 9.2 转换成 $9\frac{20}{100}$ 来帮助我把数字写成百分之一。

姓名 ______________________________ 日期 ______________

1. 十进制分数复查：在下面的数字线上绘制并标记每个点，然后完成图表。仅解决虚线上方的部分。

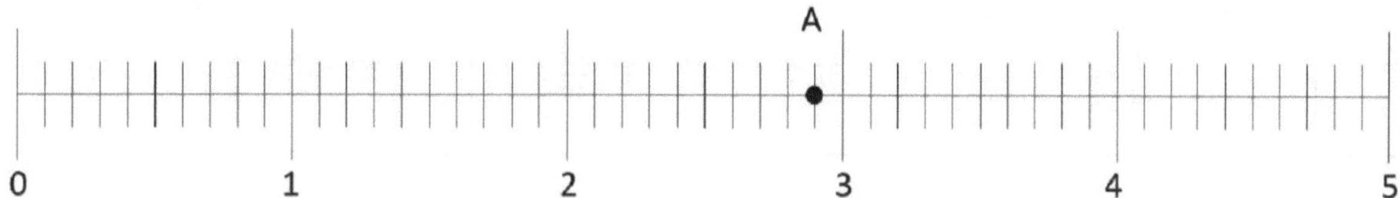

点	单位形式	小数形式	混合数字（一个和一个分数形成）	还有多少去下一个整体数？
A	2个和十分之九			
B		4.4	$4\frac{4}{10}$	
C				$\frac{2}{10}$ 或0.2

---

1. 完成图表。为B创建您自己的问题，并绘制点。

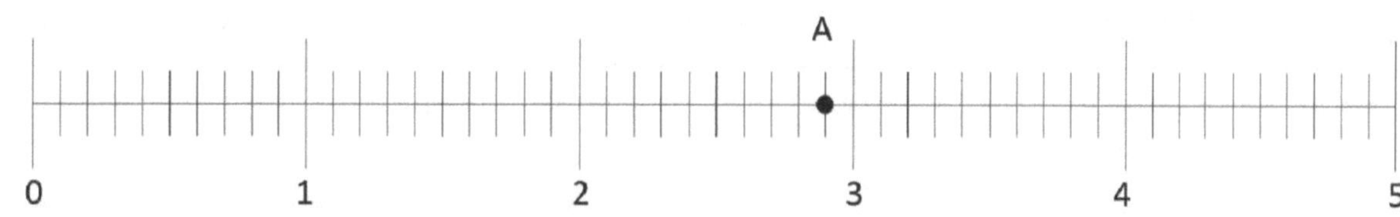

点	单位形式	小数形式	混合数字（一个和一个分数形成）	还有多少去下一个整体数？
A	2个和十分之九			
B				

2. 完成图表。第一个已经为您完成。只解决虚线上方的顶部线。

小数	混合数字	十分位	百分位
3.2	$3\frac{2}{10}$	32个十分之一或 $\frac{32}{10}$	320%或 $\frac{320}{100}$
8.6			
11.7			
4.8			

---

2. 完成图表。在最后一行中创建您自己的问题。

小数	混合数字	十分位	百分位
3.2			
8.6			
11.7			

鸣谢

Great Minds®竭尽全力获得转载所有版权教材的许可。如对任何版权材料的拥有人未在此致谢，请联系 Great Minds，以在未来的版本以及本模块的转载中获得正确的致谢。

Printed by Libri Plureos GmbH in Hamburg,
Germany